W0001277

Das Tier in Dir

Eine Reise durch die Entwicklungsgeschichte des Menschen
Von der Entstehung des Lebens bis zur Gegenwart

Axel Wagner

Das Tier in Dir

Eine Reise durch die Entwicklungsgeschichte des Menschen
Von der Entstehung des Lebens bis zur Gegenwart

FREDERKING & THALER

Meinen Brüdern

Ralf Wagner und Stefan Wagner

gewidmet

Inhalt

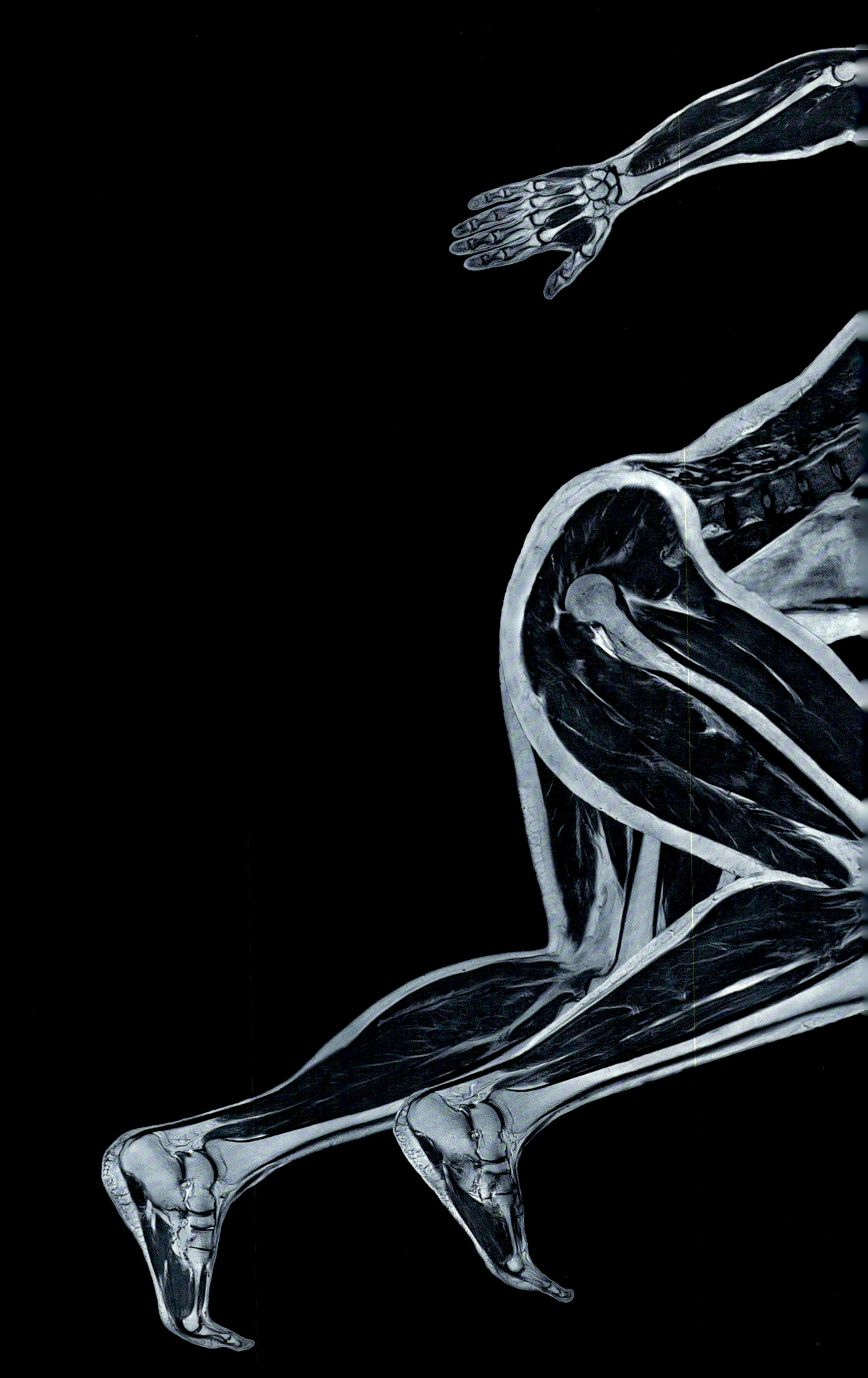

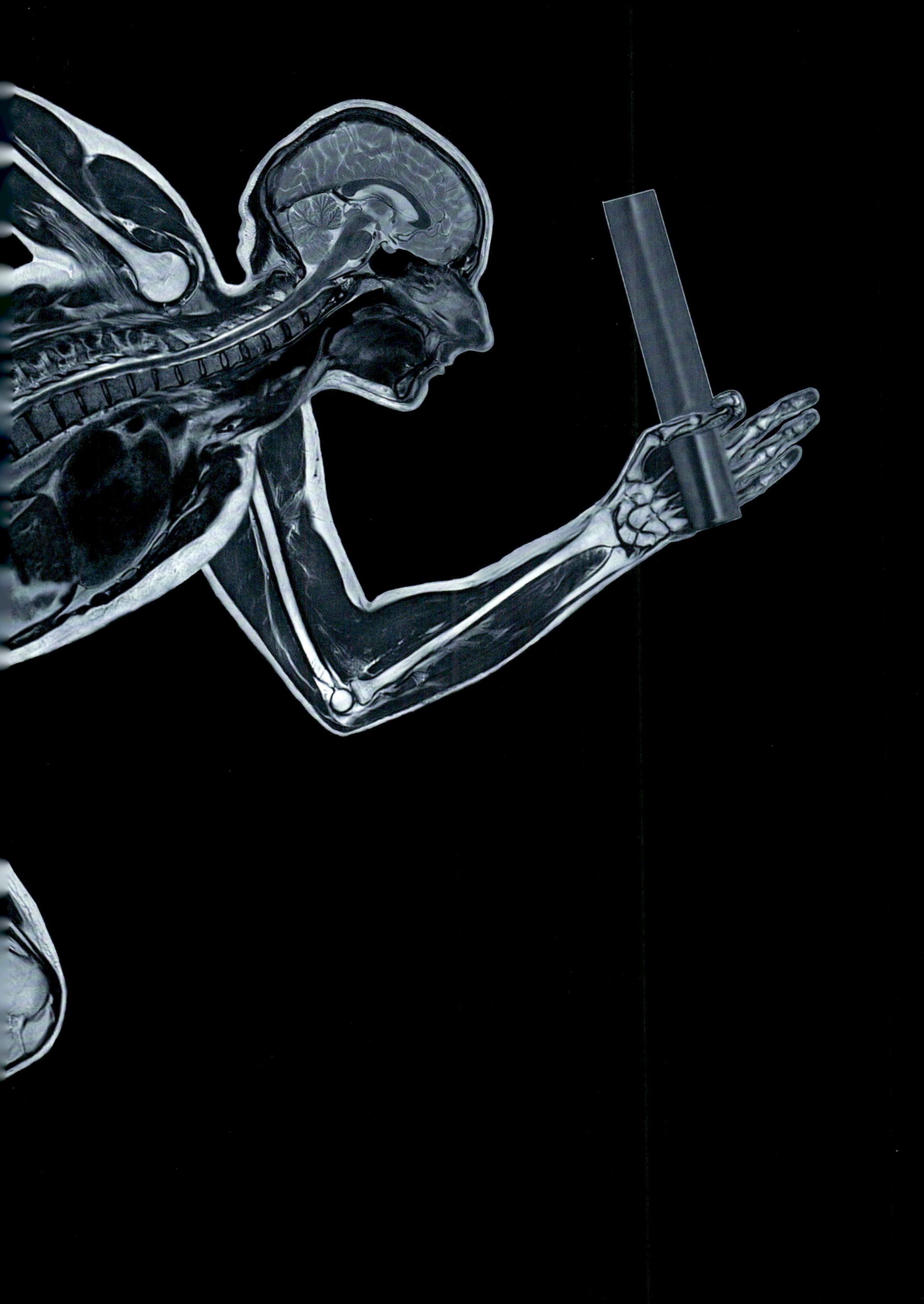

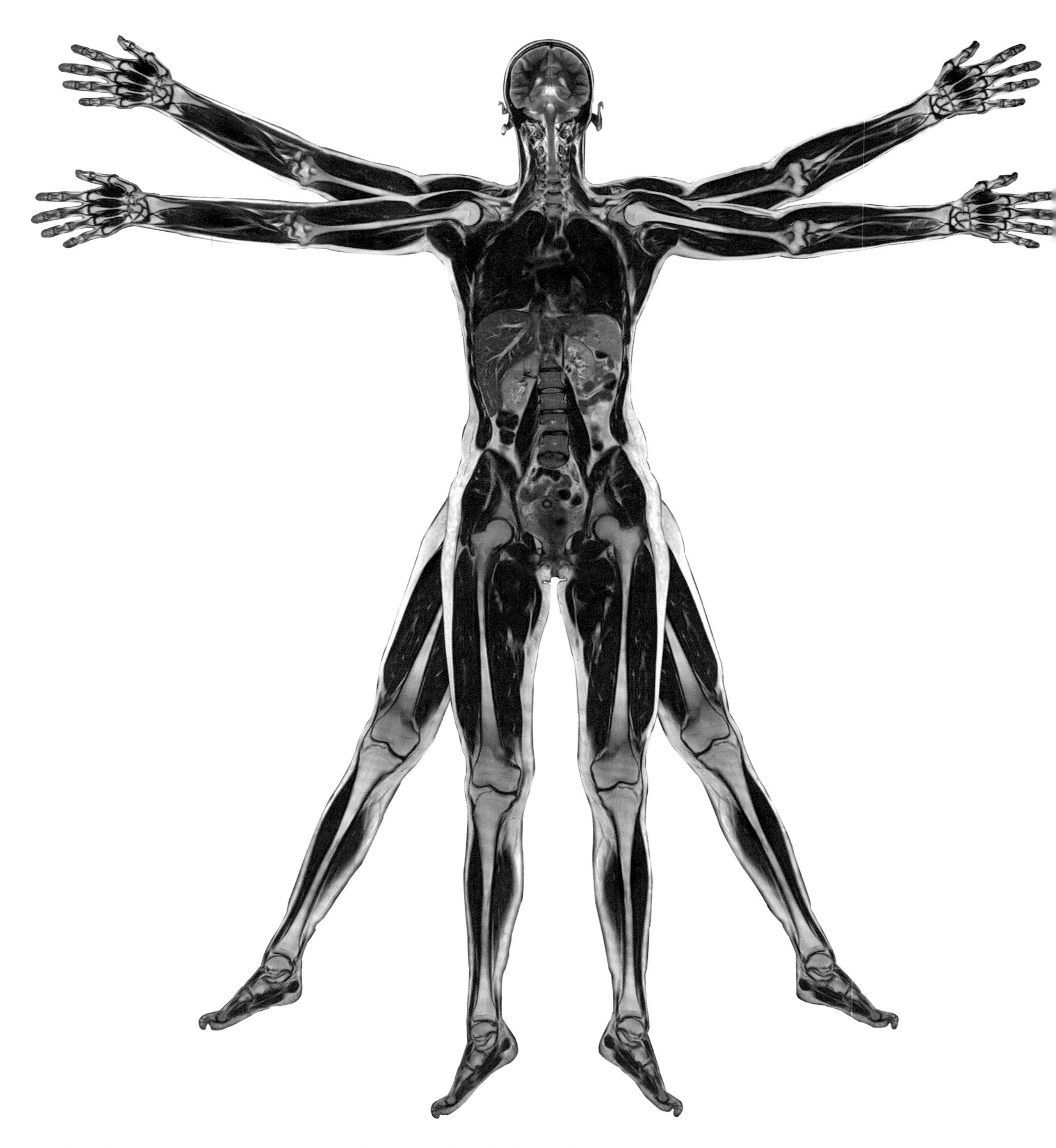

Der Körper des Menschen ist das Ergebnis einer fast vier Milliarden Jahre langen Entwicklungsgeschichte.

Prolog

Das Tier in dir, was bedeutet das?

Der Mensch ist glücklicherweise kein rein animalisches Geschöpf, einzig getrieben von wilden Urinstinkten. Nein, wir sind ganz besondere Wesen mit Humor und Mitgefühl, mit mal mehr, mal weniger Sinn und Verstand. Jeder von uns ist auf seine Weise einzigartig und unsere Spezies eine im Gesamtgefüge der Natur ganz ohne Zweifel außerordentlich auffällige Lebensform.

Pyramiden, Picasso, iPad –, wir waren auf dem Mond, können Krankheiten heilen und eine Nachricht gleich mehrfach um den Globus schicken, noch bevor dieser Satz zu Ende gelesen ist. All das sind ebenso typische wie höchst erstaunliche Merkmale des *Homo sapiens*. So gesehen ist der Mensch natürlich alles andere als ein auf zwei Beinen durch die Welt schreitendes Tier.

menschlichkeit des Menschen vollenden ließe. Doch keine Angst, dies hier ist alles andere als eine moralische Abrechnung mit einer Bestie, sondern das Gegenteil. Wir befinden uns vielmehr auf direktem Weg in ein leidenschaftliches Plädoyer für die Faszination, die uns der Blick auf die eigene Spezies abringen muss. Denn das Wunderwesen Mensch lässt sich nun mal nicht verstehen, ohne die tierische Basis unserer Existenz zu ergründen. Ob Liebe oder Leidenschaft, Mona Lisas Lächeln, der Flug in die Schwerelosigkeit oder das virtuose Fingerspiel auf dem Klavier, all das wäre unmöglich, wenn unsere Verwandten nicht gewesen wären, deren lebende Vettern noch heute unsere Vergangenheit bezeugen, vom Primaten bis zum Einzeller.

Erst das Tier schuf den Menschen!

Dass zwischen Tier und Mensch gewaltige Unterschiede bestehen, zeigt allein schon unsere allgegenwärtige Präsenz auf dem Blauen Planeten. Aber – leider, leider – auch was wir aus ihm bis zu diesem Moment gemacht haben, trägt eindeutig das Prädikat »Mensch«. Man denke nur an »A« wie Atombombe und »Z« wie Zerstörung des Regenwaldes, und schon ist klar, dass sich neben unseren kulturellen Errungenschaften nur allzu leicht auch das Alphabet zur Un-

Egal, was wir getan haben, gerade tun, oder noch tun werden, in jedem Fall fußt all unser Handeln und Sein auf tierischen Wurzeln. Auch wenn wir offensichtlich bestrebt sind, uns von der Natur mehr und mehr zu entfernen, das Tier in dir und mir ist Teil unserer Person, unserer Persönlichkeit und unseres Miteinanders. Allein schon das Wachstum von Haaren und Fingernägeln – das wir noch im Detail untersuchen werden – oder auch wie wenig unser Handeln von

Vernunft gelenkt wird, zeigt jeden Tag, dass wir Menschen keineswegs immer schon zwischen sterilen Bürotürmen und Beautyshops unser Leben fristeten. Trotz aller Unterschiede zu den Tieren sind wir also nicht nur menschlich, sondern in gewisser Hinsicht eben auch tierisch menschlich! Und genau darum geht es hier. Zu zeigen, wo, wie und warum unser Aussehen und unser Handeln von dem bestimmt werden, was einst in unseren tierischen Vorfahren entstand und noch immer in uns zu finden ist.

Der Umkehrschluss, also der Blick auf den Menschen im Tier, ist übrigens ebenso zulässig. Tiere besitzen nämlich, wie wir erfahren werden, erstaunlich vieles von dem, was wir als typisch menschlich reklamieren – in Bezug auf unseren Körper, aber auch in geistiger Hinsicht. So war etwa Kultur im Sinne einer Überlieferung von Gewohnheiten und Gebräuchen wie etwa Tischsitten bei unseren Primatenverwandten bereits etabliert, als in der Erdgeschichte vom Menschen noch keinerlei Rede war. Ebenso können wir uns, wie sich noch zeigen wird, in Sachen Sozialverhalten bei anderen Arten eine ganze Menge abschauen. Ja, selbst jene unsichtbare Mauer, hinter die wir die Königsdisziplinen unter den geistigen Eigenschaf-

Tierisch menschlich: Der Schimpanse ist der nächste Verwandte des Menschen. Die gemeinsame Abstammung ist unübersehbar.

Hier dient eine Ratte als Stellvertreter für den Menschen. An Labortieren wird erforscht, wie sich Krankheiten unserer Spezies heilen lassen.

ten namens »Selbsterkenntnis«, »Bewusstsein« oder »Mitgefühl« gestellt haben, um uns von den Tieren abzugrenzen, wird durch die Wissenschaft mehr und mehr zu Fall gebracht. Eigentlich kein Wunder, denn schließlich braucht man nur einem Schimpansen in die Augen zu schauen oder ihm die Hand zu reichen, um zu erleben, wie verblüffend »menschlich« Tiere sein können.

Wir haben dem Tier in uns viel zu verdanken!

Und unsere allernächsten Affenverwandten, von denen genetisch betrachtet rund 99 Prozent in uns Menschen stecken, sind bei Weitem nicht die einzigen Geschöpfe auf Erden, denen wir, wie ich meine, auf Augenhöhe begegnen sollten. Vielmehr ist die Liste unserer Verwandten schier unendlich. Für die Forschung ist das freilich nichts wirklich Neues: Ob Maus, Fruchtfliege oder Fadenwurm, in aller Welt dienen unsere Tierverwandten seit vielen Jahrzehnten als unfreiwillige Stellvertreter für den Menschen, ob in den Lebenswissenschaften oder der Kosmetikindustrie. Die Idee vom Menschen im Tier ist längst zu einer wichtigen Säule unserer Zivilisation geworden. Übrigens auch bei der Erforschung als »typisch menschlich« geltender Krankheiten wie etwa Herz-Kreislauf-Leiden, Krebs, der Alzheimer- oder auch der Parkinson-Krankheit. Keine Frage: Wir Menschen profitieren von Erkenntnissen, die an Tieren gewonnen wurden, damit wir ein besseres Leben haben und weniger leiden müssen. Egal, ob wir Tierversuche nun als legitim betrachten oder nicht und welche Vettern unserer tierischen Vorfahren auch immer als Laborgeschöpf ihren unfreiwilligen Dienst tun –, ohne die gemeinsame Vergangenheit könnten wir an ihnen nicht den Menschen erforschen.

Dieses Buch will zeigen, wie viel Tier im Mensch zu finden ist und das nicht ohne Grund. Denn erst wenn wir uns als Mitgeschöpfe der Natur begreifen, können wir zu einem unverstellten Blick auf unsere Position in der Welt gelangen und – was noch viel wichtiger ist – verantwortungsvoll mit unserem Planeten umgehen.

Dazu sollen die folgenden Zeilen ihren Beitrag leisten. Schließlich kann der Mensch nur in einer auch von anderen Arten belebten Umwelt existieren. Schon allein aus diesem Grund müssen wir das Wissen um unsere Herkunft zur gemeinsamen Sache machen. Beginnen wir gleich hier und jetzt damit. Ergründen wir vom ersten Tag des Lebens an, was uns mit unseren tierischen Verwandten vereint!

Die Lichtverschmutzung der Erde macht deutlich, wie sehr der Mensch den Planeten prägt.

Glückwunsch zum Geburtstag!
An einem Tag vor unvorstellbar langer Zeit geschah auf der Erde etwas ganz Besonderes. Niemand kann sagen, ob dieser Tag ein Montag oder ein Freitag war. Sicher ist aber, dass wir dem Ereignis dieses Tages nicht weniger als alles verdanken – alles, was uns und unsere Welt ausmacht. Angefangen damit, dass unsere Augen über diese Zeilen wandern und den hier angeordneten Zeichen einen Sinn zuordnen können, dass wir dabei, ohne es zu merken, atmen, unser Herz schlägt und wir wissen, was ein Tag überhaupt ist, dass wir in aller Regel morgens aufstehen und abends zu Bett gehen. Kurzum: Dieser Tag vor langer Zeit war *der* Tag. Er war nämlich unser aller Geburtstag.

Mit »unser« meine ich nicht nur die Spezies Mensch, sondern zum Beispiel auch die Billionen Bakterien, die während des Lesens dieser Zeilen dabei helfen, die letzte Mahlzeit in deren Bestandteile aufzulösen. Ich meine auch all diejenigen Tiere oder Pflanzen, aus denen ebendiese letzte Mahlzeit vielleicht bestanden hat – vom Aal bis zur Zucchini. Ich meine auch alle Vögel, die in diesem Augenblick rund um den Globus durch die Lüfte fliegen und alle Wale, die jetzt gerade an der Oberfläche eines Ozeans ihre Lungen mit Luft befüllen. Ich meine all die Hunde, die bei Regenwetter ein Cape oder hässliche Schleifen im Fell tragen müssen, alle Stechmücken, die sich gerade mit Blut vollsaugen und auch all deren unfreiwillige Opfer. Mit »uns« meine ich alle, wirklich alle Lebewesen, die in diesem Moment existieren und jemals existiert haben, denn an jenem besagten Tag war der Geburtstag des irdischen Lebens.

Damals begann auf unserem Blauen Planeten durch chemische Reaktionen auf noch rätselhafte Weise ein fantastischer Entwicklungsprozess, der seitdem ununterbrochen fortschreitet und in diesem Augenblick jede einzelne der hundert Billionen Zellen unseres Körpers charakterisiert. Bausteine der Materie, Atome und Moleküle, die über Milliarden Jahre unbelebt waren, entwickelten von diesem Tag an eine bis heute ebenso unerklärliche wie ununterbrochene Dynamik namens Stoffwechsel.

Dieser Prozess treibt seither jedes Lebewesen an, ob in der Tiefsee, in der Eiswüste, im dichtesten Dschungel oder in unserem Darm. Es ist eine geheimnisvolle Abfolge von Reaktionen, die wie ein unsichtbares Staffelholz von Zelle zu Zelle und von Generation zu Generation weitergegeben wird. Von Beginn des Lebens an wird sie gesteuert durch jenes wundersame Molekül namens Desoxyribonukleinsäure – kurz DNS – von dem noch häufiger die Rede sein wird. Und beendet wird dieses bis heute rätselhafte Phänomen nur immer dann, wenn der für jedes mehrzellige Lebewesen individuelle Zeitpunkt namens Tod gekommen ist. Erst ab diesem Moment verebbt der seit Anbeginn des Lebens existierende Energiestrom im Baum des Le-

Der biologische Stoffwechsel verbindet uns mit jedem Tier und unterscheidet jeden lebenden Organismus von einem Stein, einem Regentropfen oder auch von dieser Buchseite.

bens und verwandelt unseren Körper wieder in jene unbelebte Materie, wie es sie vor jenem ersten Tag des Lebens ausschließlich gab. Rund 3,8 Milliarden Jahre ist dieser nun schon her. Er vereint alle Lebewesen in Raum und Zeit, die jemals existierten, durch ein unsichtbares Band. Eine unglaubliche Vorstellung, die unser Begreifen auf die Probe stellt.

Ein kleines Gedankenspiel kann uns vielleicht helfen zu verstehen, was all das mit uns Menschen zu tun hat.

Stellen wir uns dazu für einen Augenblick vor, wir hielten unsere Mutter (oder den Vater) an der Hand, diese wiederum einen ihrer Elternteile und dieser einen seiner Vorfahren und so weiter. Diese längste aller denkbaren Ahnenreihen würde schon nach rund zweihundert Individuen zu unseren Steinzeitvorfahren und bereits nach wenigen Kilometern zu einem allen Menschen gemeinsamen Vorfahren führen, einer Art »Ur-Eva«, die vor ungefähr 200 000 Jahren in Afrika lebte. Von ihr aus würde die Menschenkette ihr Aussehen verändern und über mehr oder minder Furcht einflößende Stufen von Vormenschen in die Baumwipfel Afrikas reichen, wo unsere kletternden Vorfahren heutigen Affen ähnlicher waren als uns selbst. Doch damit nicht genug: Irgendwann käme der Punkt, wo unsere Verwandten in Tiergestalt wieder auf dem Boden leben würden und sich nicht mehr die Hände reichen könnten, da deren unmittelbare Vorläufer ihre Arme zur Fortbewegung auf allen vieren gebrauchen würden. Schließlich würde diese Kette an ein Ufer führen, wo unsere Vorfahren sich äußerlich nur wenig von einem heutigen Salamander unterscheiden würden, und letztlich würde die Vorfahrenkette das Meer erreichen – die Heimat des Lebens. Hier wären dann dort, wo eben noch Vorder- und Hinterbeine waren, plötzlich Flossen zu finden – ein früher Vorgriff auch auf ebenjene Hände, die nun dieses Buch halten. Und dann, nach unzähligen weiteren Generationen wäre der ganz große Moment gekommen: Denn dann würde die Ahnenfolge auf jenes uns urverwandte Wesen treffen, das als Erstes überhaupt das Prädikat »lebend« verdient und so zum Vorfahren aller Organismen der Erde wurde. Nennen wir es der Einfachheit halber doch das »Montagstier« – eine Art Ur-Bakterium und damit auch unser erster möglicher Ahne, der am ersten Tag des Lebens vor fast vier Milliarden Jahren seine Existenz begann.

Ein Modell der DNS (engl. DNA). Das einer spiralförmigen Strickleiter ähnelnde Molekül kommt in allen Lebewesen der Erde vor. Es trägt die Erbinformation und ist daher zur Erforschung von Verwandtschaftsverhältnissen sehr hilfreich – ein Archiv unserer tierischen Vergangenheit.

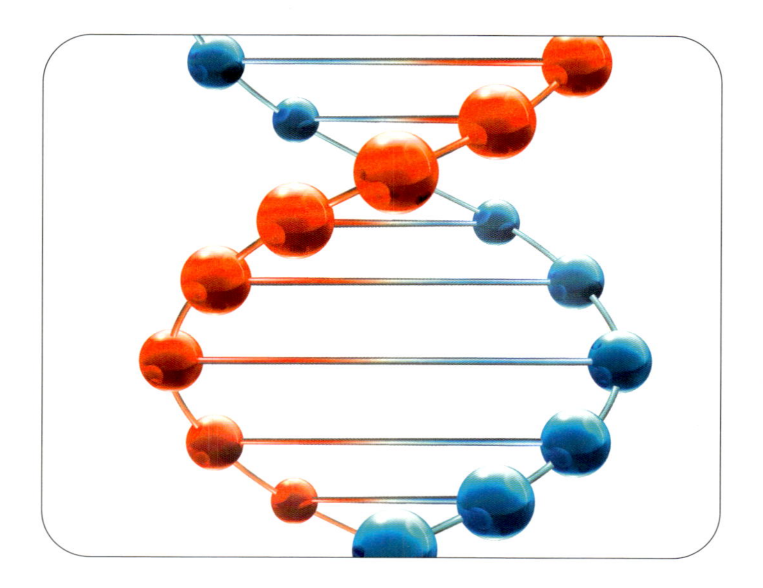

Das Wasser ist die Heimat aller Lebewesen. Die Urverwandten des Menschen aber verließen das nasse Element und betraten den langen Weg bis zum aufrechten Gang.

Wir können uns sicher sein: Es muss ihn gegeben haben, denn sonst gäbe es uns alle nicht. Das »Montagstier« besaß als erster Organismus auf Erden, was Wissenschaftler einmal in der ihrem Berufsstand innewohnenden Ordnungsliebe als die Grundprinzipien des Lebens festgeschrieben haben –, Vermehrung, Stoffwechsel und so weiter. Aber genau genommen war das »Montagstier« gar kein Tier, denn die Aufteilung in Tiere und Pflanzen geschah erst Milliarden Wochentage später. Unser »Montagstier« war vielmehr ein gemeinsamer Verwandter von Tieren und Pflanzen, aber auch von Pilzen, Bakterien und allem anderen, was sonst noch nach unseren Maßstäben unter den Begriff Leben eingeordnet werden kann. Vielleicht sollten wir deshalb eher von einem »Un-Tier« als von einem Tier sprechen.

Das »Montags-Untier«

Was verbindet uns nun mit diesem rätselhaften Wesen, diesem ersten aller denkbaren Urverwandten, außer der Tatsache, dass wir von ihm abstammen und sein Geburtstag auch irgendwie unser Geburtstag war? Sicher, das Aussehen ist es nicht, denn dass wir dem verwandten »Montags-Untier« noch in irgendeiner Weise ähnlich sehen könnten, etwa wie ein Enkelkind seinen Großeltern, dürfen wir getrost ausschließen. Unsere Verwandten haben sich natürlich in Aussehen und Größe zwischen dem ersten Arbeitstag im Unternehmen Evolution und der Gegenwart immer weiterentwickelt, um genau zu sein: vom Einzeller bis zum menschlichen Zweibeiner. Und doch gibt es trotz aller Unterschiede einen unübersehbaren Beweis der Verwandtschaft: unseren Körper.

Er ist ein höchst erstaunliches Archiv, mit dem sich jeder Mensch auf ganz einfache Weise vor Augen führen kann, dass er Nachfahre dieses ersten aller Verwandten ist. Um dieses Archiv im Dienste der Ahnenforscher zu erkun-

Das Tier in dir, was bedeutet das?

Der Körper des Menschen ist eine dreidimensionale Momentaufnahme der Evolution, aufgebaut aus unzähligen biologischen Patenten unserer tierischen Urahnen.

den, braucht man nichts weiter zu tun, als in den Spiegel zu schauen. Was wir dort erblicken ist Evolution pur.

Es ist vielleicht unschön zu hören, aber in gewisser Hinsicht ist der Mensch nichts anderes als das x-te Upgrade einer langen Produktreihe, die sich wandelnden und immer neuen Anforderungen der Umwelt stellen musste. Und viele Bauteile der »Vorgängermodelle« sind in und an uns noch immer ganz offensichtlich im Einsatz: die Brustdrüsen unserer Säugetiervorfahren etwa sind solch ein tierisches Erbe oder unsere Haut, die sich seit jenen Tagen schuppt, als unsere Ahnen noch Echsen waren. Auch unser Steißbein gehört dazu, das einst ein Schwanz war oder unser großer Zeh, der sich als wichtiger Teil eines Greiffußes in den Baumwipfeln Afrikas formte. Es gibt keinen Zweifel, unser Körper ist ein lebender Beweis dafür, was bisher in der Vergangenheit des Lebens geschah, ein Sammelsurium von Lebensprinzipien, die mitunter schon vor Milliarden Jahren in den unterschiedlichsten Organismen ihren Dienst taten und sich bis heute in uns erhalten haben. In diesem Buch werden wir dem Säugetier, dem Reptil, der Amphibie, dem Fisch, ja sogar dem Einzeller und vielen weiteren Lebewesen in uns begegnen. So teilen wir mit unserem einzelligen »Montags-Untier« das Grundprinzip der Körperzellen, von denen wir allerdings unzählige besitzen. Das Konstruktionsmodell »Zelle« als der kleinste denkbare Reaktionsraum des Stoffwechsels entstand am ersten Tag des Lebens und hat zu dem geführt, was Tag für Tag in unserem Körper seinen Dienst tut. Bis zu 50 Millionen Zellen entstehen jede Sekunde in unserem Körper und ebenso viele sterben in der gleichen Zeit wieder ab.

Diese Dimension ist nur ein Beispiel dafür, wie viel Respekt und Erstaunen uns Prinzipien aus der Entwicklungsgeschichte des Lebens bei genauerem Hinsehen abringen müssen, die Tag für Tag scheinbar automatisch in uns ablaufen.

Aber ganz so geradlinig, wie es hier vielleicht klingen mag, war der lange Weg bis zum Lesen dieser Zeilen nicht. Von einer zielgerichteten Entwicklung oder gar dem »Fernziel Mensch« kann in Sachen Evolution keine Rede sein. Denn längst nicht alles, was im Laufe der Erdgeschichte entstand, lässt sich als sinnvoll bezeichnen, ganz im Gegenteil. Vieles, was unseren Ahnen im Laufe der Erdgeschichte implantiert wurde, funktioniert heute eher schlecht als recht und kann – wie wir hören und se-

Wir sind die Nachfahren einer Unzahl mutiger Überlebenskünstler, angefangen mit jenem kleinen, uns auf ewig unbekannten Erstling unter den Organismen – nennen wir ihn das »Montags-Untier«.

hen werden – sogar ziemlich schmerzhaft sein. Unser Körper, unser Verhalten und unsere Existenz sind eben das Ergebnis unzähliger Zufälligkeiten, mitunter auch logischer Fortentwicklungen und stets Resultate des unerbittlichen Prinzips der Selektion, das aus den zufällig entstandenen »Patenten« nur die tauglichsten überleben ließ. Zudem gilt: Erst die lange und wechselvolle Geschichte der Erde, ihrer Geologie, ihres Klimas ist dafür verantwortlich, dass wir so aussehen wie wir aussehen. Ja, dass der Mensch überhaupt existiert, geht auf tragische Momente des Planeten zurück, in denen das Schicksal unserer tierischen Ahnen alles andere als sicher war. Immer wieder einmal sah es sogar eher so aus, als ob dem Leben die letzte Stunde schlüge und die Erde wieder zu jenem unbelebten Planeten würde, der sie über Hunderte von Millionen Jahre war. So gab es Zeiten, in denen über Jahrhunderttausende kilometerdickes Eis den Globus bedeckte und er aus dem Weltall betrachtet einem riesigen Schneeball glich. Dann wiederum, viele Millionen Jahre später, prägten unzählige Vulkane die Oberfläche. Gigantische Lavaströme, Gaseruptionen und Krater von heute unvorstellbaren Ausmaßen verliehen der Erde ein pockiges Narbengesicht und einen übel riechenden schwefligen Atem.

Doch trotz solcher Krisenzeiten hat das Leben immer wieder einen Ausweg, eine Nische gefunden. So schwer die Lebensbedingungen auch waren, jedes einzelne Mitglied in der unvorstellbar langen Kette unserer Ahnen schaffte es, auch den ungemütlichsten Lebensbedingungen zumindest so lange standzuhalten, bis es sich vermehrt hatte, denn sonst gäbe es uns nicht. Ohne Unterbrechung haben sich unsere tierischen Ahnen an den mitunter brüchig-dünnen Ästen des Stammbaumes von Generation zu Generation bis zu uns emporgehangelt, während links und rechts von ihnen Arten und ganze Tiergruppen verschwanden.

Seit Beginn der Evolution sind Zellen die Grundbausteine des Lebens, das kleinste gemeinsame Vielfache aller Organismen.

Ist es nicht unglaublich, dass unsere Verwandten aus der Erdgeschichte ebenso wie ihre abenteuerlichen Existenzbedingungen sichtbare Spuren in uns hinterlassen haben? Dass unsere bereits erwähnten Haare – wie wir noch sehen werden – ein Patent sind, das etwa in den kühlen Nächten des Jurassic Park äußerst wertvolle Dienste in Sachen Überleben leistete? Dass wir Fischen unsere Sinne verdanken, oder dass wir ohne unsere Amphibienvorfahren gar keine Arme und Beine hätten, wenn diese nicht den Weg vom Wasser auf das Land angetreten hätten?

Ob Hände, Haare oder Haut, wo auch immer wir uns mithilfe dieses Buches betrachten werden, man stolpert zwangs-

Immer wieder in ihrer langen Geschichte war die Erde ein äußerst lebensfeindlicher Ort. So machten etwa Vulkanismus, Extremtemperaturen und Sauerstoffmangel unseren tierischen Ahnen mitunter schwer zu schaffen. Doch sie hielten durch und vermehrten sich, sonst gäbe es den Menschen nicht.

läufig über Merkmale aus unserer Tier-Vergangenheit. Und verantwortlich dafür ist nicht zuletzt der Faktor Zeit. Um zu ergründen, was damit genau gemeint ist, merken wir uns an dieser Stelle einfach folgende Uhrzeit: 23:59:57 Uhr.

Drei Sekunden Mensch

Wenn man bedenkt, wie viel oder besser wie wenig Zeit die Evolution hatte, bis sich aus ihren tierischen Vorläufern schließlich die Spezies Mensch entwickelte, dann ist es gar nicht mehr so verwunderlich, dass sich in unserem Körper mehr Tier als Mensch finden lässt.

Vergleichen wir dazu den Zeitraum der Erdgeschichte zwischen der Entstehung des Lebens vor rund 3,8 Milliarden Jahren mit dem Auftreten der ersten Menschen vor rund 160 000 Jahren. Unbegreifliche Dimensionen sind das, denn beide Zeiträume entziehen sich unserer Erfahrungswelt und damit unserer Vorstellungskraft. Übertragen wir deshalb das Ganze auf die Stunden eines Tages. Sagen wir, die gesamte Evolution seit dem Geburtstag unseres »Montags-Untiers« bis just in diesen Moment des Lesens hinein entspräche einem Tag, also 24 Stunden. Um wie viel Uhr traten wohl die ersten modernen Menschen der Spezies *Homo sapiens* auf die Bühne des Blauen Planeten?

Ein Tipp: Von null bis 16 Uhr gab es nur Einzeller. Allein die Entwicklung des Patentes namens Zellkern war damals innerhalb dieses Zeitraums schon ein echter Quantensprung. Ihre Nachkommen waren die Mehrzeller, unter denen schon etwa ein heutiger Badeschwamm als höchst entwickelt angesehen worden wäre. Und noch eine Hilfestellung: Erst

Der Blick auf die zeitlichen Dimensionen der Evolution macht deutlich: Der Mensch ist zu einem weitaus größeren Anteil tierischer als menschlicher Natur.

abends gegen 21 Uhr kamen jene Formen auf, denen wir unsere Rückenschmerzen und Bandscheibenvorfälle verdanken, die Wirbeltiere. Aber wann hatten nun wir Menschen endlich unseren großen Auftritt – jene Lebensform also, die uns in der U-Bahn nicht weiter auffallen würde? Die Antwort lautet: erst um 23:59:57 Uhr. Das bedeutet, dass nur drei Sekunden unserer Evolution dem Entwicklungsmodell »Mensch« galten, der Rest des Tages aber unserer tierischen Vergangenheit. Ganz exakt bemessen sind es etwas über drei Sekunden, die der moderne Mensch alt ist, aber im Hinblick auf diese Relationen müssen wir hier sicher nicht spitzfindig werden. Wir halten also fest: Das Quäntchen Mensch fällt auf der Uhr des Lebens und bei den nachfolgenden Betrachtungen unseres Körpers kaum ins Gewicht.

Nehmen wir die folgenden Zeilen als einen Reiseführer durch die Geschichte des Lebens und als eine Art Bestimmungsbuch, mit dessen Hilfe wir die tierischen Wurzeln des Menschen zu erblicken versuchen. Apropos Blick: Unsere Augen sind das Erste, was wir wahrnehmen, wenn wir in den Spiegel schauen. Kein anderer Sinn nimmt in der Evolution eine so gewichtige Rolle ein wie das Sehen. Daher wollen wir die Augen zum Startpunkt unserer Reise durch den Körper machen. Die nächste Etappe werden wir dem Gehirn widmen, das ohne Zweifel ein wichtiger, wenn nicht gar *der* Motor unserer Entwicklung war und ist. Definiert wird unser Körper von seiner Kontur, seiner äußeren Grenze, der Haut, mit der wir uns in der darauffolgenden Exkursion durch Raum und Zeit beschäftigen werden. Und was wäre unser Körper ohne Knochen und Muskeln, die uns erst zu einem beweglichen, mobilen Wesen machen? Ihre Bedeutung werden wir ebenso in einer abenteuerlichen Reise kennenlernen, wie auf unserer letzten Expedition die tierischen Wurzeln von Kreislauf, Verdauungssystem und der inneren Organe.

Sehen wir uns also nun gemeinsam den menschlichen Körper genauer an, um zu ergründen, wie und warum wir wurden, was wir sind.

Vergleicht man die Erdgeschichte mit den 24 Stunden eines Tages, so nimmt die Entwicklungsgeschichte des Menschen gerade mal drei Sekunden ein.

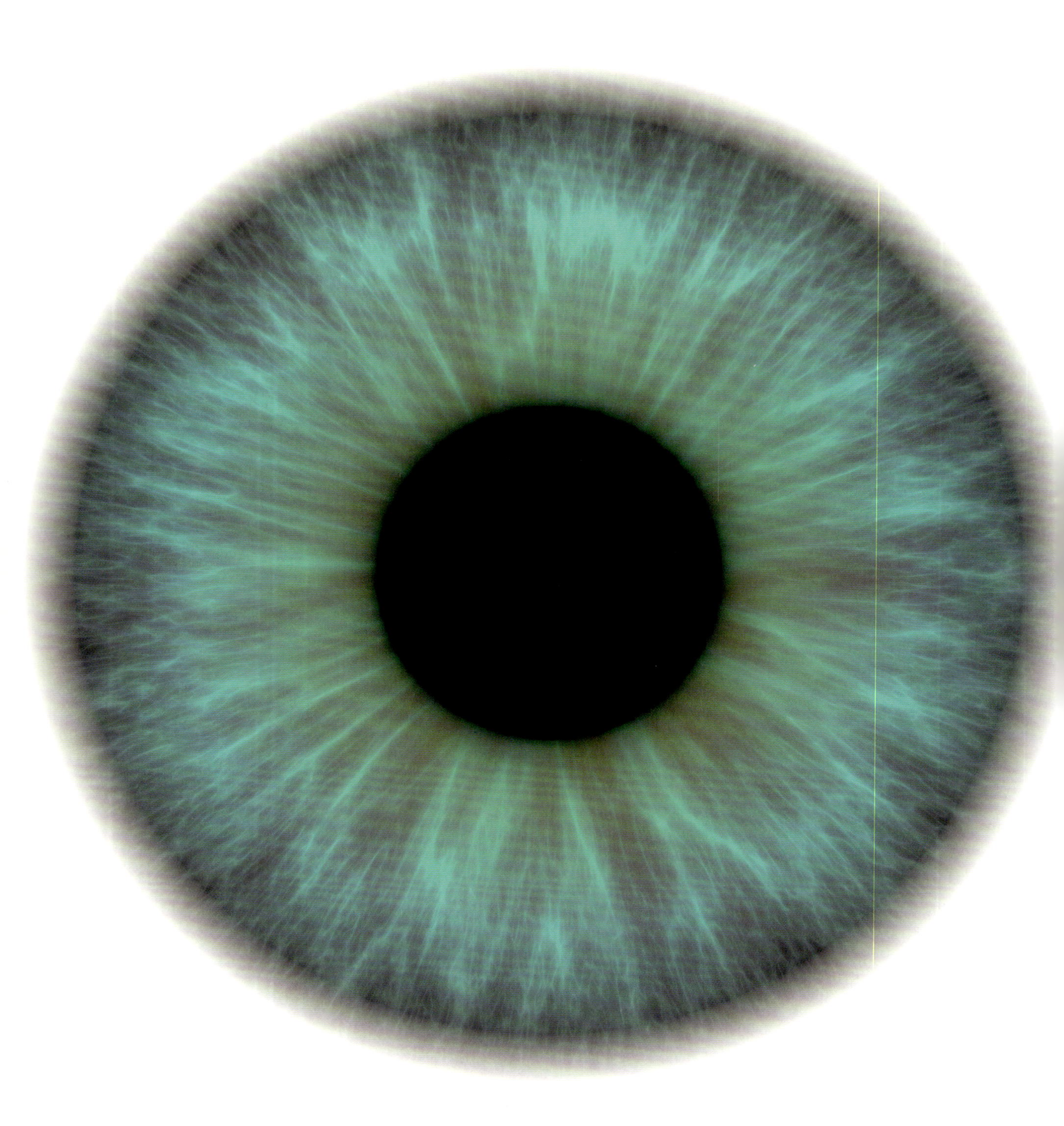

Die Lochblende der Pupille misst nur wenige Millimeter, und doch eröffnet sich uns durch sie die ganze Welt optischer Reize.

Fenster zur Welt

Das Tier in den Augen

Wer kennt nicht jenen kleinen Wettbewerb aus Kindheitstagen, der einzig darauf abzielte, so lange wie nur irgend möglich die Augen geöffnet zu halten, ohne dabei zu zwinkern? Wie wäre es, den harmlosen Selbstversuch hier und jetzt noch einmal zu wiederholen, während des Lesens?

Ganz egal, wie weit man auch kommen mag, früher oder später wird uns das Experiment ganz im Sinne des Wortes vor Augen führen, dass diese von der permanenten Versorgung mit Feuchtigkeit abhängig sind. Unter normalen Umständen benetzen wir unsere Augen nämlich etwa alle zehn Sekunden mit Tränenflüssigkeit. An nur einem Tag sind das stolze 8000 bis 10 000 Blinzelbewegungen. Das selbst auferlegte »Nicht-Zwinkern« stellt sich somit der schier unüberwindlichen Kraft unserer natürlichen Reflexe in den Weg, von der wir an anderer Stelle noch genauer erfahren werden.

Auch wenn wir uns schon seit etlichen Generationen als Landlebewesen bezeichnen dürfen, so stammen wir und all diejenigen Verwandten, die zwischen uns und dem Geburtstag des Lebens liegen, aus dem Wasser. Nicht mehr, aber auch nicht weniger soll das unscheinbare Experiment am eigenen Körper erfahrbar machen. Unsere Augen, oder genauer gesagt, die Augen unserer Vorfahren haben im Urmeer das Licht der Welt erblickt, und seit damals tun sie ihren Dienst in einem nach wie vor flüssigen Milieu. Dass dies auch außerhalb des Wassers möglich ist, verdanken wir den Augenlidern, die zu einer Art Grundausstattung unserer tierischen Ahnen auf deren Weg bis hin zum Landwirbeltier wurden.

Das Zwinkern ist wohl eines der eindrucksvollsten und zugleich einfachsten Beispiele, um uns einerseits zu zeigen, wie selbstverständlich wir mit den allgegenwärtigen Entwicklungen der Vergangenheit umgehen, ohne ihre Wurzeln zu kennen, aber auch wie seltsam und skurril diese Patente bei näherem Hinsehen sein können. Denn so wichtig das Zwinkern sein mag und so viel uns ein Augenaufschlag auch bedeuten kann, die biologische Grundfunktion der stetigen Benetzung unserer Augen mit Flüssigkeit ist nicht gerade das, was man als große Ingenieurskunst bezeichnen würde. Im Gegenteil, schon so ursprüngliche Organismen wie die ohne Augenlider ausgestatteten Insekten zeigen uns doch, dass es an sich auch ohne Zwinkern geht. Aber es hilft nichts, die große Erfinderin namens Evolution konnte ja schließlich nicht ahnen, dass unsere Urahnen das Wasser verlassen würden, als sie die ersten Wirbeltier-Augen schuf. Mit dem Sprung an Land mussten daher die Lider gewissermaßen nachgerüstet werden, unabhängig davon, wie seltsam unökonomisch ihre zigtausend täglichen Bewegungen auch sein mögen.

Fenster zur Welt - das Tier in den Augen

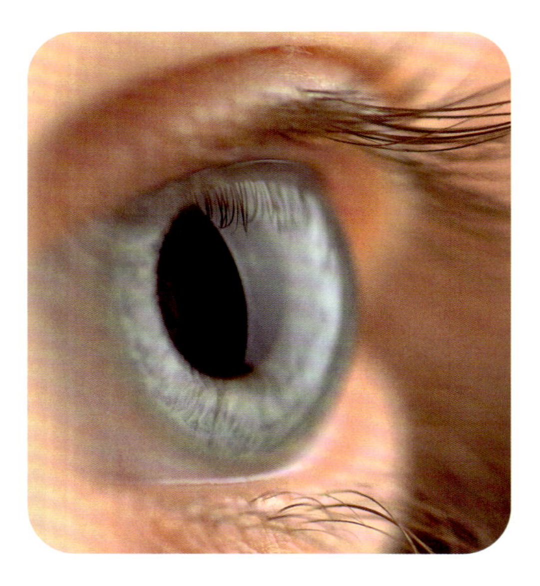

Durch Tausende Wimpernschläge müssen wir täglich unsere Augen mit Feuchtigkeit benetzen. Ein Erbe aus dem Urmeer, denn unsere Fischahnen brauchten keine Lider, da ihre Augen stets von Wasser umgeben waren.

Wozu Augen?

Es besteht kein Zweifel, unsere Augen stammen aus dem Meer – so weit, so gut. Aber wenn wir einmal davon ausgehen, dass sie sich nicht ausschließlich dazu entwickelt haben, um diese Zeilen zu lesen, so stellt sich doch die Frage, warum unsere Augen überhaupt entstanden sind. Einige Tierarten kommen schließlich ganz gut ohne Augen klar, oder sie haben das Sehen im Laufe der Evolution sogar wieder abgelegt, wie manche Amphibienarten, Höhlenfische, einige Spinnen oder Insekten. Und überhaupt, warum haben wir eigentlich genau zwei Augen und nicht eines oder hundert? Warum sitzen unsere Augen in einer Achse nebeneinander und die eines Kaninchens an den Seiten des Kopfes? Woher kommt es, dass wir Menschen dreidimensional und farbig sehen können, für Hunde die Farbe Rot aber nicht sichtbar ist? Für die Antworten auf diese Fragen müssen wir in unsere tierische Vergangenheit eintauchen. Erst hier finden wir die Ursachen für die Entwicklungen, die zum menschlichen Auge und etwa der Fähigkeit geführt haben, zu erkennen, dass dieser Satz mit einem Punkt endet.

Wie genau die allerersten Augen, die »Ur-Augen« unserer Ahnen aussahen, kann natürlich niemand sagen, denn kein Mensch war dabei, als sie entstanden. Außerdem entwickelten sie sich nicht von heute auf morgen. Hinzu kommt ein gerade für die Erforschung der Augen-Geschichte nicht gerade unwesentliches Problem, dem wir auf unserer nun beginnenden Körperreise immer wieder begegnen werden. Man kann das Dilemma in etwa so umschreiben: Augen sind keine Knochen. Normalerweise dienen Fossilien, also die versteinerten sterblichen Überreste eines Lebewesens, zur Rekonstruktion der Vergangenheit. Wer also etwa untersuchen will, wie sich unsere Wirbelsäule entwickelte und was das mit einem Bandscheibenvorfall zu tun hat, der kann auf die versteinerten

Auch wenn wir das Wasser als Lebensraum längst hinter uns gelassen haben, unsere Tränenflüssigkeit ersetzt das Meer und sorgt dafür, dass unsere Augen nicht austrocknen.

Knochen unserer Wirbeltiervorfahren zurückgreifen, was wir noch tun werden. Versteinerte Augen dagegen sind absolute Mangelware. Der Grund dafür liegt in ihrer Anatomie. Denn Augen bestehen – abgesehen von ein paar Ausnahmen wie etwa die Facettenaugen der Insekten – aus weichem Gewebe und tun sich daher schwer mit der Fossilisation, also dem Ersetzen von organischem Material durch steinharte Mineralien.

Schlüssel statt Steine

Aber zum Glück gibt es einen sehr wichtigen Schlüssel, der uns jenseits aller Versteinerungsprobleme die verborgenen Kammern unserer tierischen Vergangenheit eröffnet und damit freilich auch jene zur Geschichte des menschlichen Auges. Dieser Generalschlüssel liegt in milliardenfacher Kopie in den Zellen unseres Körpers. Eigentlich ist es natürlich kein wirklicher Schlüssel,

Die Fruchtfliege *Drosophila melanogaster* ist eine Verwandte. Ihre Augenentwicklung hat dieselbe genetische Basis wie die des Menschen.

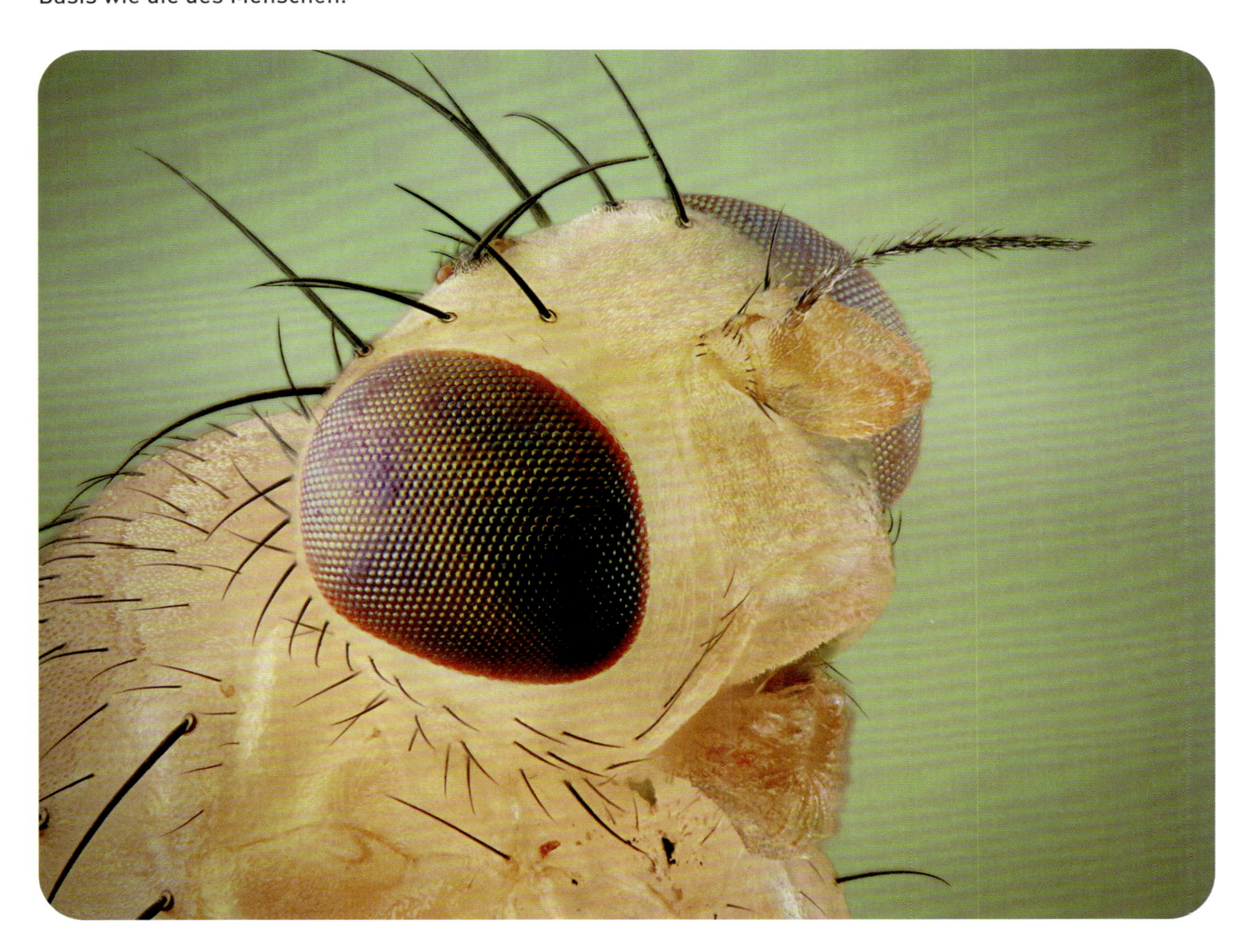

Die DNS zeigt uns nicht nur wie viel Schimpanse in uns steckt, sie macht selbst eine Fruchtfliege zum Verwandten des Menschen.

sondern ein Molekül mit der etwas nüchternen Bezeichnung DNS (Desoxyribonukleinsäure) oder auch DNA (englisches Kürzel für deoxyribonucleic acid).

Doch so sperrig es klingen mag, das faszinierende Molekül in Form einer Strickleiter ist längst kein Unbekannter mehr. So ziemlich jedermann hat schon von ihr gehört, – die DNS ist zum festen Bestandteil unserer Alltagssprache geworden. So darf das Wörtchen nicht fehlen, wenn es zum Beispiel um den sogenannten genetischen Fingerabdruck oder einen Vaterschaftstest geht. Die Möglichkeiten aber, mithilfe der DNS – also der Erbsubstanz – den Blick in unsere tierische Vergangenheit zu richten, sind in aller Regel weniger bekannt. Und doch ist gerade die Erforschung der Entwicklung des Lebens ohne sie kaum mehr denkbar. Daher wäre unsere Reise zum Tier im Menschen vorschnell beendet, hätte uns die Evolution nicht dieses geheimnisvolle Molekül mit auf den Weg gegeben. Denn erst an vergleichenden Studien der DNS lassen sich unsere direkten Verwandtschaftsbeziehungen wissenschaftlich ablesen und somit auf spannende Weise nachverfolgen.

Doch die Genforschung hat durchaus auch ernüchternde Ergebnisse in puncto Verwandtschaft parat: So haben wir etwa mit einer unscheinbaren Fliege einen Großteil des Erbgutes gemeinsam. Und die Zunft der Molekularbiologen ist sich einig darüber, dass bei Mensch und Fliege bestimmte Gene die Entwicklung derselben Organe steuern. Ja sogar hochkomplexe Vorgänge, unsere Sinnesleistungen wie etwa das Hören, entsprechen sich zumindest genetisch bei Mensch und Fliege, obwohl sie definitiv nicht ein Vertreter unserer direkten Vorfahren ist. Und obgleich sich bei einem Wirbeltier das Hören deutlich von dem einer Fliege unterscheidet, verblüffende Ähnlichkeiten in der Gen-Regulation machen uns dennoch zu Verwandten. Wir haben also mit der Fliege einen gemeinsamen Vorfahr. Ist das nicht nahezu unfassbar?

Wir halten also fest: Von der DNS und den spannenden Resultaten ihrer Erforschung wird hier noch mehrfach die Rede sein müssen.

Bleiben wir an dieser Stelle bei der Suche nach der Herkunft unseres Sehvermögens. Betrachten wir dazu im DNS-Molekül unserer Körperzellen diejenigen Regionen, die für die Entwicklung der Augen zuständig sind, so kommen wir zu einem Bereich namens PAX-6. Wieder ein Kürzel und eines, das noch zusätzlich mit einer Zahl versehen ist. Für unsere Betrachtungen ist es eher unwichtig, wofür diese Kombination genau steht. Wichtig aber ist, PAX findet sich in jedem Organismus mit Augen – ob Mensch oder Fruchtfliege. Um genau zu sein: Bei den Fruchtfliegen und ihren Verwandten wird der PAX-6-Bereich zur Entwicklung der Augen *eyeless* genannt. Der Name stammt von für die Versuchstierchen nicht wirklich beglückenden Experimenten der

Was sind Pax-Gene?

Bei den PAX-Genen handelt es sich um sogenannte Kontroll-Gene, die in der Embryonalentwicklung für die Entstehung zahlreicher Organe eine große Rolle spielen. Bei Säugetieren wie dem Menschen gibt es neun verschiedene Mitglieder der Familie der PAX-Gene, die für die Bildung der unterschiedlichsten Organe wichtig sind. PAX-1 etwa hat Anteil an der Entwicklung der Wirbelsäule, PAX-8 kontrolliert die Schilddrüsenentwicklung und das uns bereits bekannte PAX-6 steuert eben die Entwicklung der Augen. Da die PAX-Gene sehr alt sind, sich also im Lauf der Evolution in vielen Tierarten ausbreiten konnten, kommen sie heute bei den unterschiedlichsten Organismen vor. Daher spielt PAX-6 nicht nur bei uns Menschen eine Rolle, sondern auch bei der Augenentwicklung der Fruchtfliege.

Genforschung, denen wir hier deshalb nur bis zu folgender Begrifflichkeit auf den Grund gehen wollen: *eyeless* heißt augenlos. Im Prinzip haben die Züchtungs-Experimente ergeben, dass alle Augentypen ziemlich sicher einen einzigen gemeinsamen genetischen Ursprung haben, auch wenn Augen rund vierzig Mal im Laufe der Evolution neu ausgebildet wurden – egal, ob Facetten, Becher-, Gruben-, Blasen- oder ebenjene Linsenaugen, die gerade diese Zeile abtasten.

Machen wir uns mit dem folgenden Gedanken vertraut: Irgendwo in den Tiefen oder Untiefen des Urmeeres schwamm vor mehr als 500 Millionen Jahren ein Wesen umher, das mehr oder minder als eines der ersten Geschöpfe auf Erden sehen konnte und die PAX-6- oder auch *eyeless*-Region in seinem Erbgut trug. Ein tierischer Vorfahr auch des Menschen und ein Nachfahre unseres »Montags-Untiers« aus den vorhergehenden Seiten, das übrigens mit Sicherheit noch blind war.

Das erste Augentier

Auch wenn wir einmal so tun, als ob es schon hätte sprechen und denken können, so wäre dem ersten aller Augentiere sicher trotzdem nicht der Satz entwichen »Ich kann sehen!«, denn die Entstehung der Augen war – ganz zu schweigen von der Sprachentwicklung – wie so ziemlich alles in der Evolution ein äußerst langwieriger Prozess, der im Laufe von Millionen Jahren und von Generation zu Generation zu etwas geführt hat, was wir heute als »Sehen« bezeichnen, also der Wahrnehmung und Verarbeitung visueller Reize. Der Begriff Verarbeitung lässt schon erahnen, dass Augen allein nicht ausreichend sind, um etwas wirklich wahrnehmen zu können. Kein Auge kommt ohne Nervenzentrum aus, das die Lichtimpulse in ein Bild verwandelt. Ein Bild, das uns etwas sagt, etwas bedeutet. Bei uns Menschen liegt dieser Bereich im hinteren Teil des Gehirns. Dort werden die Reize bearbeitet und mit Informationen aus anderen Hirnregionen wie etwa den Gedächtnisarealen abgeglichen. Das klingt vielleicht abstrakt und kompliziert, ist aber für unseren Sehapparat eine Alltäglichkeit. Nehmen wir folgende Zeilen:

ZUM SEH_N BRA_CHT MAN M_HR ALS AUG_N!

Obwohl hier offensichtlich ganz wesentliche optische Informationen – sprich Buchstaben – fehlen, gibt unser Gehirn dem Gesehenen dennoch einen Sinn. Und mehr noch: Es ergänzt sogar die fehlenden visuellen Reize mithilfe der Erfahrung »Lesen«. Ohne diese Denkleistung wären die Buchstaben zusammenhanglose Zeichen. Das Beispiel soll verdeutlichen, dass die Geschichte unserer Augen erst mit der Entwicklung eines je nach Spezies mehr oder minder komplex entwickelten Nervenzentrums so richtig Fahrt aufnehmen konnte. In der auf dieses Kapitel folgenden Expedition durch die tierische Vergangenheit unseres Gehirns werden wir das Zusammenspiel von Denkapparat und Augen noch näher erforschen.

Doch wozu nutzten nun unsere Ahnen eigentlich ihre Augen, bevor sie ein komplexes Nervensystem ihr Eigen nennen konnten? Wie verlief wohl die erste Zeit des Fast-sehen-Könnens? Auch wenn Augen in dieser »Vor-Gehirn-Zeit« sicher einen Sinn gehabt haben, so war das Sehen damals eine aus heutiger Sicht sicherlich vergleichsweise trostlose Sache. Und das nicht etwa nur ein langweiliges verregnetes Wochenende lang, sondern für Milliarden von Jahren. Einzeller wie das »Augentierchen« *Euglena* geben uns vermutlich einen guten Eindruck davon, wie das Tageslicht von unseren Ahnen ursprünglich für eine sehr lange Zeit der Erdgeschichte genutzt wurde, noch bevor ein Gehirn vorhanden war oder PAX-Gene ihr Erbgut zierten. Die Tierchen orientieren sich wie einst vermutlich auch unsere Ahnen mit einfachen Licht-Sinnesfeldern nach der Sonne, denn das Licht brauchen sie, um Energie für ihren Stoffwechsel zu tanken. Und dies taten wohl auch in grauer Vorzeit jene Einzeller, aus denen einmal der Mensch hervorgehen sollte. Unbegreiflich lange ist das nun schon her. Im Zeitraffer betrachtet stellt sich die Entwicklung bis zum Lesen dieser Buchstaben so dar: Zunächst konnten unsere Vorfahren ähnlich wie der Einzeller *Euglena* viele Millionen Jahre nur Unterschiede von Hell und Dunkel erkennen, dann Konturen und Bewegungen,

Die Netzhaut im Augenhintergrund verwandelt Lichtimpulse in Nervenreize – eine Schnittstelle zwischen Sehen und Denken.

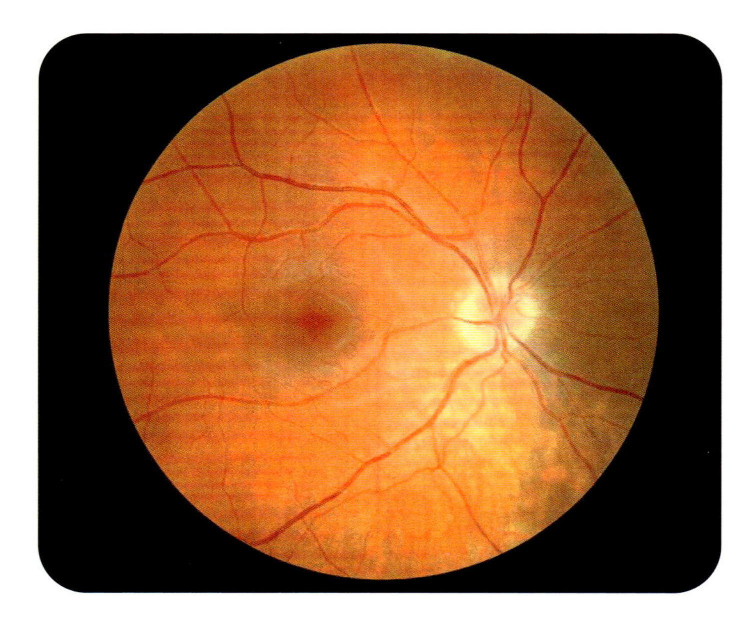

schließlich Farben. Erst mit einer fortschreitenden Entwicklung des Gehirns bildete sich dann die Wahrnehmung der drei Raumdimensionen aus, eine für Primaten und Menschen typische Fähigkeit, von der heutzutage jedes 3D-Kino profitiert. Doch warum kam es überhaupt zu diesen Entwicklungen?

Glibbertiere mit Geschichte

Um herauszufinden, wo und wie der lange Weg ins Lichtspielhaus seinen Anfang nahm, sollten wir uns möglichst ursprüngliche Organismen anschauen, die jene geheimnisvollen PAX-Areale im Erbgut aufweisen. Denn das erste aller Augentiere werden wir ja schließlich nie mehr näher kennenlernen können. Heutige Arten aber geben uns zumindest eine Vorstellung davon, warum sich unsere Augen überhaupt entwickelten. Beleuchten wir also nochmals diesen Abschnitt in unserem Erbgut. PAX-6 steht für Augen, soviel haben wir ja bereits aus dem Genetik-Labor mitgenommen. Wenden wir uns also nur dem Augen bildenden PAX-Bereich im Erbgut zu und suchen nach seinem Ursprung. Um unsere Suche abzukürzen: Die PAX-Pioniere aus der Urzeit der Augenbildung sind von der Forschung längst gefunden. Es sind durchsichtige Meerestiere, zu denen übrigens eines der giftigsten der Welt namens Seewespe zählt. Die meisten Menschen sind von diesen Tieren entweder fasziniert oder angeekelt oder beides zugleich. Die Rede ist von Quallen. Nicht alle heute existierenden Quallenarten sind in der Lage zu sehen, aber ein paar von ihnen sehr wohl und zudem erstaunlich gut. Um diese Quallen soll es hier gehen. Denn Quallen sind so ziemlich die ursprünglichsten Tiere mit PAX-Augen, die man sich vorstellen kann. Auch wenn bei ihnen nicht exakt dieselben PAX-Gene für die Augenentwicklung zuständig sind, so ähneln sich die genetischen Mechanismen bei Mensch und Qualle auf höchst erstaunliche Weise. Allerdings muss uns klar sein: Wir Menschen stammen nicht direkt von Quallen ab, sondern haben eben vielmehr einen gemeinsamen Vorfahren, der sehen konnte, aber weder Mensch noch Qualle war.

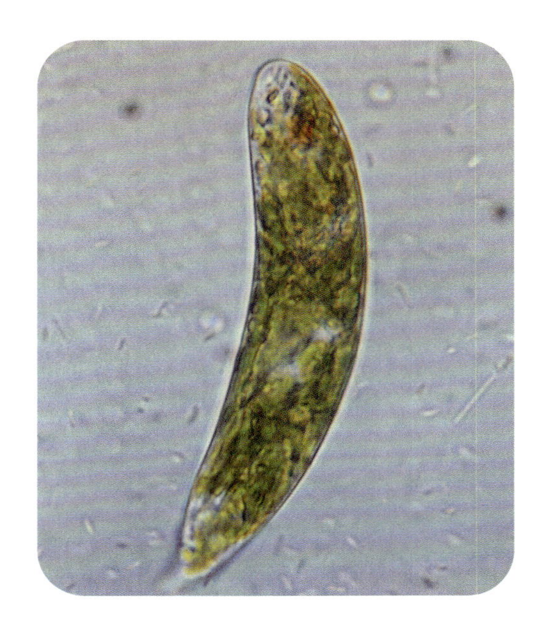

Das Augentierchen *Euglena*, sein Name hält nicht ganz, was er verspricht.

Quallen durchschwimmen seit Urzeiten die Meere. Aber was ist das Geheimnis ihres Erfolgs? Wodurch starben immer wieder Tausende Arten und ganze Tiergruppen aus, die Quallen aber blieben, was sie waren? Die Antwort ist einfach: Ihr Körper ist seit jeher so perfekt an die Bedingungen im Meer angepasst, dass »Nachbesserungen« schlicht nicht nötig waren. Das Modell »Qualle« konnte zeitlebens Qualle bleiben und verwandelte sich nicht in eine andere Lebensform, wie sich etwa der Mensch aus Primaten entwickelte. Anders ausgedrückt: Quallen sind zwar so etwas wie Oldtimer der Entwicklung, nur dass sie gegenüber den ersten Automobilen bis heute nahezu allen Straßenverhältnissen und Verkehrsteilnehmern der Evolution konkurrenzlos gewachsen sind. So gesehen können wir doch eigentlich ein wenig stolz sein, mit dem zeitlosen Überlebenskünstler »Qualle« etwas gemeinsam zu haben. Auch wenn es bezüglich unserer Augen nur eine Winzigkeit ist, nämlich die Abfolge der PAX-Bausteine in unserem Erbgut, die bei Mensch und Qualle auf verblüffend ähnliche Weise ihren Dienst tun.

Quallen zählen zu den ursprünglichsten Tieren mit Augen. Die Ohrenqualle *Aurelia aurita* besitzt an ihrem Schirmrand allerdings nur unsichtbar kleine Lichtsinneszellen.

Kambrische Köstlichkeiten

Was genau können uns Quallen nun über die Entstehungsphase unserer Augen verraten? Versetzen wir uns dazu in die Zeit, als die durchsichtigen Schirmträger quasi Schulter an Schulter mit unseren direkten, aber leider unbekannten Urverwandten die Urmeere durchschwammen. Wie sah diese Welt aus? Es war ein Meer, soviel ist sicher. Wasser so weit das Auge reichte, ein dann und wann von Sonnenstrahlen durchflutetes unendliches Blau.

Was darin lebte sah allerdings ziemlich anders aus als alles, was wir heute im Meer finden. Fische gab es damals noch lange nicht und ein Meeresfrüchteteller aus dieser Zeit würde uns heute sicher das Fürchten lehren. Denn zum einen wäre die Ware ja nicht mehr wirklich frisch, schließlich liegt eine Zeitspanne von rund einer halben Milliarde Jahre zwischen einst und heute, zum anderen lebten in diesem Urmeer neben unseren Quallen sehr unfreundliche, bizarr aussehende Zeitgenossen von bis zu einem Meter Länge, die im viel zitierten Evolutionsprinzip »Fressen und gefressen werden« mehrheitlich den aktiven Part übernahmen. Rund 540 Millionen Jahre später erhielten die Geschöpfe aus jener Zeit von wissenshungrigen Zweibeinern so exotische Namen wie *Opabinia*, *Hallucigenia* oder *Anomalocaris*. Da steckt »Vorsicht, bizarrer Unbekannter, mal lieber Abstand halten!« ja irgendwie schon im Wort. Diese Zeit der Erdgeschichte wird als Kambrium bezeichnet. Wir werden sie noch näher kennenlernen. Apropos Hunger: Was wird in diesen wilden Zeiten unter Wasser wohl das Wichtigste gewesen sein? Kurz gesagt: zu überleben. Mit Blick auf den eigenen Appetit und die hungrige Nachbarschaft hieß das: »Fresse, aber lass dich selbst

Quallen – Zeugen der Urzeit

Egal, ob wir die glibberigen Schirmträger mögen oder am liebsten aus der Welt verbannen würden, dem Prinzip »Qualle« müssen wir Respekt zollen, denn diese Tiere sind wirklich so etwas wie Botschafter aus dem Urmeer. Während der Mensch ja eine vergleichsweise junge Erscheinung in der Erdgeschichte ist, haben Quallen nahezu unverändert auch die ungemütlichsten Zeiten der Evolution durchschwommen. Selbst die großen Massensterben, die unseren Blauen Planeten immer wieder heimsuchten, und denen mehrfach bis zu unfassbare 90 Prozent aller Meeresbewohner zum Opfer fielen, konnten den Quallen nichts anhaben. Quallen sahen Arten und ganze Tiergruppen entstehen und wieder verschwinden, denn sie waren mit die frühesten mehrzelligen Zaungäste der Evolution überhaupt. Welche neue Spielart das Leben auch immer bereithielt, die Quallen waren und blieben im Meer. Etwa als unsere Urahnen das Wasser verließen, um fortan das Land zu besiedeln. Und sie waren natürlich auch längst da, als der *Homo sapiens* von Afrika aus aufbrach, um – ohne es wissen zu können – die ganze Welt zu erobern und so zum Beispiel die Pyramiden zu erbauen oder – nach den Zeitmaßstäben der Erdgeschichte berechnet – einen kleinen Augenblick später die Weltraumstation ISS.

nicht fressen!« Und so verwundert es wohl kaum, dass Augen schnell zu einer Art Grundausrüstung im Überlebenskampf wurden.

Augen essen mit

Wer Augen hat, der kann nicht nur hungrige Feinde frühzeitig erkennen, sondern der findet auch sein eigenes Futter schneller. Ein Grundsatz, der seit jenen wilden Tagen im Urmeer nichts an Gültigkeit eingebüßt hat. Man denke nur an die Unterbrechung so mancher Familien-Autofahrt durch verlockend-bunte Hinweisschilder, die sich sinngemäß mit »Nächste Ausfahrt: Fastfood!« übersetzen lassen.

Es gibt eine Quallenart, bei der sich auf deutliche Weise zeigt, welch ursprüngliche Vorteile das Sehen für den Nahrungserwerb hat. Sie heißt *Cladonema* und lebt im Nordatlantik, in der Nordsee und im Mittelmeer. Verglichen mit jenen Glibbertieren, die normalerweise an unseren Küsten für Aufregung sorgen, ist diese Spezies recht klein – genauer gesagt nicht viel größer als ein Stecknadelkopf. Mit dem Lesen dieser Zeilen hätte sie ganz sicher ihre Schwierigkeiten, denn schließlich gilt – wie wir nun wissen – der Satz: »Zum Sehen braucht man mehr als Augen«. Nichtsdestotrotz nutzt *Cladonema* den Sehsinn auf faszinierende Weise zur Orientierung und Ernährung. Die kleinen Quallen verfolgen nämlich ihre Mahlzeit auf deren täglichem Weg vertikal durch die Wassersäule von unten – dunkel –

Der räuberische Meeresbewohner *Anomalocaris* war rund einen Meter lang. Neben seinen Greifarmen (Fossil, links) waren ihm bei der Jagd nach Beute besonders ausgeprägte Augen (Körper-Rekonstruktion, rechts) hilfreich.

nach oben – hell – und zurück. Sie ernähren sich von Plankton, das tagsüber an der Wasseroberfläche zu finden ist. Nachts sinkt das Plankton in tiefere Wasserschichten ab, die *Cladonema*-Quallen folgen dabei ihrer Nahrung. Winzige »Augen« an der Basis ihrer Tentakel machen die Verfolgungsjagd möglich und sorgen dafür, dass die Quallen ihr Futter nicht aus dem Blick verlieren. So ähnlich könnte auch unser verschollener Augen-Urverwandter die ersten Sehversuche der Evolution genutzt haben – nicht ahnend freilich, dass sich aus der Fortentwicklung seiner Fähigkeit in ferner Zukunft ein flammender Disput zwischen Eltern und ihren auf Hamburger vermeintlich heißhungrigen Kindern entflammen könnte.

Auch bei uns Menschen spielt bekanntlich das Sehen für den Nahrungserwerb eine ganz wesentliche Rolle. Natürlich treibt uns der Hunger nicht durch die Vertikale der Meeresfluten. Aber wenn es etwa eben darum geht, ein Restaurant aufzustöbern, die knusprig-goldene Haut der Weihnachtsgans optisch abzutasten, oder auf einem Bau-

Wer sich im Urmeer nur tastend orientieren konnte, lief Gefahr, bereits im Frühstücksraum der Evolution seinen Abschied von der Bühne des Lebens nehmen zu müssen.

ernmarkt nach dem frischesten Gemüse Ausschau zu halten, dann sind die Augen mit von der Partie. Soll heißen: Das Aufspüren und Bewerten unserer Nahrung und auch das Essen selbst finden seit jeher mit großer Unterstützung durch den Sehsinn statt.

Wer es übrigens nicht längst getan hat, sollte nun unser kleines Zwinker-Experiment beenden, das wir zu Beginn dieses Kapitels gestartet haben. Jedes lesende »Versuchskaninchen«, das sich bis hierher in selbstloser Zwinker-Freiheit durchgeschlagen hat, wird sogleich unter Einsatz der Lider auf wohltuende Weise feststellen können, dass unsere Augen unmittelbar von jenem kleinen Urmeer namens Tränenflüssigkeit umgeben werden. Aber wir haben der Quallenzeit in Sachen Sehen noch viel mehr zu verdanken als die Pax-Areale in unserem Erbgut oder einen permanenten Bedarf an Befeuchtung. Deshalb, und auch weil wir ja gerade mal am Anfang unserer langen Reise stehen, gilt auch für die tapferen Absolventen des Selbsterfahrungskurses die Devise: Augen bitte wieder öffnen, es geht weiter!

Durchblick dank Kollagen

Kurze Frage: Was an unserem Körper ist durchsichtig? Wer den Spiegel aus un-

Die Qualle *Cladonema* orientiert sich mithilfe punktförmiger Augen, die an der Basis der Tentakel sitzen.

serem Einleitungs-Kapitel noch zur Hand hat, mit dem wir unseren Körper als ein Archiv der Evolution betrachtet haben, der wird es nicht übersehen können. Gemeint ist die Augenhornhaut. Dieses Schaufenster zur Welt macht das Sehen erst möglich. Denn durch die Hornhaut fällt das Licht auf unsere Netzhaut, die Schaltzentrale zum Gehirn, wo aus dem, was da an Lichtquanten durch das Auge dringt, ein Bild entsteht. Erst mit der Durchsichtigkeit der Augenhornhaut werden Formen wie ein Gesicht, werden Farben, Bewegungen und Buchstaben sichtbar. Die Hornhaut ist eine Grenzschicht zwischen dem Körper und allen optischen Reizen, die ihn umgeben. Sie verbindet uns mit Schönheit und Schrecken, mit Sinn und Unsinn der Welt. Dieses kleine Credo für ein geniales Patent der Evolution sollte uns allerdings nicht über die Tatsache hinwegtäuschen, dass ebenso wie unsere Augen auch unsere Augenhornhaut einmal klein angefangen hat. Ihre Erfolgsgeschichte verdankt sie einem durchsichtigen Baustoff der Evolution, der in den Tagen von Qualle und Co. gerade erst so richtig in Serie ging.

Ohne lang drum herumreden zu wollen: Jetzt kommt wieder so ein Wort, das nicht gerade schön, dafür aber einprägsam und kein so sperriges Kürzel wie DNS oder PAX ist. Es lautet »Kollagen«. Jeder, der Gummibärchen mag, kommt um Kollagen nicht herum. Aber was hat nun dieser Süßigkeitenstoff mit unseren Augen zu tun?

Was fällt auf, wenn man vor dem Gummibärchen-Verzehr – so schwer es auch fallen mag – kurz innehält und eines gegen das Licht hält? Nun, das Opfer unserer Naschlust ist mehr oder weniger durchsichtig. Durchsichtig? Augenhornhaut?! Genau. Gummibärchen bestehen zu einem Teil wie auch unsere Hornhaut aus Kollagen, genauer einer ganz bestimmten Form dieses Proteins, das seinen Namen durch einen Zwischenstopp in den Kochtöpfen der Industrieküchen verloren hat, um als sogenannte Gelatine den Siegeszug quer durch die Angebotspaletten unserer Nahrungsmittel anzutreten. Ohne die Durchsichtigkeit von Kollagen, aus dem eben auch unsere Hornhaut-Fenster gebaut sind, hätten also Gummibärchen nie das Licht der Welt erblickt, und auch für uns wäre es zappenduster. Nun spielen Gummibärchen in unserer Abstammungsgeschichte natürlich keine Rolle. Ihre durch Kollagen verursachte Durchsichtigkeit aber teilen sie mit Tieren, die uns eben bereits begegnet sind. Nahezu der gesamte Körper einer Qualle besteht aus Kollagen. Es scheint gerade so, die Tiere hätten, als es um die Verteilung von Kollagen ging, Mutter Natur gleich mehrfach »Hier, ich!« zugerufen. Und tatsächlich erwies sich die Extraportion Kollagen für die lange Reise durch die Evolution als eine äußerst clevere Lösung. Denn dank der besonderen Beschaffenheit dieses Eiweißes sind Quallen nicht nur ebenso

Gummibärchen sind zwar nicht verwandt mit uns, aber ihre Durchsichtigkeit verdanken sie Kollagen, einem Eiweiß, das auch unsere Augenhornhaut durchsichtig macht.

An der Entstehung unseres Sehvermögens hat der Baustoff »Kollagen« einen großen Anteil.

durchsichtig wie unsere Hornhaut, sondern man kann sie raffinierterweise auch leicht übersehen, was zu allen Zeiten der Erdgeschichte sicherlich von enormem Vorteil war. Schließlich gab und gibt es bis heute irgendwo in den Weiten der Ozeane immer einen hungrigen Magen, der selbst vor glibberigen Quallen nicht haltmacht. Lederschildkröten etwa verköstigen Unmengen dieser salzigen Gummibärchen-Konsistenz-Verwandten.

Im Gegensatz zu einer Qualle beschränkt sich die Durchsichtigkeit unseres Körpers dagegen mehr oder minder auf die Augenhornhaut. Aber wer weiß, vielleicht waren unsere Verwandten aus dem Kambrium zumindest für eine Zeit lang ebenso durchsichtig wie Quallen. Das ist eine interessante Vorstellung. Wir können jedenfalls sicher davon ausgehen, dass dieses Kollagen-Patent nach seiner Einführung in das Baustoff-Arsenal der Evolution aus den Konstruktionsplänen unserer tierischen Vorfahren nie mehr entfernt wurde.

Wir halten fest: Kollagen ist seit über 500 Millionen Jahren ein für das Sehen ganz wesentliches Baumaterial in unserem Stammbaum. Auch außerhalb der Augen tut der Wunderstoff Kollagen bei uns überaus wertvolle Dienste. Es ist sogar das häufigste Eiweiß in unserem Körper, macht unsere Haut geschmeidig und verleiht unter anderem unseren Knochen ihre Stabilität, wie wir noch auf unserer Reise durch den Bewegungsapparat genauer sehen werden. Doch zurück zu unseren Augen. Was bisher geschah: Wir haben gute Gründe erfahren, warum es sinnvoll war, sehen zu können, sofern man nicht hungrig bleiben oder als Mahlzeit enden wollte. Wir haben erfahren, dass unsere Augen aus dem Wasser stammen, genetisch mit denen vieler Tierarten verwandt sind, und wie dank der faszinierend durchsichtigen Konsistenz eines Eiweißes namens Kollagen das Licht aus der Umwelt in unser Auge gelangen kann. Nun gilt es zu ergründen, ob wir nicht noch mehr Erhellendes in die Entstehungsgeschichte des Sehens bringen können. Unsere Augen sind ja schließlich mehr als in Tränenflüssigkeit gelagerte Kugeln mit Kollagenanteil.

Der Püppchen-Test

Verfolgen wir den Weg des Lichtes, nachdem es ein paar Dutzend Zeilen zuvor die Hornhaut durchdrungen hat, so kommen wir, wenn wir uns seine Geschwindigkeit von rund 300 000 Kilometern pro Sekunde in einer Superzeitlupe vorstellen, an die Schleuse zwischen Hell und Dunkel, die Pupille, um sogleich in den sogenannten Augapfel einzutauchen. Das Wort Apfel dürfen wir an dieser Stelle getrost schon wieder vergessen, denn unser Auge ist bekanntlich nicht mit Fruchtfleisch, sondern mit Flüssigkeit gefüllt. Auch von außen gleicht das Auge ja nicht wirklich einem Apfel. Das erwähnte Wort Pupille dagegen ist zugleich witzig und zutreffend, denn es stammt aller Vermutung nach von dem lateinischen Wörtchen *pupilla* ab, was soviel heißt wie Püppchen. Gemeint ist damit das Püppchen, das jeder von uns

Augen und Evolution – passt das zusammen?

Unsere Augen zählen zu den präzisesten Sinnesorganen der Natur. Wenngleich bei vielen Menschen zwei Scheiben aus Glas oder Kunststoff zwischen den Augen und ihrer Umwelt – wie etwa diesem Text – zu finden sind, so können wir zumindest grundsätzlich doch Objekte scharf sehen, egal wie weit oder nah sie entfernt sind, ob sie sich bewegen oder stillstehen. Das klingt banal, ist aber alles andere als das. Ohne uns hier in die Tiefen der Physik und die Gesetzmäßigkeiten der Optik zu verlieren, sollten wir unbedingt festhalten: Bewegungen wahrzunehmen, sie detailreich und noch dazu in Farbe sehen zu können, ist eine wirklich ziemlich komplizierte Sache. Anders ausgedrückt: Wenn wir stolz darauf sind, dass die Forschung unsere Spezies schon bis zum Mond gebracht hat, dann hat die gute alte Evolution mit der Erfindung des Sehens den Mars bereits längst besiedelt. Warum? Zum Sehen, wie wir es kennen, müssen gleich mehrere ausgeklügelte Dinge zusammenkommen. Unser Auge ist eine Kombination von Einzelpatenten, die wie in keinem anderen Organ genau aufeinander abgestimmt sein müssen. Lange glaubte man daher, etwas so Komplexes wie das menschliche Auge gar nicht mit den Vorgängen der Evolution erklären zu können, da jedes Einzelpatent erst dann einen biologischen Sinn ergibt, wenn es auch der Funktion »Sehen« unterstellt ist. Laut der Evolutionstheorie entwickelt sich eine Struktur oder ein Organ aber nur dann, wenn es auch zu jedem Zeitpunkt seiner Bildung einen wie auch immer gearteten Zweck erfüllt. Selbst Charles Darwin, dem wir zu einem großen Anteil das Grundverständnis in Sachen Evolution verdanken, kam beim Auge mit seinen Erkenntnissen daher ernsthaft ins Grübeln, ob seine Ideen allesamt haltbar wären. Er fragte sich, wie sich etwas so Komplexes wie das menschliche Auge aus einfachen Formen immer weiter und weiter entwickelt haben könne. Die Entdeckung verwandtschaftlicher Beziehungen und ihrer Wurzeln mittels der DNS und der PAX-Areale hätten ihm zwar mit großer Wahrscheinlichkeit die Augen geöffnet, aber auch in heutiger Zeit zwingt der Sehsinn selbst den abgeklärtesten Naturforschern immer noch flammende Begeisterung und Kopfschütteln ab.

sieht, wenn er einem anderen Menschen oder dem eigenen Spiegelbild in die Augen schaut. Da erkennen wir – wenn wir nur genau genug hinsehen – doch tatsächlich Kopf und Schultern eines püppchengroßen sich spiegelnden Wesens, – uns selbst. Ausprobieren lohnt sich.

Und wenn wir schon mal dabei sind, sollten wir neben der Spiegelung unseres Selbst auch die Pupille noch einmal genauer anschauen. Technisch betrachtet ist sie so etwas wie die Blende eines Fotoapparats, aber genau besehen ist sie dies wiederum überhaupt nicht, sondern eher ein geniales Erbe aus tierischen Tagen. Unsere Pupille gehorcht unserem Willen nämlich nicht etwa wie die Mechanik eines Objektives. Sie steuert zwar ganz exakt die Menge des einfallenden Lichts, aber dabei führt sie ein echtes Eigenleben. Soll heißen: Je nach Situation und Gemütslage verändert die

Pupille ihr Aussehen, also die Größe der Lochblende, ohne dass wir darauf Einfluss nehmen können. Bei Helligkeit ist sie klein und schützt uns vor allzu intensiver Strahlung, bei wenig Licht ist sie geweitet, damit mehr Licht in das Auge gelangen kann. Ein biologischer Vorgang, den man nur allzu schnell als Selbstverständlichkeit abtut. Auf der Suche nach dem Tier im Menschen aber sollten wir unbedingt diese Autonomie der Pupille genauer betrachten. Denn wir beherrschen die Welt mit all der Technik, die uns umgibt, können den Astronauten auf der Raumstation ISS eine Video-Botschaft schicken und einen Augenaufschlag später mit einer Antwort rechnen, aber auf jene kleine Veränderung an der Lichtpforte unseres Körpers haben wir so gut wie überhaupt keinen Einfluss. Und damit geht es uns genau wie den Tieren. Die Pupille macht, was sie will. Besonders deutlich wird dies, wenn wir den Zusammenhang zwischen Pupillengröße und unseren Gefühlen betrachten. Erschrecken wir uns über etwas, so weitet sich die Pupille, bei psychischer Überlastung wird sie klein. Beeinflussen können wir dies so gut wie nicht. Es gibt noch eine ganze Reihe weiterer Emotionen mit Einfluss auf die Pupillengröße. So gesehen ist das kleine schwarze Loch in unserem Auge eine sichtbare Direktverbindung zu unserem Seelenleben. Und viel mehr noch verrät uns die Pupille in ihrer Unabhängigkeit von unserem viel zitierten »freien Willen« etwas über die geistige Verwandtschaft des Menschen mit den Tieren. Fernab von jeder Selbstbeherrschung, Intelligenz, von Mitgefühl und anderen scheinbar rein menschlichen Tugenden ist die Autonomie der Pupillenweite eines von vielen offensichtlichen Dingen, die wir mit unseren Wirbeltierverwandten teilen. Egal, ob sie auf vier Beinen unterwegs sind, sich von Ast zu Ast hangeln oder zum Frühstück nach einer Fliege schnappen.

Zur Pupille und den Zusammenhängen mit der erdgeschichtlichen Herkunft unseres Auges ließe sich noch viel Spannendes berichten. Über jene Versuche etwa, die gezeigt haben, dass wir einen Menschen mit geweiteten Pupillen unbewusst als sympathischer und attraktiver empfinden als denselben Menschen mit verengten Pupillen, und auch darüber, was all das mit unserer Evolution zu tun hat. Vielleicht sollten wir uns hier auch mit der Frage beschäftigen, wie objektiv der Mensch angesichts solcher Ergebnisse überhaupt bei der Beurteilung seiner selbst und seiner Umwelt ist, und wie leicht wir uns – den Tieren gleich – etwas vormachen lassen, wenn wir nicht einmal merken, dass die Beurteilung eines Gesprächspartners von dessen Pupillenweite beeinflusst wird. Aber derart hochtrabende Gedanken sind auf unserer anschließenden Reise durch das Gehirn wohl besser aufgehoben. Auf dieser Expedition durch das menschliche Auge gilt es zunächst einmal aufzupassen, damit wir nicht an das nächste Untersuchungsobjekt im Dunkel unserer kleinen Augen-Expedition anstoßen, denn es ist ebenso durchsichtig wie die Hornhaut, durch die wir das Auge betreten haben.

Linsen machen Licht

Wie scharf wir etwas erkennen können, steht und fällt mit der Leistungsfähigkeit der Linse. Wer ihre Arbeit genauer kennenlernen will, sollte den Blick ein paarmal abwechselnd auf eine Fingerspitze und dann wieder auf diesen Text richten. Das jeweils im Fokus befindliche Objekt wird scharf abgebildet. Dies geschieht durch die Krümmung der Linse mittels der sogenannten Ziliarmuskeln. Bereits im jüngeren Erwachsenenalter aber erschlaffen diese Muskeln häufig, zudem verringert sich die Elastizität der Linse und die Sehkraft nimmt ab – wenn auch zunächst unbemerkt. Die allermeisten von uns müssen daher früher oder später beim Optiker vorbeischauen. Was aber hat ein Brillengeschäft mit dem Tier in uns zu tun? Nun, das Sehen ist heutzutage genauso wie bereits bei unseren Ahnen der vermutlich wichtigste Sinn des Menschen, den wir stets in optimaler oder optimierter Form einsetzen. Anders formuliert: Unsere Urverwandten mussten in ihrer Umwelt vermutlich zu allen Zeiten sehr gut sehen können, sonst würde dieses hoch spezialisierte Sinnesorgan für den Menschen heute keine solch bedeutende Rolle spielen.

Die Linse hat wesentlichen Anteil an unserer enormen Sehfähigkeit. Sie bündelt und bricht das Licht, das durch die Pupille ins Auge fällt, damit auf der Netzhaut ein scharfes Bild entstehen kann. Aber von welchen Tieren haben wir dieses optische Patent der Augenlinse geerbt? Um diese Frage zu klären, werfen wir wiederum einen Blick auf die glibberige Bekanntschaft aus dem Tierreich, in diesem Falle auf die Würfelqualle. Nach den Regeln der Optik lässt der Bau ihrer Augen auf die Erzeugung von recht scharfen Bildern schließen. Sie besitzt sogar bessere Augen, als sie eigentlich haben dürfte, denn diese Spezies ist den verhältnismäßig hochwertigen Bildern aus ihren Augen »geistig« gar nicht gewachsen, da sie die Informationen gar nicht neuronal verarbeiten kann. Warum aber hat die Würfelqualle dann dermaßen gute Augen? Vermutet wird, dass diese präzisen optischen Reize gleich an die zuständigen Schwimmmuskeln weitergeleitet werden und so den Quallen gezielt ermöglichen, Hindernissen schnell auszuweichen, – quasi ohne groß darüber nachdenken zu müssen. Wir dürfen also getrost davon Abstand nehmen, die optische Wahrnehmung der Würfelqualle als Sehen zu bezeichnen, wie wir Menschen es tun – sprich mit Auge und Hirn. Warum aber dann der Exkurs zu diesen unangenehmen Zeitgenossen, deren Nesselzellen Jahr für Jahr für schmerzliche Urlaubserinnerungen von Badenden in aller Welt verantwortlich sind? Ganz einfach: Die Würfelqualle gibt uns wertvolle Hinweise darauf, wie die Linse in unser Auge gekommen sein könnte.

Der Blick in den Spiegel ist zugleich eine direkte Begegnung mit dem Tier in unseren Augen. Denn die Größenveränderung der Pupille ist von unserem Willen völlig abgekoppelt und folgt somit genau jener Reflexhaftigkeit, die eher den Tieren nachgesagt wird als dem Menschen.

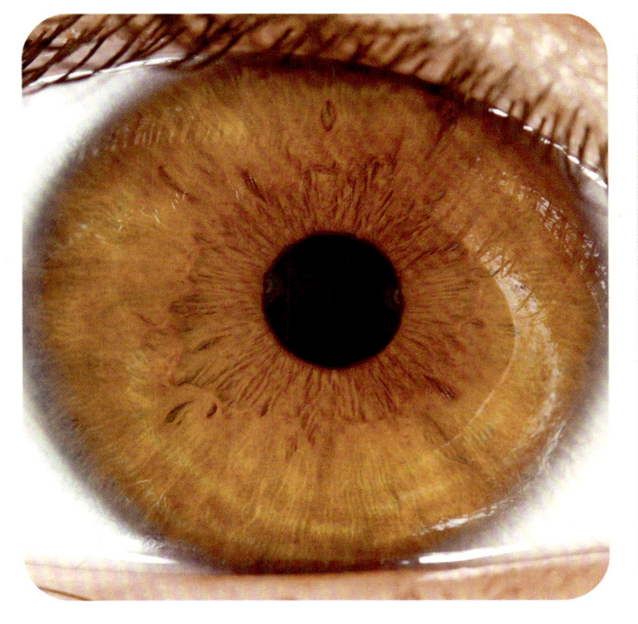

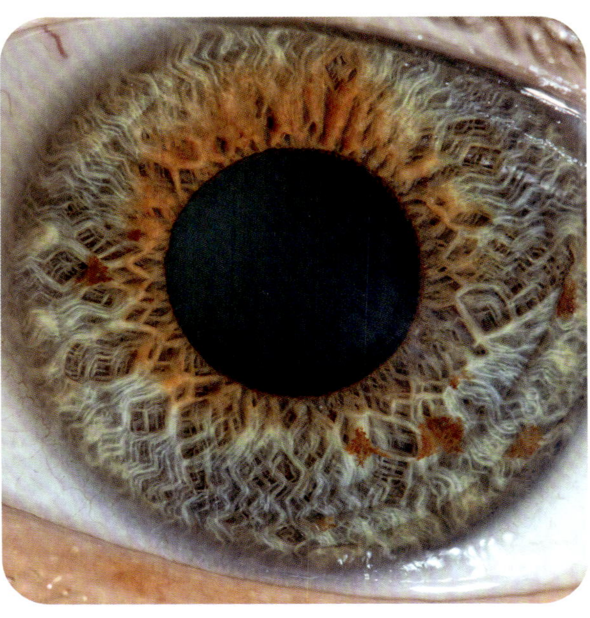

Auf die Größe der Pupille haben wir ebenso wie unsere tierischen Verwandten keinen bewussten Einfluss. Seit Millionen von Jahren ist sie hier wie dort ein Spiegelbild von Emotionen und Reflexen.

Ursprünglich könnte sie als eine Art Schutzschild gedient haben, das die extrem empfindlichen Sinneszellen der im Augenhintergrund liegenden Netzhaut vor Einwirkungen von außen bewahrte. Bei einigen ursprünglicheren Lebewesen wie auch unserer Würfelqualle scheint dies so zu sein, denn die Linse sitzt dort im Verhältnis zu unserem Auge sehr weit außen, vergleichbar etwa mit der Position unserer Hornhaut. Es wäre also möglich, dass die Linse im Laufe der Evolution zunächst als wirkungsvoller äußerer Schutzschild fungierte und dann erst den Innendienst im Auge als dortiger Lichtbrecher angetreten hat. Demnach wäre sie von Generation zu Generation und von Tiergruppe zu Tiergruppe in das Augeninnere gewandert, bis sie schließlich die typische Position im Wirbeltierauge einnahm. Dort wird nun die ehemalige Schutzfunktion durch die Hornhaut übernommen. Ein ungewöhnliches Indiz dafür, dass dieser Gedanke aus der Evolutionsforschung kein bloßes Hirngespinst sein muss, liefert ausgerechnet der mit den Jahren zunehmende Leistungsabfall der Linse in unseren Augen. Für ihren Dauerjob dort ist sie eigentlich gar nicht besonders gut geeignet. Denn sie besteht zwar aus einem sehr stabilen Material, dieses büßt aber im Lauf der Zeit mehr und mehr an Qualität ein. So verliert die Linse mit den Jahren zunehmend an Elastizität, kann also nicht mehr so gut durch die inneren Augenmuskeln gesteuert werden. Dies ist die Grundlage für das Geschäftsmodell der Optiker. Die Linse bleibt zwar zeitlebens mehr oder minder stabil und wird mit zunehmendem Alter sogar immer härter – was für die ursprüngliche Funktion als Schutzschild gut ist, aber für die Arbeit im Inneren des Auges ist gerade diese Stabilität wiederum von Nachteil. Dass wir Menschen ihr einmal acht oder noch mehr Jahrzehnte Lebenszeit in höchster Flexibilität zumuten würden, war in den unterseeischen Zeiten der Linsenentwicklung eben noch nicht absehbar.

Der leuchtende Teppich

So genial das Prinzip der Linse auch ist, sobald wir sie verlassen, um den Lichtstrahl weiterzuverfolgen, den wir seit seinem Auftreffen auf die Hornhaut begleitet haben, erwartet uns mit der Retina oder Netzhaut ein weiteres, noch faszinierenderes Bauteil, das unser Auge erst zu dem macht, was es ist. Wir werden ihr gleich einen Besuch abstatten. Doch bevor das Licht auf die Retina trifft, passiert es den zwischen ihr und der Linse liegenden Glaskörper. Er dient vor allem dem Erhalt der runden Augenform, ist aber ebenso ein interessanter Zeuge für die Herkunft unserer Augen aus tierischen Zeiten im Urmeer. Denn er besteht zu 98 Prozent aus Wasser und macht unsere Augen damit im übertragenen Sinn zu flüssigkeitsgefüllten Mitbringseln aus den Gärten des Poseidon. Was allzu prosaisch klingen mag, lässt sich biologisch in etwa so formulieren: Die innere Optik unseres Auges ist seit jeher auf Flüssigkeit ausgerichtet. Jeder Lichtstrahl durchläuft das wässrige Milieu des Glaskörpers, bevor er auf die Netzhaut trifft. Im übertragenen Sinne könnten wir auch sagen: Wir schauen wie schon unsere Ahnen im Urmeer nach wie vor durch Wasser.

Doch nun zur Netzhaut: Ihre Aufgabe ist es, das auftreffende Licht in Nervenimpulse zu verwandeln. Dies ist ein schnell gelesener Satz, der auf nüchterne Weise eines der erstaunlichsten Phänomene beschreibt, die in der Natur zu finden sind. Das Einfangen von Lichtteilchen oder Photonen und die Übertragung in unterschiedlichste Reize, die unser Gehirn wiederum in Farben, Formen und Bewegungen übersetzt, ist ein bis heute unfassbarer und kaum aufgeklärter Geniestreich. Er erlaubt nicht nur uns, sondern allen sehenden Organismen des Globus, die Welt überhaupt erst optisch wahrzunehmen. Die Wis-

Die Würfelqualle besitzt bereits Linsenaugen, die mit denen von Fischen vergleichbar sind. Sie zählt zu den giftigsten Tieren der Erde.

Die Augen vieler nachtaktiver Tiere reflektieren das einfallende Licht durch die Einlagerung einer speziellen Zellschicht in der Netzhaut. Unseren Augen fehlt dieses *Tapetum lucidum*, denn die Primatenahnen des Menschen waren tagaktiv.

senschaft ist sich einig: Ohne die Entstehung von Augen wäre die Evolution sicher absolut anders verlaufen, und die Retina hat einen großen Anteil an dieser Entwicklung. Doch anders als etwa die Augenhornhaut oder die Pupille machen wir mit unserer Netzhaut kaum direkt Bekanntschaft, es sei denn, wir haben die Rote-Augen-Blitzkorrektur unseres Fotoapparates nicht aktiviert. Nur dann sehen wir den Augenhintergrund der Netzhaut in Form des störenden »Dracula-Effekts«. Bei manchen nachtaktiven Tieren ist das ganz anders.

Die Augen des Menschen charakterisieren ihn als tagaktives Lebewesen. Das bedeutet, neben der großen Empfindlichkeit gegenüber Helligkeitsunterschieden spezialisierten sich die Augen unserer Vorfahren vor allem auf das Spektrum der am Tag auftretenden Lichtwellen. Deren unterschiedliche Frequenzen werden von dem menschlichen Sehapparat als Farben interpretiert. Die Erkennung von Farben ist ein typisches Merkmal unserer Augen. Hunde dagegen sehen zwar in der Dunkelheit gut, die Farbe Rot aber können sie nicht wahrnehmen. Ganz anders liegt der Fall bei unseren Vorfahren. Die Ursache für unsere hervorragende Fähigkeit, diese Farbe gut erkennen zu können, vermuten Forscher in jenen Urwäldern, in denen unsere affenähnlichen Ahnen ihre Nahrung suchten. Wer im Blattwerk etwa reife, sprich rote Früchte erkennen und

Augen verraten Spätaufsteher

Würde eine Katze mit einer Taschenlampe vor dem Spiegel ihre Augen anleuchten, könnte sie ihren Augenhintergrund anschauen. Denn das *Tapetum lucidum*, ein laut Übersetzung leuchtender Teppich aus Pigmentzellen hinter der Netzhaut, reflektiert bei nachtaktiven Tieren das schwache einfallende Licht, um es etwa in der Dämmerung besser ausnutzen zu können. Bei uns Menschen fehlt diese Schicht, was wiederum ein Hinweis auf die Lebensweise unserer unmittelbaren Tiervorfahren ist. Sie waren vermutlich eben nicht nacht-, sondern tagaktiv.

somit verspeisen konnte, hatte einen Vorteil gegenüber jenen Waldbewohnern, die sich mit unreifem Grünzeug auf ihrem Speisezettel abfinden mussten, weil sie den Reifegrad schlichtweg nicht erkannten. Reife Früchte schmecken in der Regel deshalb besser, weil sie ein Maximum an Zucker und anderen Nährstoffen beinhalten. »Reife Früchte gleich mehr Zucker, mehr Zucker gleich größere Fitness«, so einfach lautet das Obst-Erfolgsrezept der Evolution. Wer dagegen weniger Nährstoffe zu sich nimmt, ist anfälliger für Krankheiten und steht im Konkurrenzkampf um Nahrung und der Partnerwahl schlechter da. Über Millionen Jahre hinweg verdrängten also der Theorie nach die fitten »Rotfruchtfresser« die rotblinden »Halbreif-Knabberer« von der Bühne des Lebens. Noch heute kann man etwa bei unseren Primatenverwandten wie etwa den Brüllaffen beobachten, dass sie bevorzugt rote Blätter mit einem vergleichsweise höheren Vitamingehalt pflücken.

Bleibt die Frage, von welchen tierischen Vorformen des Menschen überhaupt unsere Sinneszellen stammen, diejenigen zur Wahrnehmung von Farbe oder auch zum Erkennen von Hell-Dunkel-Unterschieden?

Zapfen, Stäbchen, Wurmverwandte

Für diesen Verwandtschafts-Besuch müssen wir noch weiter in die Vergangenheit reisen. Unser Abstecher führt uns also aus den Urwäldern unserer Affenvorfahren direkt in die Kinderstube der Evolution vor über 500 Millionen Jahren. Hier treffen wir auf sogenannte Borstenwürmer oder *Polychaeten*. Diese Tiergruppe ist nicht nur dem Namen nach recht widerborstig. Zum einen können ihre Borsten in unsere Haut eindringen und dort empfindliche Schmerzen verursachen, und zum anderen wollen sich ihre Mitglieder nicht so recht in die Klassifizierungsschubladen der Evolutionsbiologie einordnen lassen. Der Grund dafür liegt in ihrer enormen Formenvielfalt mit den unterschiedlichsten Merkmalen, die sich möglicherweise nicht auf einen gemeinsamen Vorfahren zurückführen lassen. Einige von ihnen fristen ihr Dasein als Räuber mit verblüffend

Die Fähigkeit zur Wahrnehmung der Farbe »Rot« ist möglicherweise ein Produkt der Nahrungssuche unserer affenartigen Verwandten vor rund 30 Millionen Jahren.

Die Fähigkeit des Menschen zur räumlichen Wahrnehmung der Umgebung entstand in den Baumwipfeln Afrikas.

gutem Sehsinn und Linsenaugen. Womöglich sahen sogar unsere Ahnen Borstenwürmern nicht unähnlich, als sie vor einer halben Milliarde Jahren das Urmeer unsicher machten. Jedenfalls hat es der Borstenwurm *Platynereis dumerilii* bis zum Vorzeige-Organismus der Evolutionsforscher in Bezug auf unsere Augen gebracht, und seine unübersehbaren Lichtrezeptoren haben es wirklich in sich. Der schlichte Wurm besitzt nämlich so etwas wie die molekulare Steilvorlage für den späteren Erfolg der den Urwald bewohnenden Rotfruchtfresser und ihrer zum Mond fliegenden Nachfahren. »Opsin« heißt das Zauberwort, mit dem ein Eiweiß gemeint ist, das in verschiedenen Formen und Ausprägungen die Grundbausteine unserer Sehpigmente darstellt. Was hier doch recht theoretisch klingt, kann man praktisch am eigenen Körper nachvollziehen. Jeder Sehende ist in der Lage, sich auf einfache Weise vor Augen zu führen, wie die Opsine in unserem Körper arbeiten. Tritt man aus der Helligkeit

So ursprünglich der Borstenwurm *Platynereis dumerilii* aussehen mag, er besitzt in seinen Augen bereits ein Sehpigment, das sich auch bei uns Menschen findet.

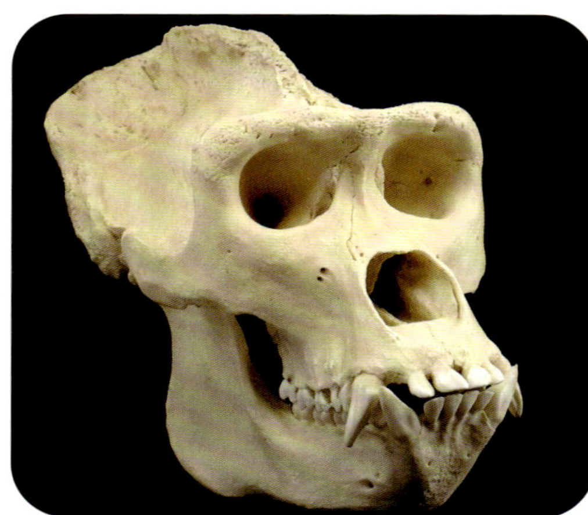

in einen abgedunkelten Raum, so wird man feststellen, dass sich die Sehleistung nach ein paar Minuten in der Dunkelheit verbessert. Dieser Effekt geht auf die sich langsam einstellende Veränderung der Licht sammelnden Moleküle in unserer Netzhaut zurück. Zwar spielt hier auch die in der Dunkelheit sich verzögert vergrößernde Pupille eine Rolle, doch das Eiweiß Opsin ist bei diesem Illusionstrick ein ganz wesentlicher Partner.

Bevor wir uns aber vollends in die molekularbiologischen Grundlagen der Hell-Dunkel-Wahrnehmung verlieren, kehren wir lieber wieder zu unserem Wurm-Verwandten zurück. Forscher konnten anhand der Larven von *Platynereis dumerilii* feststellen, dass auch seine Augen bereits Opsin besitzen. Mehr noch: Die Wissenschaftler konnten auch zwei Arten lichtempfindlicher Zellen finden, die mit den bei uns für das Farbsehen verantwortlichen Zapfen und den auf hell-dunkel spezialisierten Stäbchen unserer Netzhaut direkt vergleichbar sind. Ein wahrer Sensationsfund! Denn das heißt, die Lichtsinneszellen von Mensch, Wurm und einigen anderen Tiergruppen haben ein und denselben evolutionären Ursprung –, all diese Arten haben einen gemeinsamen Urahnen.

Der Schädel des Menschen (oben) zeigt, dass unsere Augen ebenso wie bei einem Gorilla (Mitte) nach vorn gerichtet sind und ein Objekt gleichzeitig erfassen – der Schlüssel zum räumlichen Sehen, das wir von unseren Primatenahnen geerbt haben. Bei einem Kaninchen dagegen sitzen die Augen an der Seite des Kopfes (unten), seine Gesichtsfelder überlappen sich kaum.

Wer hätte gedacht, dass unsere Netzhaut schon so alt ist?

Eroberung der dritten Dimension

Bevor wir nun aber im nächsten Kapitel das Auge über den Sehnerv als einer Art Hintertür der Netzhaut verlassen, sollten wir auf unserer Zeitreise in Sachen Sehen noch einmal ganz kurz in den Urwald der Rotfruchtfresser zurückkehren. Hier entwickelte sich nämlich neben dem Farbensehen eine Fähigkeit unserer Augen, die – wie wir auf unserer Expedition durch das Gehirn noch genauer erfahren werden – nicht nur für das Sehen von großer Bedeutung ist, sondern auch dafür, dass wir Menschen schnell erreichen – wir dürfen wohl auch sagen »wegschnappen« – konnte. Vor allem zwei Grundvoraussetzungen waren nötig, um diesen langen Weg zum Urwald-Snack und ins 3D-Kino zu ebnen. Zum einen mussten die Augen in einer Achse nebeneinander sitzen und nicht an den Seiten des Kopfes wie bei einem Kaninchen oder einem Pferd, zum anderen mussten die Nervenreize der beiden Augäpfel zu einem räumlichen Gesamtbild zusammengesetzt werden. Vor allem Letzteres stellt eine unvorstellbar komplexe Sache dar, mit der sich bis heute Kameramänner und Regisseure unter der Berufsbezeichnung »Stereoskoper« herumplagen.

Ein gerade mal fünf Zentimeter langer Wurm besitzt in seinen Augen bereits wesentliche genetische Bauteile unserer Netzhaut.

in aller Regel intelligente und soziale Wesen sind, dass wir Klavier oder Golf spielen können oder auch in der Lage sind, Fahrrad zu fahren. Es geht um das räumliche Sehen und der damit verbundenen Eigenschaft, die Umwelt in ihren drei Dimensionen in Form einer echten Tiefenwahrnehmung zu erfassen. Das Abschätzen von Entfernungen und anderer räumlicher Beziehungen ist beim Sport ebenso unerlässlich wie im Straßenverkehr. Und auch als Baumbewohner war man in früheren Zeiten nicht nur dann gut gestellt, wenn man zwischen nahrhaften und weniger nahrhaften Speisen farblich unterscheiden konnte, sondern auch, wenn man den Abstand zur allernächsten Rotfrucht exakt einschätzen und diese so durch geschicktes Klettern oder Springen

Ohne es zu merken, haben wir nun bei unserem Besuch der Retina bereits mit jenem »Königs-Organ« namens Gehirn Bekanntschaft gemacht, das in der Lage war, die zur Raumwahrnehmung nötigen Bilder aus unseren beiden Augen zusammenzusetzen. Unsere Augen sind direkt mit ihm verbunden – ja, sie haben sogar unmittelbar Anteil am Gehirn. Denn unsere Netzhaut ist als Ansammlung von Nervenzellen nichts anderes als eine Art Ausstülpung dieses unfassbar komplexen, in weiten Teilen rätselhaften Organs.

Verfolgen wir also nun den Weg der Nervenimpulse weiter, die jener Lichtstrahl ausgelöst hat, dem wir in diesem Kapitel auf der Spur waren. Dringen wir auf der Suche nach dem Tier im Menschen zu seinem »Allerheiligsten« vor: dem Gehirn.

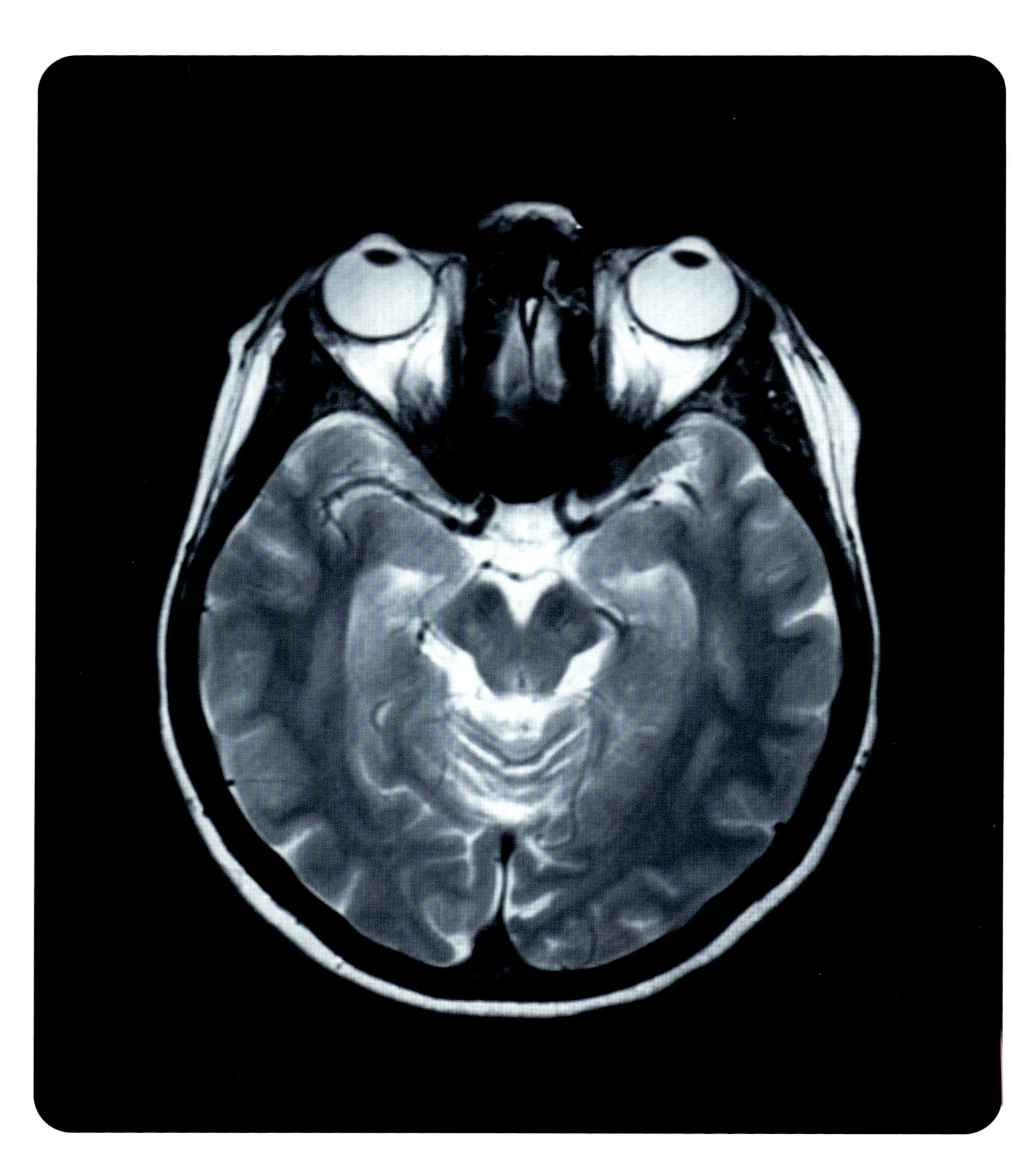

Unsere Augen dienen als eine Art Kamera, die eigentlichen Bilder aber entstehen im Gehirn, dem wichtigsten aller Organe.

Grenzenloser Kosmos

Das Tier im Gehirn

Jetzt, wo wir über die Netzhaut die Augen verlassen haben, fällt es etwas leichter zu sagen: aus dem Blickwinkel des Gehirns betrachtet sind sie nicht wesentlich mehr als eine 3D-Kamera. Eine faszinierend gute zwar, aber ohne die dahintersteckende biologische Hard- und Software zur Verarbeitung von Photonenreizen – ohne das Gehirn also – wären die Augen nicht, was sie sind.

Wie wichtig unser Nervensystem für das Sehen ist, zeigt sich – neben dem enormen Energieverbrauch, den das Sehen unserem Gehirn permanent abringt – allein schon daran, dass die Bilder der beiden kugelrunden Informationslieferanten zur weiteren Verarbeitung zunächst einmal um 180 Grad gedreht werden müssen, sonst wären wir gezwungen, den ganzen Tag im Handstand durch die Gegend zu laufen. Denn das auf der Netzhaut ankommende Bild steht den Gesetzen der Optik folgend zunächst auf dem Kopf, genauso wie bei einer Fotokamera. In Wirklichkeit wird in unserem Gehirn natürlich kein Bild »gedreht«. Vielmehr ist unsere Wahrnehmung vergleichbar mit der Bildbearbeitungssoftware einer modernen Kamera so »konfiguriert«, dass wir die Bilder richtig herum erkennen. Wer aber nun glaubt, hier sei ausschließlich vom menschlichen Auge die Rede, der irrt. Wie alt dieses Dreh-Patent ist, kann man daran erkennen, dass selbst so ursprüngliche Wesen wie Quallen – mittlerweile sind sie uns ja schon zu guten Bekannten geworden – sich richtig herum orientieren können und somit etwa bei ihrem Weg in Richtung Wasseroberfläche nicht nach unten schwimmen. Und dies gelingt ihnen, obwohl sie noch nicht einmal ein richtiges Gehirn haben. Wir dürfen daraus ableiten, dass das kleine »Drehprogramm« als eine Art Standardausrüstung des Sehens schon eine ganze Weile existiert –, wenn nicht gar seit Anbeginn des Sehens. Und so ist bei uns Menschen diese nötige Drehkorrektur auch nur der Anfang einer langen Kette unglaublich komplexer Bearbeitungsschritte, mit denen das Sehzentrum des Gehirns die optischen Nervenreize in Bilder verwandelt, Bilder in Eindrücke und Eindrücke – zumindest manchmal – in logische Handlungen. Diese Verarbeitung kostet das Denkorgan bei alldem, was es sonst noch zu tun hat, einen Großteil seiner gesamten Arbeit. Und sehr viele dieser komplexen Bearbeitungsschritte auf dem Weg vom Reiz zur Reaktion haben wir mit unseren tierischen Verwandten gemeinsam, vor allem mit denjenigen, die eine Wirbelsäule besitzen. In seinen wesentlichen Bereichen und Funktionen ist unser Gehirn nämlich zunächst einmal ein ganz typisches Wirbeltiergehirn. Und was die Säugetiere angeht, also jene Tiergruppe, in die wir selbst – ob wir nun wollen oder nicht – biologisch einzuordnen sind, so erscheinen die Unterschiede in der Struktur des Gehirns nur noch sehr gering, wie wir auf dieser Reise sehen werden. Deshalb sollten wir uns zunächst der Einfachheit halber, statt das Tier in uns zu suchen, nach dem Menschen in unserem Wirbeltiergehirn Ausschau halten, denn Tierisches findet sich dort schließlich zuhauf.

Die Art der weiteren Verarbeitung oder sagen wir, was wir aus den Bildern machen, ist natürlich abhängig von den Fähigkeiten des Gehirns. Und die sind nicht nur von Mensch zu Mensch, sondern je nach Lebensweise eben auch von Art zu Art und von Tiergruppe zu Tiergruppe sehr unterschiedlich. Unser Gehirn ist – von Ausnahmen einmal abgesehen – wirklich nicht von schlechten Eltern. Die Wissenschaft spricht in Bezug auf das Leistungsvermögen des menschlichen Hirns gerne von »hochkomplex«. Doch für viele Säugetier-Gehirne gilt diese Auszeichnung ebenso. Man denke nur an die Primaten, auf deren Denkleistungen wir noch näher eingehen werden. Und wenn wir berücksichtigen, dass ein Vogel wie etwa der Mäusebussard in der Lage ist, wenn er über unseren Köpfen seine Kreise zieht, die UV-Reflektion des Urins von Mäusen zu erkennen, nach deren Häufigkeit er dann die Nahrungs-Ergiebigkeit einer Wiese einschätzen kann, oder dass Bienen die Polarisation des Himmelslichts erkennen und sich nach diesem für uns unsichtbaren Kompass orientieren können, dann erscheinen die Interpretationen der Umwelt mittels unseres menschlichen Säugetiergehirns als durchaus relative, um nicht zu sagen eingeschränkte Leistungen.

Der Mensch besitzt ein typisches Säugetiergehirn. Erst auf den zweiten Blick offenbaren sich Unterschiede zu seinen Verwandten.

Blick durchs Schlüsselloch

Unser Sehvermögen ist alles andere als der Schlüssel zur viel zitierten Objektivität des Menschen oder gar zu Wahrheit und Wirklichkeit der Welt. Wir sehen und erkennen vielmehr nur einen kleinen »gefärbten« Ausschnitt von ihr und machen uns daraus ein Bild. Durch diesen Filter der Wahrnehmung können all unsere Denkleistungen nur einen Ausschnitt der Realität behandeln. Nicht nur Infrarot- oder Polarisationslicht bleiben unserer Wahrnehmung verborgen. Unser Seh(Un-)vermögen belegt dies auf eindrückliche Art: Wir Menschen können nur einen winzigen Ausschnitt des gesamten Spektrums elektromagnetischer Wellen erkennen, von denen das für uns sichtbare Licht einen kleinen Teil darstellt. Unser optischer Sinn ist also nicht mehr als ein Blick durch das Schlüsselloch.

Und doch lebt unsere Spezies in der Illusion, mit ihren Augen die Welt so zu erkennen, wie sie wirklich ist. Gerechtfertigt ist diese Selbstbetrachtung freilich nicht. Hinzu kommt: Jenseits der optischen Beschränktheit und den physikalischen Grenzen unserer Denkleistungen sind wir ebenso wie unsere tierischen Verwandten dem Zusammenspiel von Augen und Gehirn in weiten Bereichen völlig ausgeliefert. Wir handeln, wir entscheiden und wir bewerten die Welt instinktiv, reflexhaft und oft ebenso,

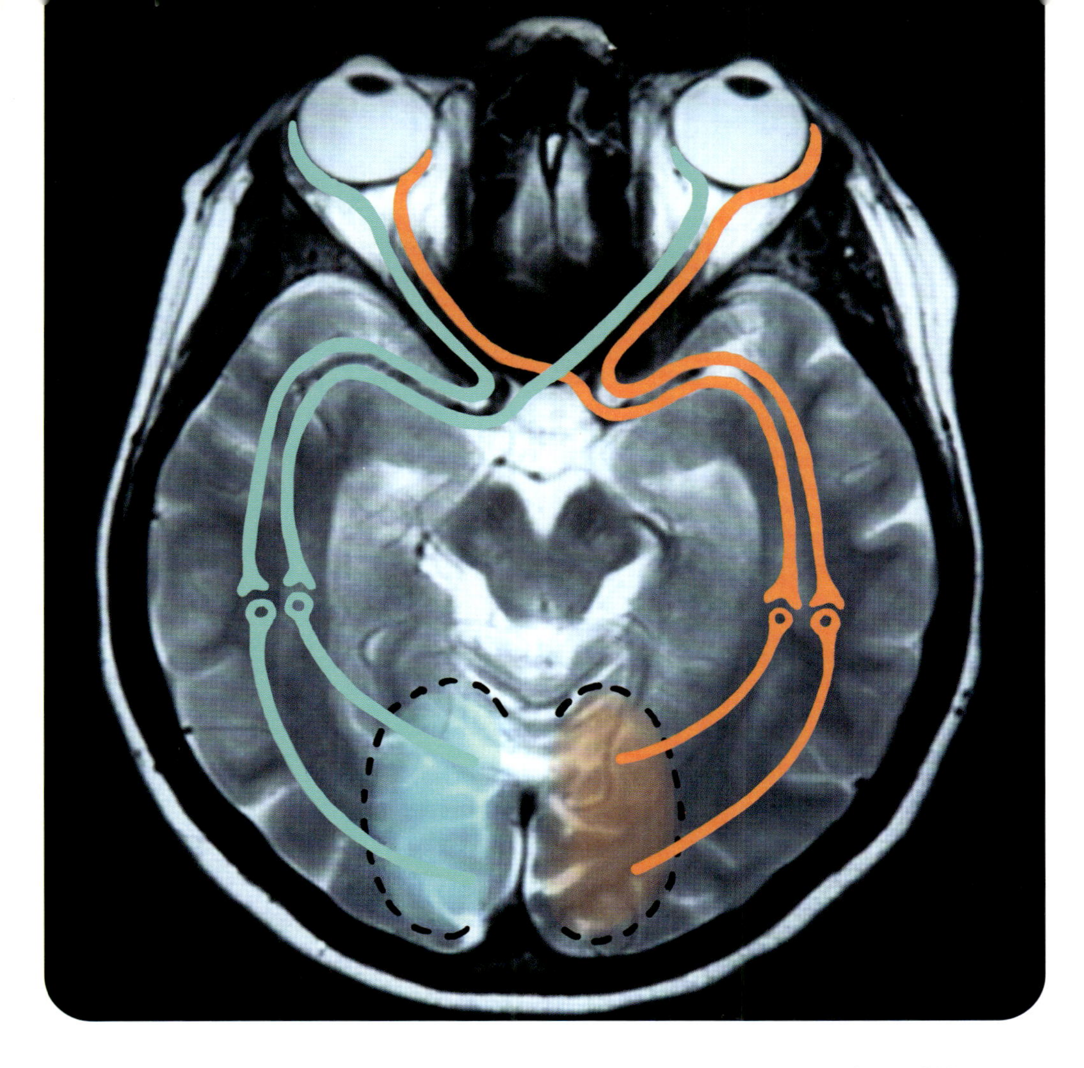

Kurz hinter den Augen überkreuzen sich die beiden Sehnervenbahnen. Dieses *Chiasma opticum* ermöglicht uns räumliches Sehen.

wie wir es nur allzu oft den Tieren unterstellen: nämlich völlig spontan und unbewusst.

Kreuzung im Kopf

Setzen wir unsere Körperreise nach diesem kleinen Exkurs in Sachen Selbsterkenntnis fort. Die durch unseren Lichtstrahl im Augen-Kapitel ausgelösten Nervenreize der Retina sind nun auf dem Weg zu einer faszinierenden Kreuzung, die in allen Wirbeltiergehirnen zu finden ist, dem *Chiasma opticum*.

Dieses auch für unsere tierischen Verwandten typische Sehnervenkreuz ist dafür verantwortlich, dass wir trotz der beiden getrennten Kugel-Kameras nicht in Doppelbildern sehen und denken, sondern unsere Umwelt als ein einziges, zusammengeführtes und noch dazu räumliches Gesamtbild wahrnehmen. Beim Menschen und unseren Primatenverwandten kreuzt am *Chiasma opticum* ungefähr die Hälfte der Nervenfasern des jeweiligen Auges in die entsprechend gegenüberliegende Hirnhälfte. Die Wissenschaft ist sich einig, dass dies ein ziemlich optimales Verhältnis ist, um räumlich sehen zu können, denn so erhält jede Hirnhälfte die Informationen beider Augen, um die beiden Blickwinkel in räumliche Relation setzen zu können.

Das Erkennen von räumlichen Bildern oder kurz »3D« ist also eigentlich ein alter Hut, der nicht nur für die Kinobesitzer von heute ein Muss darstellt. Auch schon während der Evolution zum Menschen war diese Fähigkeit eine entscheidende Sache. Von unseren auf Bäumen lebenden afrikanischen Urahnen wissen wir ja bereits aus unserer Augen-Reise, dass für sie die Abschätzung von Entfernungen wichtig war, um beim Klettern nicht herunterzufallen. Und dafür stellte das räumliche Sehen mit zwei exakt aufeinander abgestimmten Augen eben einen großen Vorteil dar. Der Mensch ist seiner Abstammung entsprechend ein »Augentier«. Verfolgen wir aber nun, nachdem wir das *Chiasma opticum*, diese bemerkenswerte Kreuzung im Kopf passiert haben, die letzten Zentimeter unserer Nervenimpulse, um in die weitere Geschichte unseres Gehirns vorzudringen.

Wo unsere Welt entsteht

Endlich sind wir im Sehzentrum des Gehirns angelangt. Wenn wir mit der flachen Hand an den Hinterkopf greifen, trennt uns nur eine Distanz von drei bis vier Zentimetern von diesem extrem wichtigen Hirnareal. So pathetisch es klingen mag, aber dieses Zentrum ist der Tatort für etwas Unbegreifliches: Es entsteht dort eine sichtbare Welt, wenn nicht gar *die* Welt! Farben, Formen und Bewegungen werden im sogenannten Ersten Sehzentrum zusammengesetzt und dann im Austausch mit den »Datenbanken« des Gehirns im Zweiten Sehzentrum abgeglichen. Abgleich mit Datenbanken, das klingt nun wiederum gar nicht mehr mit Pathos behaftet, eher so abstrakt wie die technische Beschreibung für ein Computerbauteil. Aber es ist eben schwer, den wunderbaren Leistungen des Gehirns mit Worten beizukommen. Nehmen wir zum Beispiel das Alphabet, das wir als Schüler mit Fleiß

Wir sehen nur, was das Gehirn uns zeigt

Wissenschaftler haben das Funktionsprinzip des »Bedeutungsfilters« in unserem Wirbeltiergehirn auf spektakuläre Weise in einem genial einfachen Experiment belegen können. Sie baten eine Gruppe von Menschen, sich ein Ballspiel anzusehen. Nach einiger Zeit wurden die Probanden gefragt, ob ihnen etwas aufgefallen sei. Doch niemand konnte an der Partie etwas Besonderes finden. Was die Testpersonen nicht wissen konnten: Die Versuchsleiter hatten einen als Gorilla verkleideten Mann über das Spielfeld geschickt. Der aber war niemandem aufgefallen, denn die Gehirne der Zuschauer waren auf das Thema »Ballspiel« fixiert. Die Information »Mensch im Gorillakostüm« wurde regelrecht ignoriert. Wir sehen nicht die Welt, sondern unser Gehirn zeigt sie uns und zwar so, wie es für uns lebensnotwendig ist. Ein Mechanismus, der die beiden Spielpartner Augen und Sehzentrum bei Tier und Mensch seit Anbeginn der Evolution begleitet.

und Ausdauer im Langzeitgedächtnis abgelagert haben. Erst durch die damalige Lernarbeit erkennen wir nun diese Buchstaben hier, können diesen Text lesen und hoffentlich auch gut verstehen. Wenn dieser virtuose und permanente Abgleich zwischen dem gerade Gesehenen sowie den abgespeicherten Gedächtnisinhalten und Erfahrungen nicht funktioniert, können wir all die Dinge, die uns umgeben, auch mit den besten Augen nicht »er-kennen«. Einem Goldfisch fehlt diese Fähigkeit, er hat ein Gedächtnisvermögen von rund zehn Minuten. Dies macht zwar jede neue Runde im Aquarium zu einer echten Entdeckungstour, aber ein Buch brauchen wir ihm nicht an die Glasscheibe zu halten.

Wie wichtig das Gedächtnis, die Speicherung von Informationen und ihre Umsetzung im Alltag sind, führt uns die Krankheit Morbus Alzheimer auf grausame Art vor Augen. Die Betroffenen können ab einem bestimmten Stadium ihres Leidens Gegenstände des Alltags oder Gesichter nicht mehr erkennen, sich nicht an ihre Bedeutung erinnern, sie sind für sie »sinnlos« geworden. Eine verstörende, zutiefst verängstigende Erfahrung, auch für das soziale Umfeld der Patienten. Aber das heißt nicht, dass etwa ein intaktes Gehirn der Schlüssel zu Sinn, Objektivität und Realität unserer Welt darstellt. Das Gehirn zeigt uns vielmehr seit Anbeginn seiner tierischen Entwicklungsgeschichte nur das, was es für »wichtig« erachtet, aus seiner Sicht Unbedeutendes wird ausgeblendet.

Wie wahrhaft tierisch und subjektiv die menschliche Wahrnehmung ist, soll uns der Selbsttest mit dem vermeintlichen Buchstaben »B« zeigen (siehe Grafik).

Was ist hier zu sehen? Auch wenn es der Grafiker nie beabsichtigte, so macht uns das Gehirn aus den zwei Elementen ein »B« vor.

Die meisten Menschen sehen hier ein unvollendetes »B«, aber in Wirklichkeit handelt es sich um gar kein Schriftzeichen, sondern nur um ein Arrangement gekrümmter und gebogener schwarzer Linien, die wir instinktiv zu etwas verbinden, das wir kennen – wie etwa ein »B«. Ein Prinzip unserer Wahrnehmung, das sich natürlich keineswegs nur auf Buchstaben bezieht. Vielmehr versuchen wir in allem, was wir sehen, einen Abgleich mit unserer Erfahrungswelt, ob im Ergebnis sinnvoll oder auch nicht. Wir ergänzen und verknüpfen permanent Eindrücke, bis sie uns logisch erscheinen, was aber nicht heißt, dass sie es auch wirklich sind.

Das kleine »B«-Experiment und der Gorilla auf dem Spielfeld (siehe Kasten links) sind nur zwei von unzähligen Beispielen, die uns klarmachen sollten: Auch wenn wir ein wirklich sehr weit entwickeltes Gehirn besitzen, das uns den Fähigkeiten vieler Tiere weit überlegen macht, ein objektiver Blick auf die Welt, ja, Objektivität als solche ist auch uns nicht möglich, unser Gehirn ist und bleibt tierischen Ursprungs.

Was das mit dem Tier in uns zu tun hat? Wie bei unseren Verwandten aus dem Tierreich stehen Lernen, Erfahrungen, Einschätzungen in direktem Austausch mit dem, was unser Gehirn wahrnimmt. Dies gilt auch für die genetisch gespeicherten angeborenen Reflexe, wie sie besonders bei Kleinkindern zu bestaunen sind. Sie laufen mitunter sogar völlig ohne die Beteiligung des Großhirns ab und dienen wesentlich dem Überleben oder der Nahrungszufuhr. Ein Baby sucht instinktiv die Brust der Mutter, es greift nach einem Finger und es beginnt mit paddelartigen Schwimmbewegungen, wenn man es über Wasser hält. All das sind programmierte Handlungen aus tierischen Tagen des Menschen, die in seinem Gehirn gleich einer »Basis-Software« der Evolution gespeichert sind.

Auch das Verhalten von Erwachsenen ist übrigens durch und durch von Reflexen geleitet. Ein simples Beispiel dafür ist der Lidschlussreflex. Wenn sich unseren Augen eine Hand oder ein Gegenstand unvermutet nähert, schließen sie sich, ohne dass wir darauf Einfluss hätten. Ein wichtiges Verhalten, das die Evolution irgendwo in ferner Vergangenheit in das Gehirn eingeschrieben hat und das seither unsere Augen und die unserer Verwandten im Tierreich schützt. Doch nicht nur für solche Bewegungsreflexe gibt es feste Handlungsmuster, denen das Gehirn von Mensch und Tier »automatisch« folgt. Vielmehr arbeitet unser Rechenzentrum zum allergrößten Teil der Zeit vollkommen außerhalb unseres Bewusstseins. Es bewirkt Handlungen und lenkt unsere Aufmerksamkeit, ohne dass es uns um Rat fragt oder um eine Einschätzung bittet. Devise: Nur nicht nachdenken, dann geht's schneller! So ist etwa die Schreck-Farbe Rot keine Erfindung findiger Feuerwehrleute, sondern ein uraltes Signal, das unsere tierischen Ahnen mit Blut oder Feuer in Verbindung brachten und das, als es sich in Form eines Allround-Zeichens in das Erinnerungszentrum einbrannte, sich schließlich auch den Weg in den Straßenverkehr bahnte. Seit Millionen Jahren gilt: Rot ist gleich besondere Situation, aufpassen!

Das Gehirn hat im Laufe der Evolution Filtermechanismen entwickelt, die unsere Umwelt begreifbar machen. Doch die Wirklichkeit bleibt dem Menschen ebenso verborgen wie den Tieren.

Der Sinn dieses Mechanismus erschließt sich auf Anhieb. Wenn es schnell gehen muss, wenn es also auf Sekunden oder gar Millisekunden ankommt, erweist sich der mit Erinnerungen aus der Evolution aufgeladene

Säuglinge können tauchen, ohne dass sie es gelernt haben. Schwimmbewegungen und die Blockierung der Atmung stammen neben vielen anderen Reflexen aus unserer tierischen Vergangenheit.

Autopilot des Gehirns eben als besonders nützlich, wenn nicht gar lebensrettend. Auch Gelb ist eine Farbe, die die Alarmglocken im Hirn aktiviert. Warum? Weil in der Natur viele Gifttiere gelb sind. Wespe? Vorsicht! Gelb-schwarze Baustellenmarkierung? Vorsicht!

Aber nicht nur unser Überleben, sondern auch unser gesamtes Sozialleben fußt genau wie bei unseren tierischen Verwandten auf dem Abgleich von optischen Eindrücken mit unseren Speichern des bisher Erlebten und Erlernten. Die Entdeckung der auch für unsere nächsten Affenverwandten typischen »Spiegelneurone« macht dies besonders deutlich. Worum handelt es sich bei diesen Nervenzellen? Wohl jeder von uns

Lachen ist ansteckend

Lachen ist ansteckend. Und dies ist nicht etwa nur eine Redensart. Das Synchronisieren von Gemütszuständen wie das Nachempfinden von Müdigkeit, Freude, aber auch Leid und Angst hat seine Basis nicht etwa in unseren Kulturen, in Philosophien oder Religionen, sondern in den sogenannten Spiegelneuronen. Auch bei Primaten finden sich diese Neuronen, die unter anderem im vorderen Hirnbereich sitzen. Die Fähigkeit zur Empathie verdanken wir also definitiv den Tierahnen in uns.

kennt den Effekt, plötzlich gähnen zu müssen, wenn sein Gegenüber damit anfängt. Probiert man es umgekehrt aus und gähnt jemanden an, wird man ihn oder sie mit etwas Glück als gähnendes Spiegelbild erleben können. Nicht unwahrscheinlich, dass es schon beim ersten Versuch klappt. Das Gehirn macht den Menschen eben zum Nachahmer. Sogar mit einem Hund lässt sich das Ansteckungspotenzial vorgetäuschter Müdigkeit erfolgreich demonstrieren. Verantwortlich dafür sind ganz bestimmte Neurone, die auch dann aktiv werden, wenn wir die Handlung unseres Gegenübers gar nicht aktiv durchführen. Wissenschaftler vermuten, dass diese Spiegelneurone eine ganz wesentliche Rolle für unsere Entwicklung zum sozialen Wesen spielten, für das Mitgefühl etwa. Denn erst dadurch, dass wir in der Lage sind, den Gemütszustand unseres Gegenübers über unser Gehirn regelrecht mitzuerleben und wie beim Gähnen unbewusst sogar »nachzuerleben«, können wir auch ein Interesse daran entwickeln, diesen Zustand zu beeinflussen, etwa wie in unserem Gähn-Beispiel schlafen gehen zu wollen. Ein sozialer Impuls, der die Aktivitäts- und Passivitätsphasen der Gruppe regelt, ob in der modernen Zweierbeziehung oder in den Baumwipfeln Afrikas.

Das Nachempfinden und Durchleben der Gemütszustände unseres Gegenübers wird durch Spiegelneurone verursacht. Sie bilden bei Mensch und Tier die anatomische Voraussetzung für das Mitgefühl.

Die Walnuss im Menschen

Bis hierher hat sich dieses Kapitel nur allzu schnell mit kleinen Episoden zum Sehen und dessen Zusammenhang mit dem Gehirn gefüllt, und eigentlich sind wir auch noch längst nicht fertig mit der Geschichte dieses unschlagbaren Duos. Wollten wir das Gehirn und neben dem Sehen auch alle weiteren Sinne des Menschen derart beleuchten, so würde das die Seitenzahl dieses Buches um ein Vielfaches übersteigen, unsere Körperreise würde Jahre dauern. Die Anzahl dieser Zeilen ist beschränkt, das Gehirn

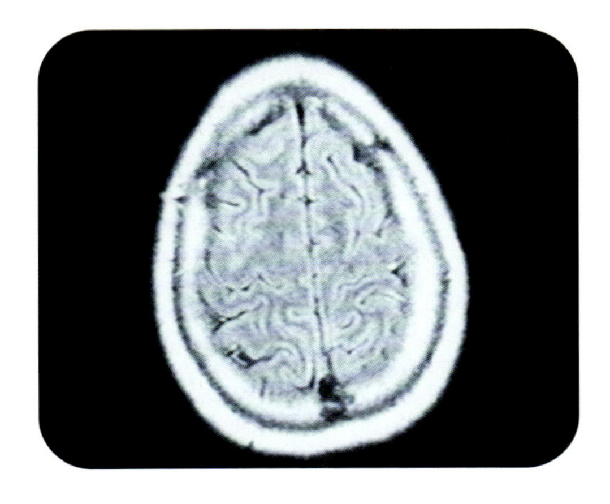

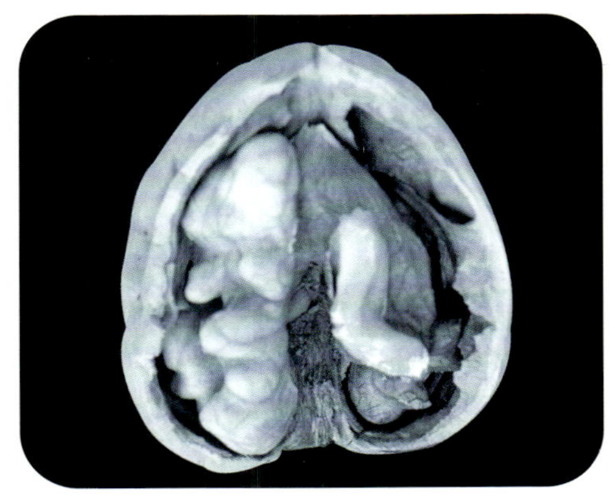

Mit etwas Abstand betrachtet sieht unser Gehirn einer Walnuss (rechts) verblüffend ähnlich. Die gefurchte Struktur ist für unser Denkorgan von Vorteil, denn sie bewirkt eine Vergrößerung der Oberfläche und ist gleichzeitig platzsparend.

aber ist ein Kosmos. Und den können wir demnach nur zu einem winzigen Bruchteil durchreisen.

Wie aber können wir dann auf unserer Suche nach dem Tier im menschlichen Gehirn, dem wichtigsten aller Organe einigermaßen gerecht werden? Schauen wir es uns dazu vielleicht einfach erst noch einmal von außen genauer an. Doch das ist leichter gesagt als getan, denn schließlich begegnen wir unserem Gehirn anders als den zuvor betrachteten Augen in aller Regel zeitlebens nicht persönlich. Also sollten wir uns eines kleinen Tricks bedienen und uns stattdessen eine geschälte Walnuss näher betrachten, denn sie sieht dem, was da in unseren Kopf zu finden ist, verblüffend ähnlich.

Auch wenn das Gehirn und die Nuss in keiner Weise verwandt miteinander sind: Beide bestehen aus zwei verbundenen Hälften eines seltsam eingefurchten Körpers. Damit zeigt uns die Walnuss das gerade für unser Gehirn wichtige Prinzip der Platzersparnis bei großer Oberfläche. Die vielen Windungen und Furchen unseres walnussgleichen Gehirns sind typisch für Säugetiere, besonders für uns Menschen. Etwas überspitzt könnte man auch formulieren: Das menschliche Gehirn besteht im Wesentlichen aus Furchen. Denn das allermeiste, was die geistigen Besonderheiten unserer Spezies ausmacht, sitzt in den äußeren paar Millimetern dieser gewundenen Hirnrinde, besonders in deren vorderem Teil. In diesem wurden die Pyramiden geplant, die Relativitätstheorie entwickelt, die »Mona Lisa« geschaffen und die Mondlandung ermöglicht. Doch wir sollten uns nicht allzu viel auf unsere Falten im Kopf einbilden, denn sie finden sich wie gesagt auch bei unseren nächsten Verwandten, wenngleich sie dort nicht so stark ausgebildet sind. Über den Daumen gepeilt kann man sagen, dass sich die Walnussstruktur mit abnehmendem Verwandtschaftsgrad immer mehr verliert. Bei einem Schimpansen sieht sie der unseren wirklich noch erstaun-

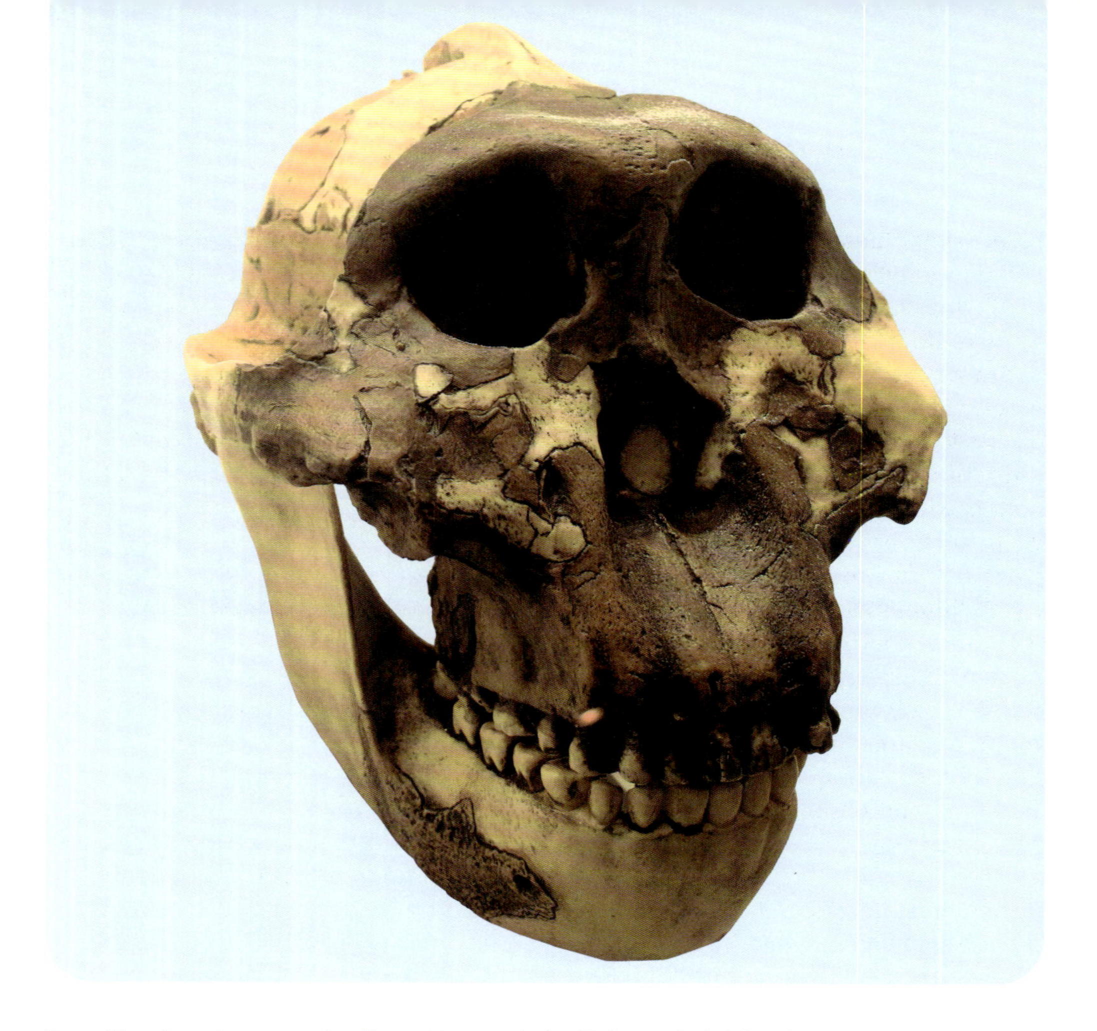

Der »Nussknackermensch« *Paranthropus boisei* lebte zeitgleich mit unseren frühen menschlichen Vorfahren. Seine mächtigen Kiefer machten Essbesteck und Werkzeuge überflüssig.

lich ähnlich, eine Ratte dagegen hat eine ziemlich glatte Hirnoberfläche. Sie muss dafür allerdings auch nicht dem Rest der Welt beweisen, dass sie zu einem Weltraum-Spaziergang in der Lage ist.

Köpfchen statt Kiefer

Zwar stehen alle Areale unseres Gehirns in reger Verbindung miteinander, aber im Prinzip gilt, dass spätestens alles, was anatomisch betrachtet, unter dieser walnussartig gefurchten sogenannten »Neokortex-Schicht« der Hirnrinde liegt, zu einem ganz großen Teil jenen Zeitabschnitten aus der Evolution entspringt, in denen unsere Ahnen noch keine »höheren« Säugetiere, sondern Reptilien, Amphibien oder etwa auch Fische waren. Dieser Weg von außen nach innen durch die einzelnen Areale – vom Großhirn über das Klein- zum Stammhirn und Rückenmark – entspricht sogar ziemlich genau einer Zeitreise durch die Gehirne unserer Ahnen und deren Vorläufer samt ihrer geistigen Fähigkeiten vom *Homo sapiens* bis zum Wurm.

Lassen wir uns doch ein paar Seiten lang auf diese Tauchfahrt in die neuronalen Tiefen unserer Ahnengalerie ein. Dringen wir von außen nach innen in das Zentralnervensystem vor, um zu schauen, wie tief wir im tierischen Stammbaum zu den Wurzeln unseres Geistes vordringen können.

Bevor wir aber nun so richtig Fahrt aufnehmen, müssen wir auch gleich schon wieder anhalten. Dieser erste Stopp unserer vertikalen Gehirn-Exkursion liegt vom heutigen Tage etwas über zwei Millionen Jahre entfernt. Wir sind also im Verhältnis zur Gesamtstrecke noch nicht weit gekommen auf unserer Reise durch die je nach Anschauung mehr als eine halbe Milliarde Jahre lange Entwicklungsgeschichte unseres Gehirns. Und ohne lang drum herumreden zu wollen: Den Kortex haben wir auch noch nicht wirklich verlassen. Dennoch ist der vorzeitige Halt für unser Thema unausweichlich, denn an dieser denkwürdigen Zeitmarke macht das Gehirn in Sachen Volumen und Inhalt einen gewaltigen Sprung nach vorn. Diese vergleichsweise plötzliche Vergrößerung des Gehirns bedeutete einen enorm wichtigen Schritt bei der Entwicklung unserer Vorfahren zu dem, was wir heute als die Spezies *Homo sapiens* betrachten. Zwar trennten sich die Stammlinien von Mensch und Schimpanse bereits vor etwa sieben Millionen Jahren, aber bis zu unserem Haltepunkt hier waren unsere Gehirne kaum von denen heutiger Affen zu unterscheiden. Schauen wir deshalb also, wie uns das Gehirn zu Menschen machte, oder sagen wir besser: uns von anderen Tieren trennte.

Die Größe des Kortex und die damit verbundenen geistigen Fähigkeiten unserer Spezies verdanken wir nach Ansicht der Forschung einer Veränderung des damaligen Klimas. Ein Wandel, der dazu führte, dass sich das Gehirnvolumen und die geistigen Kapazitäten unserer Ahnen wie im Zeitraffertempo ausbreiteten, wohingegen diese bei unseren Primatenverwandten verhältnismäßig kleiner blieben. Wie kam es dazu?

Unsere Urmenschverwandten lebten zu dieser Zeit allesamt in den grünen Hügeln Afrikas. Über viele Millionen Jahre hinweg hatten sie gelernt, sich im Dickicht der Wälder genau wie ihre Affenverwandten zurechtzufinden. Doch dann wurde es immer trockener und die alten dicht-grünen Waldbestände wichen mehr und mehr Strauchsavannen und Buschlandschaften. Und mit diesem Vegetationswechsel änderte sich auch die Zusammensetzung der Nahrung. Was »gestern« noch weich und saftig war, hatte nun harte Schalen und war von eher faseriger Konsistenz. So konnten unsere Ahnen im Grunde nur zwei unterschiedliche Wege beschreiten, um nicht mit leerem Magen dazustehen, was über kurz oder lang freilich zu ihrem Aussterben geführt hätte. Auf dem einen Wegweiser stand »Intelligenz«, auf dem

Außen neu, innen älter

Der Begriff »Neokortex« verdeutlicht das Verhältnis von Hirnanatomie, Zeit und Raum. »Neo« bedeutet nämlich neu und »Kortex« heißt Rinde. Was in unserem Gehirn außen liegt, ist in aller Regel verhältnismäßig neu, also jung. Innenbereiche sind stammesgeschichtlich älter.

anderen »Kraft«. Den letzteren Pfad beschritt zum Beispiel ein Verwandter des Menschen mit affenähnlichen Gesichtszügen namens *Paranthropus boisei.*

Die versteinerten Schädel dieser ausgestorbenen Spezies legen nahe, dass er aus heutiger Sicht ein ziemlich Furcht einflößender Geselle war. Die Evolution hatte ihn beizeiten mit extrem kräftigen Kieferknochen und derart enormen Kaumuskeln ausgestattet, dass für ihn das Knacken unserer Walnuss auch ohne Werkzeug kein Problem gewesen wäre. Ein ausgeprägter Knochenkamm auf der Schädeloberseite zeigt die Ansatzstellen einer bemerkenswerten Kaumuskulatur. Die Forscherzunft der Paläoanthropologen verlieh ihm daher

Der Gebrauch von Werkzeugen und Essbesteck ist keineswegs auf den Menschen beschränkt. Unsere nächsten Verwandten besitzen sogar regelrechte Tischsitten.

den Spitznamen »Nussknackerschädel«. Unsere direkten Vorfahren aber, die zeitgleich mit *Paranthropus boisei* in Afrika lebten, konnten in Sachen Gebiss mit diesem Vetter absolut nicht mithalten. Auch wenn ihre Kiefer sicher wesentlich kräftiger waren als unsere heute, im Verhältnis zum Kauapparat des Kollegen »Nussknacker« aber wirkten auch sie filigran. Wie aber gingen sie dann mit der hartschaligen Kost der afrikanischen Savanne um? Aus heutiger Sicht ist man geneigt zu sagen, unsere Ahnen mussten sich etwas einfallen lassen, um sich das bissfeste Nahrungsangebot mit ihrem vergleichsweise schwächlichen Kauapparat dennoch einverleiben zu können. Und tatsächlich entwickelte sich in jener Zeit eine geistige Fähigkeit, die zu einem Motor der Evolution des Menschen wurde – die Nutzung und Herstellung von Werkzeugen. Devise: Was man nicht im Kiefer hat, muss man eben im Kopf haben. Natürlich standen unsere Urahnen nicht plötzlich grübelnd, mit knurrendem Magen und leeren Händen vor harten Nüssen, während sich diese der geistig etwas weniger begabte *Paranthropus boisei* ein paar Sträucher weiter knackend und schmatzend schmecken ließ. Vielmehr vollzogen sich die Änderung des Nahrungsspektrums und auch die entsprechenden Anpassungen unserer Urverwandten in einem Zeitabschnitt von vielen Tausend Generationen. Aber irgendwann muss es vermutlich doch tatsächlich so gewesen sein, dass einer unserer Urverwandten in der afrikanischen Steppe saß und durch sein geistiges Tun den Grundstein zu der Erkenntnis legte, dass man über Steine und Wurzeln nicht nur stolpern kann, sondern dass sie auch zur Lösung der Nuss-Frage und anderer Alltagsprobleme durchaus nützlich sind. Dies geschah vor über zwei Millionen Jahren. Zunächst waren es mehr oder minder handliche Äste oder Steine, die man sich mit ein paar Griffen noch gefügiger machte –, schließlich war der Weg zur Bohrmaschine mit digitaler Umdrehungskontrolle noch weit. Aber schon die ersten Werkzeugprototypen taugten sicher schon recht gut zum Nussknacken.

Wir können davon ausgehen, dass harte Schalen bei Weitem nicht das einzige Problem waren, das unsere Werkzeugpioniere mit Köpfchen statt kräftigen Kiefern zu lösen versuchten, doch das Kapitel unserer Entwicklungsgeschichte, in dem aus Faustkeilen Maschinenpistolen und Motorsägen wurden, können wir hier getrost umgehen, denn es hat einmal mehr mit dem Mensch im Menschen und weniger mit den tierischen Wurzeln unserer Spezies zu tun. Wir sollten dennoch hier festhalten: Was wie eine kleine harmlose Nussknacker-Episode aus unserem Stammbuch klingt, wird in Wirklichkeit als ein Meilenstein auf dem Weg hin zum Menschen betrachtet. Mit dem Werkzeuggebrauch trennte sich nämlich die Entwicklung für immer von der unserer tierischen Verwandten. Erinnern wir uns an das »Montags-Untier«, dem Stammhalter aus unserer Ahnengalerie, jenem Ersten aller tierischen Ahnen. Der Werkzeugmacher bildet nun mehr oder minder den Abschluss unserer Urverwandten mit vornehmlich tierischen Zügen. Denn ab seinem Auftreten sind all unsere direkten Verwandten aus dem uralten Familienalbum der Evolution Menschen. Aus diesem Grund spricht die Wissenschaft von unseren damaligen afrikanischen Urverwandten ab diesem Zeitpunkt nicht mehr von tierartigen Wesen oder Vor-Menschen, sondern von echten Menschen, was sich an der wissenschaftlichen Bezeichnung der Knochenfunde zu unseren Vorfahren aus jener Zeit im Sinne des Wortes ablesen lässt. Denn die Spezies der ersten Werkzeugmacher wurde *Homo habilis* getauft, also fähiger Mensch.

Doch die Sache mit dem Faustkeil als Kriterium zur Unterscheidung zwischen Mensch und Tier hat einen Haken. Die berühmte britische Verhaltensforscherin Jane Goodall entdeckte nämlich bei unseren nächsten Verwandten, den Schimpansen Menschen? Menschenaffen-Affenmenschen. Werkzeuge jedenfalls trennen uns nicht vom Tierreich, wie man noch glaubte, als man im staubigen Boden die versteinerten Skelette von *Homo habilis*, dem »fähigen« Werkzeugmacher-Menschen, entdeckte. Wo liegt aber dann die Grenze zwischen uns und den Schimpansen? Ist es vielleicht die Kultur? Auch in dieser Hinsicht halten die afrikanischen Wälder eindeutig Demaskierendes für die vermeintliche »Krone der Schöpfung« bereit. Bei unseren nächsten Verwandten gibt es nämlich von Gruppe zu Gruppe regelrechte Traditionen im Umgang mit Grashalmen, Steinen und Ästen, zudem

Die Entwicklungsschritte vom Faustkeil bis zum Smartphone sind eine ganz große Leistung unserer Spezies, doch auch Tiere nutzen Werkzeuge.

Schimpansen, den Gebrauch von – Achtung! – Werkzeugen. Sie konnte sogar dokumentieren, dass der Einsatz von selbst gebautem »Essbesteck« zum ganz alltäglichen Verhaltensrepertoire dieser Primaten gehört.

So ist das Herauspulen von leckeren Termiten mittels Grashalmen und präparierten Ästen nur einer unter vielen möglichen Bearbeitungsschritten, widerspenstigen Schimpansen-Lebensmitteln mithilfe von Werkzeugen beizukommen.

Was nun? Hat der Gebrauch von Messer und Gabel also doch tierische Wurzeln? Eben noch trennte sich doch der Weg zwischen Mensch und Tier an der Werkzeugfrage, und nun heißt es schlicht: Die Affen machen das auch! Sind wir also doch Affen, oder sind variiert die Auswahl der Speisewerkzeuge von Gruppe zu Gruppe. Kurz gesagt: Tischsitten sind im Urwald nicht nur vorhanden, sondern auch noch regional unterschiedlich. Bei Menschen würde man von »Kultur« sprechen. Natürlich wird sich einem Schimpansen der virtuose Umgang mit der Geflügelschere zum Erntedankfest nicht direkt aufzwingen, aber wie wir es auch drehen und wenden mögen, der Mensch ist nicht das einzige kultivierte Wesen auf Erden, er ist das Produkt dessen, was er als Kultur definiert. Und doch ist sich die Forschung einig, dass die Werkzeugfrage dennoch das Maß aller Dinge ist. Wie lässt sich das wiederum erklären? Die Lösung lautet: Nicht *dass* wir Werkzeuge nutzten, sondern *wie* wir sie einsetzten und umformten, war ausschlaggebend für die

Tatsache, das wir uns von Affe und Co. wegbewegten und heute derart von allen anderen Lebewesen dieses Planeten unterscheiden. Fassen wir es so zusammen: Unsere Ahnen entdeckten recht bald, dass sich mit Werkzeugen nicht nur harte Schalen, sondern auch Schädel zertrümmern lassen. Und wer weiß, womöglich hatten sie sogar die Keule schon vor dem Nussknacker entwickelt. Jedenfalls sind die Ereignisse rund um unsere Abtrennung von den Tieren ein ziemlich blutiges Kapitel. Denn die Nutzung und Herstellung von Werkzeugen erweiterte zwar den geistigen Horizont unserer Ahnen, aber es liegt auch der sehr berechtigte Verdacht nahe, dass sie ihre Intelligenz wohl eher nicht für kultivierte Schlichtungsgespräche und Diskussionen im Stuhlkreis der Savanne einsetzten, sondern vielmehr ohne lange zu fackeln ihre Werkzeuge als effektive Waffen nutzten. Für die Jagd etwa, aber eben auch für den Kampf um Macht und Lebensraum. So konnten sie den Radius ihrer Aktivitäten unabhängig von ihren körperlichen Fähigkeiten wie etwa der Beißkraft weiterentwickeln, was wiederum zu einem Fortschreiten der geistigen Fähigkeiten und einer zunehmenden Vergrößerung des Gehirns, sprich der »Walnuss in dir«, führte. Doch diese Expansion hatte ihren Preis.

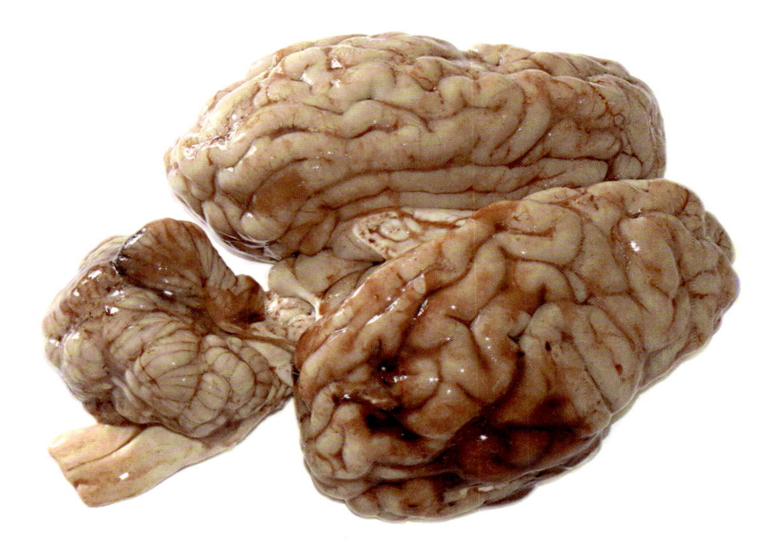

In diesem Organ steckt mehr Tier, als es mancher Vertreter unserer Spezies wahrhaben will. Wie wir es einsetzen, macht uns allerdings eindeutig zum Menschen.

Teufelskreis des klugen Killers

Von jeder Scheibe Brot und von allem, was wir sonst noch essen, verfüttern wir rund ein Fünftel an unser Gehirn. Unser Denkorgan hat einen beachtlichen Appetit. In Zahlen: der erste und je nach Größe auch der zweite Biss in einen Hamburger stillt zunächst einmal nur den Energiehunger unserer Nervenzellen. Schimpansengehirne begnügen sich, am Rande bemerkt, mit weniger als der Hälfte. Was hat diese Bilanz mit unserer Hirnentwicklung zu tun? Um dies zu verstehen, müssen wir nach längerer Pause hier nun wieder einmal ein kleines Schlaumeierwort in unser Gepäck aufnehmen. ATP, oder auch Adenosintriphosphat. So heißt nämlich der ultimative Energieträger in unserem Körper und dem unserer Verwandten aus dem Tierreich. Hier ist er wichtig als Energielieferant, sozusagen das »Benzin« für unser Denken. Mit ihm verwandelt sich chemische in die elektrische Energie der Nervenimpulse. Um dieses Benzin in unseren grauen Zellen verfügbar zu machen, benötigt das Gehirn Zucker, genauer Glukose. Und jetzt kommt's: Obwohl unser Gehirn nur zwei Prozent der Körpermasse ausmacht, benötigt es gut die Hälfte der Glukosemenge in unserer Nahrung. In

Stresssituationen überlässt es dem Körper sogar gerade mal nur noch rund zehn Prozent dieses Zuckers. Dieser Zahlenvergleich lässt sich auf eine einfache Formel bringen: Das Gehirn des Menschen ist ein ATP-Junkie! Doch trotz dieses enormen und in der Natur verschwenderisch einmaligen Energieverbrauchs hat sich das Gehirn enorm entwickelt. Wie das?

Verantwortlich dafür ist ein tragischer Teufelskreis. Denn je mehr der ATP-Heißhunger unseres Gehirns mit cleverem Werkzeug- und Jagdwaffeneinsatz gestillt wurde, umso größer wurde unser Gehirn. Und je größer unser Gehirn wurde, desto größer wurde wiederum die Sucht nach Energie – und damit der Abstand von den Tieren. Der Theorie zufolge – schließlich war niemand vor Ort zugegen, als aus Tieren Menschen wurden – entspringt die viel bemühte »Bestie Mensch« also wohl eher nicht – wie oft angenommen wird – dem Tier in uns, sondern gerade der Entwicklung unseres Gehirns weg von tierischen Verhaltensweisen. Manche Forscher sprechen in dieser Hinsicht davon, dass unser Gehirn gerade durch sein enormes Wachstum einer Art Degeneration tierischer und damit naturverträglicher Verhaltensweisen unterlag. Nun sind Tiere nicht per se die »Guten« und der Mensch ein Vertreter des »Bösen« in der Welt, doch Egoismus, Machtgelüste und die finsteren Mittel zu deren Durchsetzung wie kalte Brutalität und industrialisierte Kriegsführung sind in ihrer emotionalen Ausprägung doch einzigartige Merkmale unserer Spezies. Aber sind sie so etwas wie das Ergebnis einer im Kern bösartig üppigen Wucherung von Nervenzellen unter unserer Schädeldecke? Unser Gehirn als ein Irrläufer der Evolution?

Wie auch immer die Antworten auf diese Fragen lauten mögen, ohne den Menschen und wozu er fähig ist, sähe unsere Welt sicherlich grüner, blauer und friedlicher aus, als sie es durch unser Tun ist.

Ein Glück also, dass sich unsere Expedition nicht näher mit dem Mensch im Menschen beschäftigen muss, sondern sich der Suche nach dem Tier in uns widmet. Wer aber dennoch nicht genug kriegen kann vom typisch menschlichen Teil unseres Gehirns, der sollte auf seiner Körperreise einen Abstecher in das Stirnhirn einplanen. Im Stirnlappen und dem sogenannten Präfontalen Kortex sitzt nämlich ein Großteil des neuronalen Rüstzeugs für sehr vieles, was wir »typisch menschlich« nennen. Neben den eben genannten eher zweifelhaften arttypischen Merkmalen unserer Spezies trifft man dort, wenn es gut läuft, auf die Fähigkeit zur Selbstreflexion, zu höheren Intelligenzleistungen und – so heißt es zumindest im Lehrbuch – zu moralischer Bewertung.

Zurück zu unserer Suche nach dem Tier in dir. Wie die Landkarte unserer Gehirn-Zeitreise zu lesen ist, wissen wir bereits. Pi mal Daumen gilt: Je tiefer wir in das Gehirn vordringen, umso älter ist seine Entwicklungsstufe und umso größer der Verwandtschaftsgrad zu unseren tierischen Ahnen. Werfen wir einmal alle moderneren Detailkenntnisse über Bord und folgen den aus heutiger Sicht etwas scherenschnittartigen Anatomie-Betrachtungen aus dem 20. Jahrhundert unserer Zeitrechnung, so ist das Gehirn des Menschen mehr oder minder dreigeteilt.

Außen treffen wir auf das, was den *Homo sapiens* als solchen ausmacht, was wir hier bereits zur Genüge getan haben, dann folgt darunter das Säugetiergehirn und im Inneren das Reptiliengehirn. Das klingt so einfach wie spannend, dennoch ist diese allzu strikte Dreiteilung leider so nicht ganz aufrecht zu halten, da im Laufe der Hirnevolution Funktionsbereiche immer wieder ihren Ort gewechselt haben. Dennoch wollen wir hier der Übersichtlichkeit halber versuchen, soweit wie möglich der Idee »je tiefer desto älter«, zumindest soweit es richtig ist, zu folgen.

Das einfühlsame Säugetier

Unter der zerfurchten Großhirnrinde treffen wir nun auf das sogenannte limbische System, ein Sammelsurium verschiedener Hirnbereiche, die auch als das »emotionale Gehirn« zusammengefasst werden. Heute weiß man, wie gesagt, dass unser Gehirn nicht aus abgeschlossenen Kammern besteht, die wie in einem Verwaltungsgebäude verschiedene Funktionen erfüllen – frei nach dem Motto: »Höhere Intelligenz im Stirnlappen-Büro, oben vorn, Gefühlswelt bitte in unser limbisches Zimmer, ein Stockwerk tiefer.« Vielmehr unterliegen die allermeisten Bereiche des Gehirns einem bis heute nicht wirklich verstandenen permanenten Funktionswandel und stehen miteinander über Nervenimpulse und deren Leitungsbahnen in einer überaus dynamischen hochkomplexen Verbindung. Und so wird eben auch unsere Gefühlswelt nicht nur vom limbischen System, sondern maßgeblich auch von der Hirnrinde mitgebildet. Dennoch hat sich der Begriff des limbischen Systems als Funktionseinheit, die auch als »Säugetier«-Teil unseres Gehirns bezeichnet wird, hartnäckig erhalten. Schauen wir uns dieses »System« daher näher an.

Die Namen seiner Bestandteile lesen sich wie die Besetzungsliste zu einer bis dato unbekannten griechischen Heldensage. Doch Amygdala, Thalamus, Hypophyse, Hippocampus und Hypothalamus hatten ihren ersten großen Auftritt nicht erst in der Antike, sondern schon vor den Dinosauriern, genauer vor rund 250 Millionen Jahren, als das Evolutions-Modell »Säugetier« zu Beginn der Epoche namens Trias gerade erst laufen lernte.

Die Evolution ist nicht von gestern

Das Gehirn war immer ein Haus, dessen Räume auf- und umgeräumt wurden. Eine Baustelle mit Aus- und Umbauten. Und es gibt übrigens keinen Grund zu der Annahme, dass die Baustelle ruht, die Evolution unseres Gehirns also abgeschlossen wäre. Ebenso ist der Mensch als solcher, sein Körper, seine Biologie keineswegs ein statisches Gebilde. Wir sind im Gegenteil genau wie all unsere Mitgeschöpfe nach wie vor Teil des langen Stroms der Evolution, der auch in diesem Augenblick fließt und fließt und fließt.

Aber wodurch entstand dort eigentlich die Welt der Gefühle?

Es war ein abenteuerliches Leben, das unsere Ahnen damals hatten, wie wir an anderer Stelle noch erfahren werden. Hier nur soviel: In den Gehirnen unserer Vorfahren entwickelten sich seinerzeit bereits so gut wie all jene Fähigkeiten, die sich an der Bildung, Steuerung und Ausprägung von Emotionen beteiligen. Und seither sind diese für uns und unsere Säugetierverwandten typisch.

Wie kam es dazu? Die kurze Erklärung lautet: Durch die Pflege des Nachwuchses und das Leben in Gruppen wurden Eigenschaften wichtig, die noch für die Reptilien, Amphibien oder auch die Fische in unserer Ahnenreihe eher nachrangig waren. Der Grund dafür liegt in der Tatsache, dass diese Eier legenden Tiergruppen weit weniger Zeit und Energie in die Pflege der nächsten Generation investieren müssen. Wir Säugetiere aber kommen seit jeher etwas unfertig und unbeholfen zur Welt. Ohne die helfende Hand der Eltern sind wir nach der Geburt nicht überlebensfähig. Demnach war die Verankerung der Gefühlswahrnehmung in den Gehirnen unserer Säugerahnen eine Art Zwangsläufigkeit, denn ohne emotionale Bindung entsteht kein Fürsorgebedürfnis. Und ohne Fürsorgebedürfnis der Eltern haben Säugetier-Babys schlechte Karten. Dem alten Säugetier in uns werden wir demnach immer dann begegnen, wenn wir von sozialen Gefühlen durchströmt werden. Ob Zuneigung, Liebe, Sehnsucht oder auch Trauer. Familie, Partnerschaft, Freundschaft – all dies sind Schlagworte, die ihren Ursprung am Kindbett der Säugetierentwicklung haben. Trotz all des emotionalen Aufwands, erwies sich die Familienbande der Säugetiere offensichtlich als Erfolgsmodell der Evolution, das sich knapp unter dem Slogan »Gemeinsam ist man stärker!« zusammenfassen lässt. Wir werden noch davon hören.

Neben dem limbischen System, jener Art neuronaler Hardware in Sachen Emotionen, sollten wir übrigens nicht die Hormone vergessen, die faszinierenden Botenstoffe unseres Körpers. Sie bilden die chemische Seite unserer Gefühlswelt und – wie könnte es anders sein – sind ebenfalls zu einem ganz großen Anteil tierischen Ursprungs. Ein wahrer Kosmos äußerst wirkungsvoller und hochkomplexer Substanzen ist das,

Der Zoo in unserem Gehirn: Vom Stammhirn (1), das wir dem Reptil in uns verdanken, über das limbische System ursprünglicher Säugetiere (2) bis hin zum Primaten-Bereich, dem Neokortex (3).

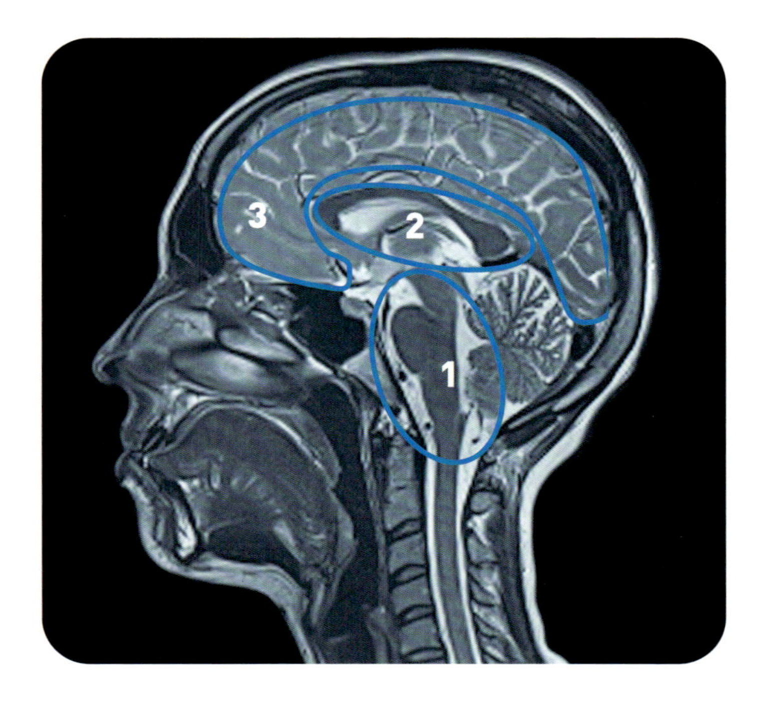

die nahezu alle Stoffwechselvorgänge in unserem Körper mitregulieren und somit eben auch unsere Stimmungen beeinflussen. Ob Glücksgefühl, Müdigkeit, Wachstum, Hunger, Sex oder Angst – wohl keine Lebensäußerung kommt ohne sie aus. Daher ist der Begriff Hormone gut gewählt, der von dem griechischen Wort *orman* abstammt, was soviel wie »antreiben« bedeutet. Würde dieses Buch den Anspruch auf Vollständigkeit verfolgen, so müssten wir nun mindestens die nächsten hundert Seiten der Überschrift »Unsere Hormone und ihre Herkunft im Tierreich« unterstellen. Aber das geht leider nicht. Greifen wir hier also zwei von mehr als hundert imposanten Beispielen heraus, die uns zeigen, wie nahe wir auch in Sachen Hormone unseren Verwandten aus dem Tierreich stehen. Das erste Hormon betrifft einen der sensibelsten Bereiche unseres Daseins: die Entstehung eines neuen Menschenlebens.

Bis in die 1960er-Jahre hinein war die Spezies des Krallenfroschs als »Apothekerfrosch« und damit als unfreiwilliger Schwangerschaftstester für den Menschen tätig. Für den »Froschtest« wurde weiblichen Fröschen Urin der betreffenden Frau in die Haut gespritzt. Bildeten die Tiere bis zum nächsten Tag Eier, so war klar, dass eine Schwangerschaft vorlag. Auslöser des positiven Tests war ein bestimmtes Schwangerschafts-Hormon mit dem Zungenbrechernamen *Choriongonadotropin*, den wir uns nicht wirklich merken müssen. Doch das Beispiel belegt auf einprägsame Weise, wie tierisch menschlich unser Hormonhaushalt ist und auch, dass wir uns diese Gemeinsamkeit mit den Tieren wie selbstverständlich zunutze machen, wenngleich wir unsere natürliche Herkunft nur allzu gern verleugnen. Aber es hilft nichts, denn vermutlich sind es Hunderte von Botenstoffen, die unsere Biologie bestimmen, und die meisten von ihnen sind ebenso bei den Wirbeltieren aktiv.

Alle Hormone, die in unserem Körper Stoffwechselvorgänge steuern und das Verhalten beeinflussen, sind auch im Tierreich zu finden.

So beeinflusst unser zweites Beispiel-Hormon in besonderer Weise die Emotionen von Mensch und Tier. Die Rede ist vom Adrenalin. Es wird im Nebennierenmark gebildet und über das Blut in den Körper ausgeschüttet. Bevor wir uns dem Wunderstoff Adrenalin und seiner Wirkung auf unser Denken und Handeln etwas näher widmen, sollten wir uns noch schnell vom Säugetier in uns verabschieden. Wir verlassen also das Zentrum des limbischen Systems, erreichen ein Stockwerk tiefer das Zwischenhirn und damit unserer Formel »je tiefer, umso ursprünglicher« entsprechend das Reich der Reptilien.

Das Reptil in unserem Kopf

Fassen wir zusammen: Von den Säugetieren haben wir unsere sozialen Gefühle, aber auch unser Bewusstsein und unsere Lernfähigkeit geerbt. Aber was bitte verbindet unser Gehirn mit dem eines Reptils wie etwa einer Eidechse?

Und warum haben wir erst so spät das Hormon Adrenalin in unser Reisegepäck aufgenommen, das doch im Reich der Gefühle und damit beim Säugetier im Gehirn eine Rolle spielen müsste. Warum diese Verwirrung? Was hat das Hormon nun an dieser Stelle verloren? Die knappe Antwort lautet: sehr viel.

Gefühle müssen nicht unbedingt sozialen Charakter haben. Und zudem gilt – man höre und staune – auch Reptilien können Emotionen zeigen. Denken wir nur an die in unserer Welt allgegenwärtigen Gefühle von Stress, Aggression und Angst. Sie wurzeln in der Reptilienvergangenheit unserer Vorfahren, wie der Blick in die Gegenwart dieser Tiergruppe zeigt. Wer etwa schon einmal einen Komodowaran gesehen hat, jene stattlichen Reptilien, die es sogar mit einem Hirsch oder einem Wildschwein als Mahlzeit aufzunehmen vermögen und die auch dem Menschen wirklich gefährlich werden können, der wird schnell einsehen, dass es eine verdammt schlechte Idee wäre, einen Komodowaran am Schwanz zu ziehen. Das »Ganz-viel-Mut-Zusammennehmen«-Experiment würde man außer eventuell mit dem Leben in jedem Fall mit der Erkenntnis bezah-

Der Apothekerfrosch *Xenopus laevis* war lange Zeit ein unfreiwilliger Schwangerschaftstester für den Menschen.

len, dass aggressives Verhalten absolut keine Erfindung der Säugetiere ist. Der Adrenalinspiegel würde beim Waran wie bei unserem übermütigen Versuchsteilnehmer binnen Sekunden enorm ansteigen, was großen Stress zur Folge hätte. Beim waghalsigen Zweibeiner würde er zu Angst und Fluchtverhalten führen, und bei unserem Riesenwaran vermutlich zu einer Mischung aus Furcht und Wut. Dieser kleine Exkurs in das Reich von Mutproben, die man besser unterlässt, zeigt uns, dass wir das Fass der Gefühlswelt nicht wirklich noch einmal öffnen müssen, um zu erkennen, dass Emotionen keinesfalls auf unsere Spezies und auch nicht nur auf Säugetiere beschränkt sind. Wann immer wir so zornig, gestresst, ängstlich oder stinksauer sind wie ein Waran, der am Schwanz gezogen wurde, dann sollten wir bedenken, dass diese vergleichsweise basalen Regungen in gewisser Hinsicht dem Reptilgehirn in uns entstammen.

An sehr vielen Emotionen, die unser Verhalten und unsere Biologie bestimmen, sind unser Zwischen- und Stammhirn und damit auch das »Reptil in uns« beteiligt.

Und wo wir auf unserer Reise durch das Gehirn schon mal im Reich der Hormone und dem Reptil in uns angekommen sind: Dem »inneren Reptil« verdanken wir noch weit mehr als Wut und Angst. Es bestimmt beispielsweise unseren Tagesrhythmus und steuert, wann wir müde und wann wir wach sind. Das Zentrum dieser Aktivitätsregelung ist die Zirbeldrüse. Seinen Namen verdankt dieses etwa fingernagellange Organ, das im Zwischenhirn liegt, seiner Form, die Anatomen früherer Tage an den Zapfen einer Zirbelkiefer erinnerte. So seltsam es vielleicht klingen mag, aber dieser Zapfen in unserem Kopf entstammt den Gehirnen unserer Reptilienverwandten aus der Urzeit. Die Zirbeldrüse regelt die Ausschüttung des Hormons Melatonin, das für unser Schlafbedürfnis und den Tag-Nacht-Rhythmus des Körpers verantwortlich ist. Bei Tag wird über die Augen die Bildung dieses Hormons unterdrückt, denn dann dringt Sonnenlicht auf die Netzhaut, und das Gehirn verarbeitet dieses Signal mit einer Melatonin-Blockade. In der Nacht aber, wenn die Lichtsignale ausbleiben, öffnet sich diese Schranke. Dann wird Melatonin ausgeschüttet und der Körper reagiert mit Müdigkeit. Melatonin wird deshalb auch schlicht als Schlafhormon bezeichnet. Wird zu viel Melatonin ausgeschüttet, reagieren wir am Tage mit Müdigkeit. Um das zu verhindern, empfehlen Ärzte Menschen, die unter großer Müdigkeit leiden, Spaziergänge im Sonnenlicht zu unternehmen, damit über die Helligkeit des Lichts die Melatoninwirkung gebremst werden kann. Was aber hat nun die Zirbeldrüse genau mit dem Reptil in unserem Gehirn zu tun? Im Kopf vieler Reptilien befindet sich ebenfalls diese Drüse, hier heißt sie in sprachlicher Anlehnung an einen Zapfen, genauer an einen Pinienzapfen, Pinealorgan. Dieses ist bei den Reptilien ebenfalls für den Melatoninhaushalt und die Tagesaktivität verantwortlich. Und unsere Zirbeldrüse stammt von genau diesem Organ ab. Das Prinzip der Steuerung unserer Aktivität hat also denselben Ursprung. Nur die Verbindung zu Licht und Dunkel der Außenwelt nimmt bei den Reptilien einen etwas anderen Weg. Und der ist so spannend, dass wir ihn hier kurz beschreiten sollten. Bei vielen Reptilien wird die Melatoninausschüttung nämlich nicht wie beim Menschen über die beiden Augen reguliert, sondern über eine durchsichtige Hornschuppe oben auf der Mitte des Kopfes zu einem lichtempfindlichen Organ geleitet. Mithilfe dieses »dritten Auges« kann etwa ein Leguan die Lichtintensität einschätzen und so entscheiden, ob es sich lohnt, ein Sonnenbad zu nehmen oder bei bedecktem Himmel in einer Höhle zu bleiben. Und wie steht es nun mit uns? Zwar haben wir natürlich nicht mehr das »dritte Auge« in oder auf dem Kopf, aber auch die Aktivität des Menschen – wann wir müde oder hellwach sind – wird über dieses

Dieser Komodowaran versteht vermutlich keinen Spaß, kann aber wie wir sehr wütend werden.

Das »dritte Auge«

Möglicherweise haben unsere Reptilienurverwandten einmal ein »drittes Auge« besessen, um die Intensität der Sonne messen zu können. Wenn man es genau nimmt, kam das »dritte Auge« aber auch schon bei den fischartigen Vorläufern der Landwirbeltiere vor. Doch an Land und der hier wirkenden Sonneneinstrahlung wurde es endgültig zu einer wichtigen Stütze der Aktivitätsregulierung. Bis heute übernimmt bei uns das entsprechende Hormon Melatonin diese Aufgabe – ein Bote aus der tierischen Vergangenheit des Gehirns.

Diese Hornschuppe auf dem Kopf eines Leguans ist das »dritte Auge« der Reptilien.

System gesteuert, das vor Millionen Jahren bei unseren Urverwandten entwickelt wurde. Die Sonne ist auch für uns ein Motor der Aktivität, und das verdanken wir den Reptilien.

Erst handeln, dann denken

Blicken wir noch einmal – auch wenn wir uns damit wiederholen – kurz auf die Landkarte unserer Gehirn-Expedition: Je weiter wir in unser Denkorgan vordringen, umso älter sind im Prinzip die Strukturen, die wir vorfinden. An dieser Stelle nun sollten wir die Regel um einen Gedanken erweitern. Denn je tiefer wir kommen, umso grundsätzlicher und wichtiger sind auch die entsprechenden Areale für das Überleben. So steuert der Hirnstamm lebenserhaltende Funktionen, die ohne großes Nachdenken automatisch ablaufen, wie etwa unsere Atmung oder den Herzschlag. Und für die richtige Koordination unserer körperlichen Bewegungen vom Aufstehen bis zum Gang ins Bett ist als ein Erbe aus unserer Wirbeltiervergangenheit das Kleinhirn zuständig. Mit Säugetieren, Reptilien, Amphibien und Fischen haben wir gemeinsam, dass sie sich frei und recht schnell bewegen und im Raum orientieren können. Und im Kleinhirn liegt die Software für alle damit in Verbindung stehenden Aufgaben. So war die neuronale Koordination von Armen und Beinen, die unsere Körper wie selbstverständlich durch den Tag befördert, eine erste große Herausforderung, der sich unsere Lurchahnen auf dem Weg vom Wasser auf das Land stellen mussten. Einen Fuß vor den anderen zu setzen, ist eine komplizierte Sache, Robotikexperten können zu diesem Thema ein Lied der Verzweiflung singen. Wir werden den kleinen Schritt unseres Amphibienvorfahren, der für die Entwicklung zum Menschen ein großer Sprung war, übrigens noch intensiv aus der Nähe betrachten. Das Säugetier, das Reptil und nun auch die Amphibie in unserem Gehirn haben wir kurz kennengelernt. Nun aber ist es so langsam an der Zeit, das Urmeer zu betreten, um diejenigen Strukturen in unserem Gehirn aufzusuchen, die bei unseren Fischahnen also noch vor der Eroberung der Kontinente unter der Wasseroberfläche entwickelt wurden.

Der Fisch im Ohr

Auch für unsere Fischverwandten bedurfte die Koordination der Flossen – den Vorläufern unserer Arme und Beine – natürlich bereits einer gewissen geistigen Leistungsfähigkeit. Dafür stand ihnen, wie wir gehört haben, das Kleinhirn zur Verfügung. So weit, so gut. Darüber hinaus aber verdanken wir den Gehirnen unserer Fischvorfahren nicht weniger als so etwas extrem Wichtiges wie unsere fünf Sinne. Richtig gelesen!

Welche Sinne waren im Urmeer von besonderer Bedeutung? Die tierische Basis unserer Augen haben wir ja bereits kennengelernt. Aber gerade im Wasser beschränkt sich die Wahrnehmung der Umwelt natürlich nicht nur auf Lichtreize. In größeren Tiefen verliert sich zudem die Farbwahrnehmung: Übrigens ein Hinweis darauf, dass ein Fisch an der Ampel hemmungslos überfordert wäre und sich ein Farbensehen so richtig erst an Land entwickelt hat. Ähnlich verhält es sich mit dem Geruchssinn. Zwar stammt unser Riechvermögen eindeutig aus dem Urmeer, was der Vergleich unserer Geruchsgene mit denen ursprünglicher Fische wie etwa den Neunaugen zeigt. Aber erst an Land und dort erst bei den Säugetieren entwickelte sich jene Fähigkeit, die schier unfassbare Vielfalt unserer Geruchswelt – ob sie aus faulen Eiern, Kaffee, Schweiß oder dem Duft einer Wiesenblume besteht – zu unterscheiden und sinnlich wahrzunehmen. Kurzum, im nassen Milieu waren andere Sinne für unsere Ahnen viel wichtiger. So wurde im Wasser das Fundament zu unserem Gehör gelegt. Ohrmuscheln werden wir zwar an einem Fisch vergebens suchen, und doch besaßen unsere Fischvorfahren entlang ihres Körpers ein ebenso erstaunliches wie empfindliches Organ, das wir als Vorläufer unseres Innenohrs ansehen können. Dieses »Seitenlinienorgan« ermöglicht es einem Fisch, kleinste Schwankungen des Wasserdrucks zu registrieren.

Damals wie heute ist gerade unter Wasser die Druckwahrnehmung eine sehr wichtige Fähigkeit für jeden Organismus, der beim ewigen Evolutionsspiel »Fressen und gefressen werden« nicht vorzeitig als Verlierer vom Platz gehen will. Denn jedes Lebewesen, ob Räuber oder Beute, verursacht durch seine Bewegungen in der Wassersäule mehr

Tasten, Schmecken, Riechen, Hören und Sehen - unsere Sinne sind vor mehreren Hundert Millionen Jahren im Wasser entstanden.

Sinnesleistung aus dem Meer

Die helle Linie entlang des Körpers dieses Dorsches (oben) markiert die Position des Seitenlinienorgans. Mit ihm registrieren Fische Druckschwankungen im Wasser, um sich räumlich orientieren zu können. In ganz ähnlicher Weise arbeitet unser Innenohr (unten, links). Hier befinden sich winzig kleine, in Flüssigkeit gelagerte Haarzellen. Sie sitzen im Ampullenorgan der Bogengänge und reagieren ebenfalls auf Druckschwankungen. Sobald sie durch eine Drehung des Kopfes ausgelenkt werden, entsteht ein Reiz, der im Gehirn wahrgenommen wird. Dies ist wichtig für unsere Raumorientierung. Im Seitenlinienorgan der Fische (unten, rechts) finden sich ebenfalls Haarzellen, sie stellen eine Art Ursprungsform unseres Innenohrs dar.

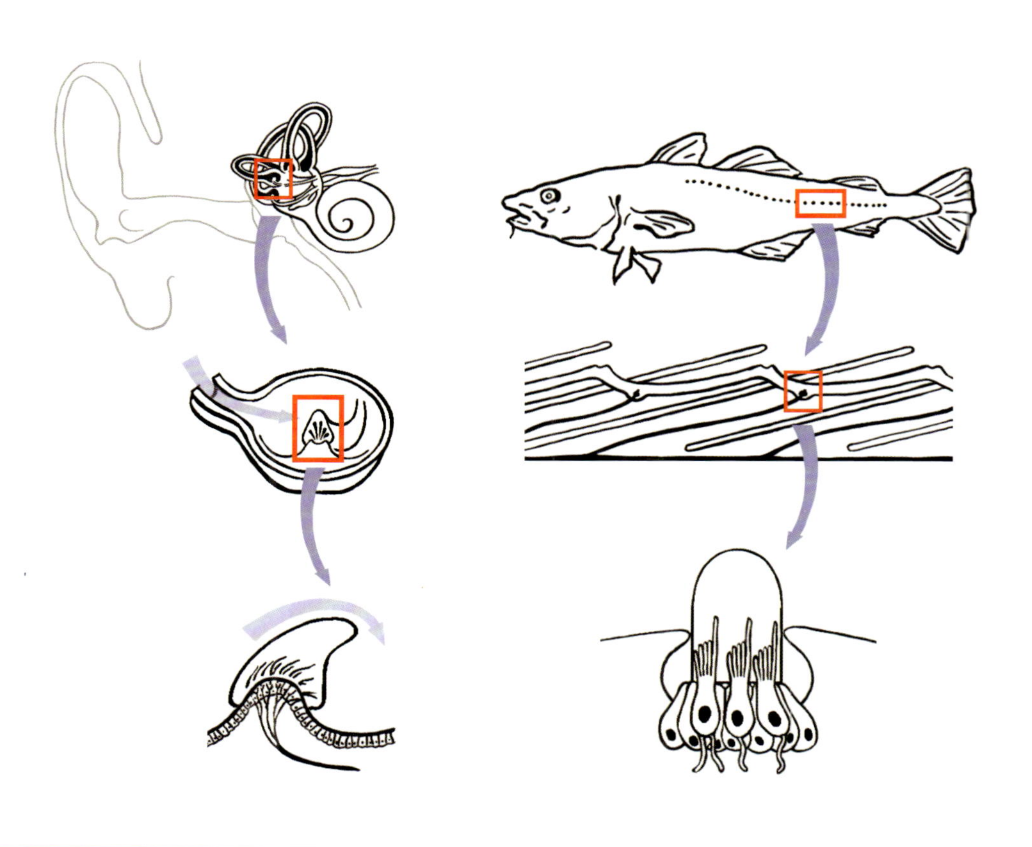

oder minder starke oder schwache Strömungsänderungen. Wer diese registrieren kann, braucht sich in trübem Wasser oder bei Dunkelheit weniger Sorgen um die nächste Mahlzeit oder gar um das eigene Leben zu machen.

Die biologische Verbindung des Seitenlinienorgans der Fische mit unserem Innenohr zeigt sich bei genauerem Hinsehen. Es ist eine Art Ursprungsform unseres Innenohrs. In der Haut von Fischen sitzen am Kopf und entlang der Körperseiten winzige Röhrensysteme, in denen kleine druckempfindliche Sinnesorgane liegen. Diese Grundstrukturen des Seitenlinienorgans werden permanent vom Umgebungswasser umströmt. Werden die druckempfindlichen Sinneszellen, man nennt sie auch Neuromasten, nun durch die Änderung der Wasserströmung verformt – wenn zum Beispiel ein hungriger Hai eine Druckwelle in Richtung eines friedliebenden fischartigen Urverwandten vor sich her schob – dann wird diese Verformung als Signal an das Gehirn weitergeleitet. Eine wichtige Schlüsselrolle bei diesem Verformungstrick übernehmen nun winzige Haarzellen im Neuromasten, die, wenn sie durch die Wasserströmung bewegt werden, einen Nervenreiz auslösen. Das Ganze klingt vielleicht etwas kompliziert, aber genau dieses Patent der Reizleitung versteckt sich auch in unserem Innenohr. Dort sitzen nämlich ebenfalls Haarzellen, die auf Druckschwankungen reagieren, die von außen in Form von Schallwellen in das Ohr dringen. Wissenschaftler gehen davon aus, dass sich das Seitenlinienorgan am Körper zwar zurückbildete, da es an Land weniger Sinn macht, aber noch immer in unserem Ohr seinen Dienst tut. Der Fisch in unserem Ohr – das ist eigentlich unfassbar. Erstaunlich ist zudem, dass die Haarzellen im Innenohr ebenso wie bei den Neuromasten der Fische in einer Flüssigkeit ruhen, so als hätten wir das Prinzip der Signalübertragung an das Gehirn wie in einem Schluck Wasser des Urmeers mit an Land genommen.

Wir werden noch einmal bei der Erkundung des Bewegungsapparats zu den

Die Nerven der Kopfregionen und Sinnesorgane verbinden sich zu einer dichten Verzweigungsstelle des Stammhirns. Im Rückenmark darunter setzt sich das Verästelungsprinzip weiter fort. Ein uraltes Patent des Nervensystems.

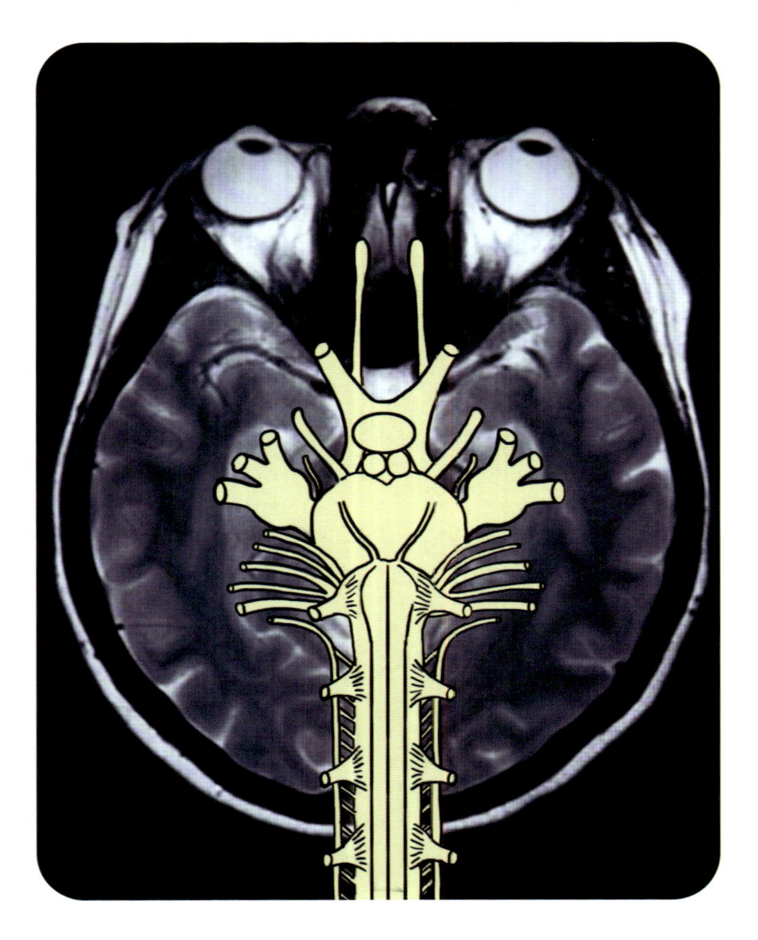

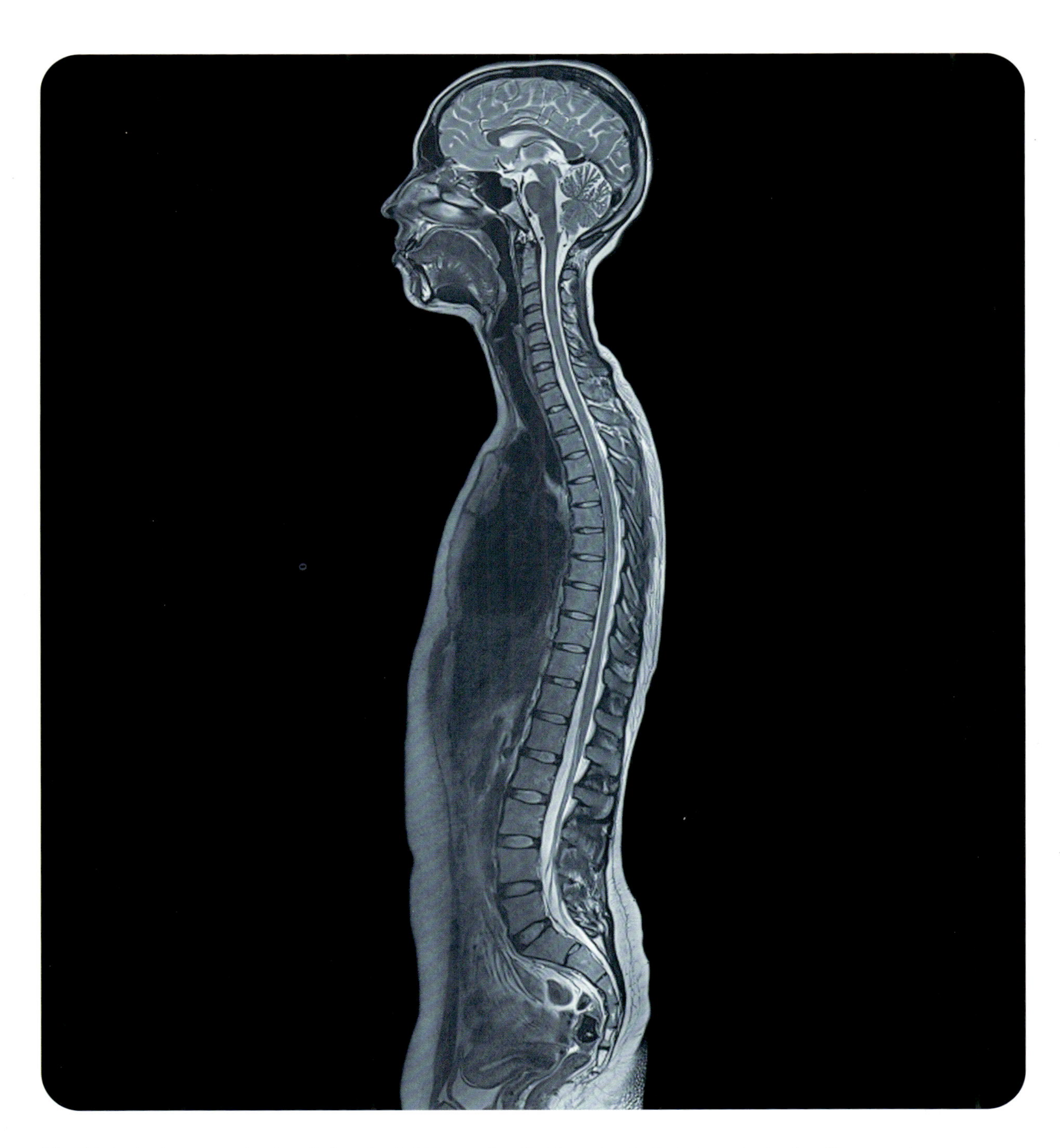

Die CT-Aufnahme macht deutlich, wie viel Raum das Gehirn als die Schaltzentrale der Sinneswahrnehmung, des Denkens und Handelns einnimmt. Doch auch seine Verlängerung, das Rückenmark, ist Teil des zentralen Nervensystems, das bereits bei unseren Fischahnen angelegt wurde.

Der Mensch – ein aufrecht gehender Fisch?

Wir verdanken dem Fisch in uns eine ganze Menge, und dies nicht nur in Sachen Gehirn. Glaubt man dem kanadischen Paläontologen Neil Shubin, so ist der Mensch sogar kaum etwas anderes als ein aufrecht gehender Fisch mit ein paar anatomischen Umbauten, die allesamt dem Leben an Land geschuldet sind. Und auch Keith Harrison lässt sich in seinem Werk über unsere Abstammungsgeschichte zu dem Titel der Übersetzung »Du bist (eigentlich) ein Fisch« hinreißen. Ganz so einfach ist es mit dem Tier in uns, wie wir bereits gesehen haben, sicher nicht. Dennoch werden wir dem Fisch als Begleiter auf unserer Körperreise immer wieder begegnen.

tierischen Wurzeln des menschlichen Ohrs zurückkommen, genauer zu den Knochen des Mittelohres, wo die Reizübertragung von der luftigen Außenwelt zur flüssigkeitsgefüllten Innenwelt stattfindet. Eine spannende Erkundungstour an die animalische Basis unserer Anatomie erwartet uns dort.

Mittlerweile sind wir auf unserer Reise im Stammhirn angelangt. Hier folgen wir dem Hörnerv, der wie ein Seitenast vom Innenohr zum Hirnstamm führt. Dort trifft er auf die Gesellschaft von elf weiteren Hirnnerven wie dem *Nervus olfactorius*, der die Riechzellen der Nasenschleimhaut mit dem Gehirn verbindet, oder dem Vagusnerv, der die inneren Organe versorgt. Und hier nun schließt sich in gewisser Weise der Kreis unserer Gehirnrundreise, denn wir treffen auch den Sehnerv wieder, über den wir das Gehirn betreten haben, ehe wir den Signalen in das Sehzentrum gefolgt waren. Bevor wir unseren Hirn-Parcours aber um einen kleinen letzten Abstecher in Richtung Rückenmark ergänzen, müssen wir unbedingt die seltsame Konzentration dieser für die Sinne zuständigen Hirnnerven erkunden, denn sie sind so etwas wie die Hauptindizien für den Fisch in unserem Gehirn.

Wie die Kabel eines Stromverteilers verlassen sie in Reih und Glied links und rechts das zum Hirn hin verlängerte Rückenmark. Sie ziehen in Richtung Auge, Ohren, Nase oder auch ins Gesicht, um Sinnesorgane oder Muskeln zu steuern wie etwa der Gesichtsnerv oder *Nervus facialis*. Will man ihn näher kennenlernen, so braucht man einfach nur kurz zu lächeln, die Stirn in Falten zu legen oder die Augenbrauen hochzuziehen. Alles, was dort zu sehen ist, steuert der Facialisnerv. Auch beim Schlucken und Pfeifen sind die Hirnnerven in Aktion. Das wirklich Verblüffende ist nun, dass keine dieser Regungen möglich wäre, wenn unsere Urverwandten keine Fische gewesen wären, oder besser gesagt, keine Kiemen besessen hätten. Denn unsere schön hintereinander aufgereihten Hirnnerven sind zum Teil nichts anderes als die ehemaligen Kiemennerven von Fischen.

Bis hierher haben wir nun erfahren können, wie sehr unser Gehirn und seine Funktionen auf den Bauprinzipien der Wirbeltiere beruhen, vom Säugetier über Reptilien bis hin zu den Fischen. Dass aber in unserem Nervensystem auch bereits Merkmale eines Wurms, ja sogar eines Einzellers zu finden sind, von denen wir Tag für Tag profitieren, werden wir auf der letzten Etappe unserer Gehirn-Reise erleben. Auf geht's also, nach unten entlang des Rückenmarks.

Evolutionsschritte auf der Strickleiter

Die Innenarchitektur des Gehirns bleibt unserem direkten Einblick – sehen wir von schlimmsten Kopfverletzungen ab – zeitlebens verschlossen. Durch seine Lage unter der verknöcherten Schädelkapsel haben wir deshalb unsere Körperreise in diesem Kapitel bis hierher mehr oder minder als einen Blindflug durch den Kopf erlebt.

Bei der Betrachtung des Rückenmarks aber liegt der Fall anders. Denn

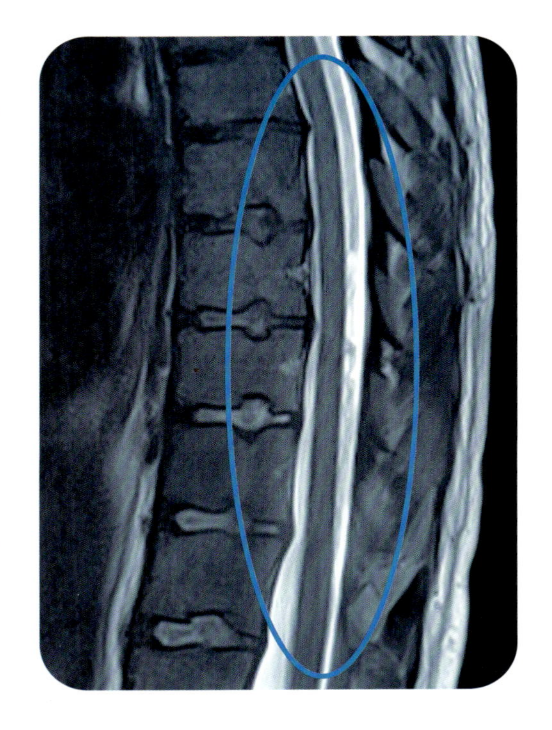

Das verletzliche Gewebe des Rückenmarks verläuft im Wirbelkanal und wird so geschützt. Ein wichtiges Überlebenspatent aller Wirbeltiere.

Das Prinzip HOX

An den Wirbeln lässt sich die Aufteilung des Rückenmarks in aufeinanderfolgende Segmente gut ertasten. Diese Abfolge geht auf ein anatomisches Universalpatent des Bauplans Wirbeltier zurück, das wiederum auf einem ganz bestimmten genetischen Basis-Programm beruht. Es steuert nicht nur die Entwicklung einer durch »vorne« und »hinten«, durch »oben« und »unten« definierten Körperachse, sondern auch die genaue Lage von Extremitäten oder Sinnesorganen. Verantwortlich dafür sind die sogenannten HOX-Gene. Sie finden sich im Erbgut des Menschen ebenso wieder wie in dem einer Fliege oder eines Wurms und steuern die Abfolge der einzelnen Abschnitte und Funktionen des Körpers inklusive all seiner Organe bis hin zum Gehirn.

das anatomische Grundprinzip dieses wichtigen Teils unseres Nervensystems lässt sich zumindest indirekt ertasten. Man braucht dazu nur mit der Hand über die Mitte des Rückens entlang nach unten zu streichen. Sogleich wird die Buckelpiste der Wirbelkörper spürbar, die die einzelnen Portionen des zentralen Nervensystems in unserem Rücken schützend umgeben. Bereits innerhalb des Schädels folgte die Abzweigung der einzelnen Hirnnerven wie Sehnerv oder Hörnerv diesem wohlgeordneten Perlschnur-Prinzip. Hier nun zweigen außerhalb des Kopfbereiches Nerven mit weiteren Funktionen ab, die etwa oben die Motorik der Arme steuern und weiter unten die Beine versorgen. Aber was hat nun diese Segmentierung des Rückgrats mit unserer tierischen Vergangenheit zu tun? Ganz einfach: Die Konstruktion eines den Körper der Länge nach durchziehenden Nervenstranges ist ein Grundpatent schung zur Skizzierung derlei Verbindungen im Stammbaum des Lebens berechtigt.

Wenn wir uns ungeachtet der Fähigkeiten unseres Gehirns einmal ganz unvoreingenommen den Verwandten namens Wurm anschauen, dann sieht man, dass er zwar noch keinen richtigen Kopf oder Extremitäten, aber ebenso wie wir ein »Vorn« und ein »Hinten« besitzt, also eine rechte und eine linke Körperhälfte. Allein schon diese sogenannte bilaterale Symmetrie macht ihn zu einem Verwandten des Menschen. Sehen wir an uns herab, so füllen sich die genannten vier Begriffe »oben«, »unten«, »rechts« und »links« schnell mit Leben. Eine Qualle dagegen muss bei einem Treffen der »Bilateria« draußen warten – wie die Biologen alles an Geschöpfen nennen, was auf der Verwandtschaftslinie zwischen Menschen und Würmern zu finden ist. Eine Qualle – die außer-

All unseren Überzeugungen vom Menschen als einzigartiger Besonderheit zum Trotz: Würmer waren die Pioniere unserer Hirnentwicklung.

in der Tierwelt vom Menschen über die Wirbeltiere bis hin zu den Würmern.

Wir können davon ausgehen, dass lange bevor eine fühlbare knöcherne Ummantelung, sprich die Wirbelsäule, den zentralen Nervenstrang vor Angriffen und Unfällen schützte, unsere Ahnen als unscheinbare wurmartige Wesen mit einer Art Prototyp unseres lang gestreckten Nervensytems durch das Urmeer schwammen.

Bevor uns nun die Erkenntnis dieses überaus bodenständigen Verwandtschaftsverhältnisses zu lähmen droht, schauen wir uns lieber an, was die For- halb dieser Kette steht – ist radiärsymmetrisch. Ihr Körper hat keine Seite, kein links, kein rechts, sie ist rund. Und: Obwohl sie bereits das kleinste gemeinsame Vielfache des Gehirns zumindest in der Theorie ihr Eigen nennen kann – die Nervenzellen, die in regem Austausch miteinander stehen –, fehlt ihr, was der Wurm besitzt: ein wenn auch sehr ursprüngliches Gehirn, wissenschaftlich als *Cerebralganglion* bezeichnet, mit dem sie wie wir in der Lage ist, die Umwelt in all Ihren Raum-Dimensionen wahrzunehmen. Von wo kommt ein Geruch, eine Berührung, der Wind, ein Ton,

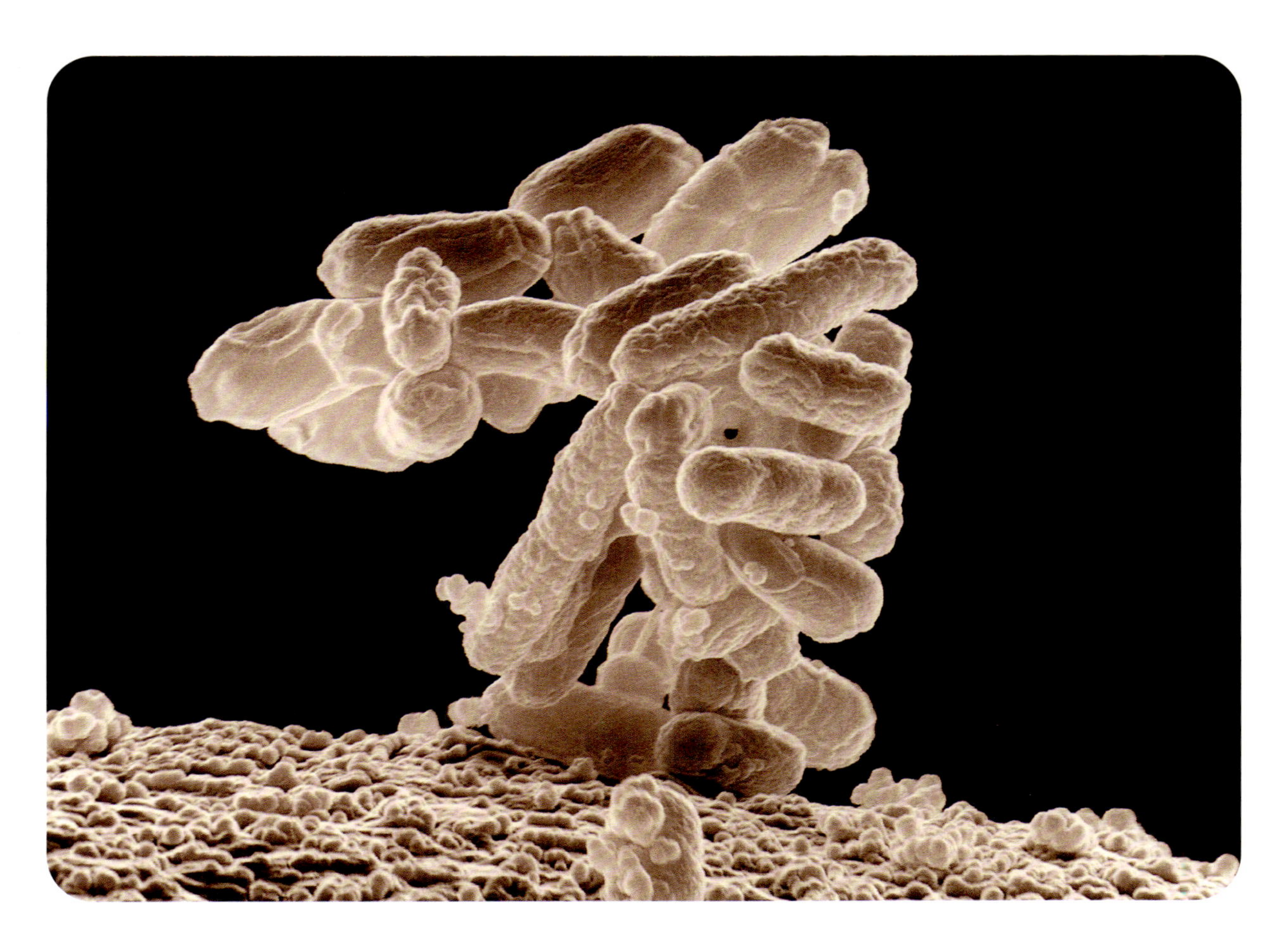

Zwar hat das Darmbakterium *Escherichia coli* kein Gehirn, aber sein Rüstzeug für die Reaktion auf Reize aus der Umwelt ist auch in unseren Nervenzellen zu finden. Einzeller und Körperzelle besitzen spezifische Signalstoffe.

das Licht? – Ohne zu wissen, aus welcher Richtung diese Reize stammen, könnten wir ebendiese und damit uns selbst nicht in der Welt verorten. Eigenschaften, die wir mit den Würmern teilen.

Wege zur Weltformel

Diese Reaktionen auf Reize aus der Umgebung zählten mit zu den ersten Aufgaben überhaupt, die die Nerven unserer Vorfahren meistern mussten. Aber weder die Nervenstränge der Würmer noch die Nervenzellen der Quallen sind ursprünglich genug, um an ihnen die Geburtsstunde zu unserer grundsätzlichen Fähigkeit abzulesen, mit der Umwelt mittels unserer Nervenverbindungen Kontakt aufzunehmen. Springen wir deshalb noch einmal in die wirklich sehr weit entfernte Zeit unseres »Montags-Untiers« aus dem Augen-Kapitel. Hier treffen wir auf jene Verwandte, die noch kein Gehirn, ja nicht einmal Nervenzellen besitzen und dennoch so etwas wie die Wegbereiter Albert Einsteins waren.

An sich müssen wir für diese letzte Zeitreise gar keine großen Sprünge mehr machen, denn ein Prototyp dieser Urverwandten ist ein ständiger Begleiter in unserem Körper, das Bakterium *Escherichia coli*. In diesem Moment des Lesens sorgt es millionenfach im Darm als Untermieter fleißig für die Produktion von Vitamin K. Was aber haben wir in Sachen Gehirn nun mit diesem Bakterium gemeinsam? Mit einer simplen Addition schon würde sich *E. coli* sicher schwertun, aber in der Zellwand dieses Organismus sitzen Empfangsmoleküle, die in der Lage sind, beispielsweise Nahrung von Giften zu unterscheiden. Diese Moleküle sind so etwas wie die Vorläufer unserer Sinneszellen. Wenn die Bakterien etwa mit einem für sie schädlichen Auslöser konfrontiert werden, schütten sie Stoffe aus, die *Escherichia coli* und seine benachbarten Darm-Kollegen zur Flucht animieren. Eine Art Warnsignal für die gesamte Mikrobenkolonie. Und genau dieses Prinzip der Signalübertragung von Bakterie zu Bakterie gibt es auch beim Zusammenspiel unserer Nervenzellen und sorgt hier ebenfalls für die Übertragung von Reizen von Zelle zu Zelle. Mit der auf die große Zeit der Bakterien folgenden Entstehung von Vielzellern konnten die Funktionen der Signalübertragung auf bestimmte Bereiche verlagert und von spezialisierten Zellen übernommen werden – dies war die Geburtsstunde der Nervenzellen. Sie haben nur eine Aufgabe: die Verarbeitung und Weiterleitung von Informationen.

Auch die sogenannten Neurotransmitter, also jene Stoffe, die unsere Nervenzellen überhaupt erst dazu befähigen, ein Signal weiterzugeben, entstammen den Urzeiten, als Bakterien sozusagen die klügsten Geschöpfe auf Erden waren. Zwar haben sich diese Transmitter im Laufe der Evolution immer weiter spezialisiert, aber beschäftigen wir uns hier nur mit dem wichtigsten namens *Acetylcholin*, so lässt er sich in den verschiedensten Tiergruppen ebenso selbstverständlich nachweisen wie in unserem Körper. Es besteht also kein Zweifel: Ein Großteil der grundlegenden Chemie des Gehirns, unseres Handelns, Denkens und unserer Gefühle verdanken wir den Frühzeiten unserer tierischen Vergangenheit. Ohne die Evolution vom Einzeller zum Zweibeiner gäbe es keine Relativitätstheorie.

Damit sind wir an der tiefsten Stelle unserer Gehirnreise und den kleinsten Bauteilen unseres Denkapparats angelangt, dem einzelnen Neuron. Dieser fantastische und hoch spezialisierte Zelltyp führte unsere vielzelligen tierischen Ahnen durch die Erdgeschichte an Land und den Werkzeugmacher aus dem Tierreich in unsere abstrakte Welt der Zahlen und Buchstaben hinein. Aber die kleinen grauen Zellen sind nicht nur die Grundsubstanz all unserer geistigen Fähigkeiten, über sie sind wir überhaupt erst mit den diversen Reizen der Außenwelt verbunden, wie wir zu Beginn unserer Gehirn-Expedition mit Blick auf die Augen erfahren haben. Auch wenn wir über unsere Haut streichen, so sind bei diesem simplen Akt bereits Tausende Nervenzellen im Einsatz. Und dieses kleine Experiment nun führt uns hinein in die nächste Etappe unserer gemeinsamen Körperreise, zum größten Organ des Menschen.

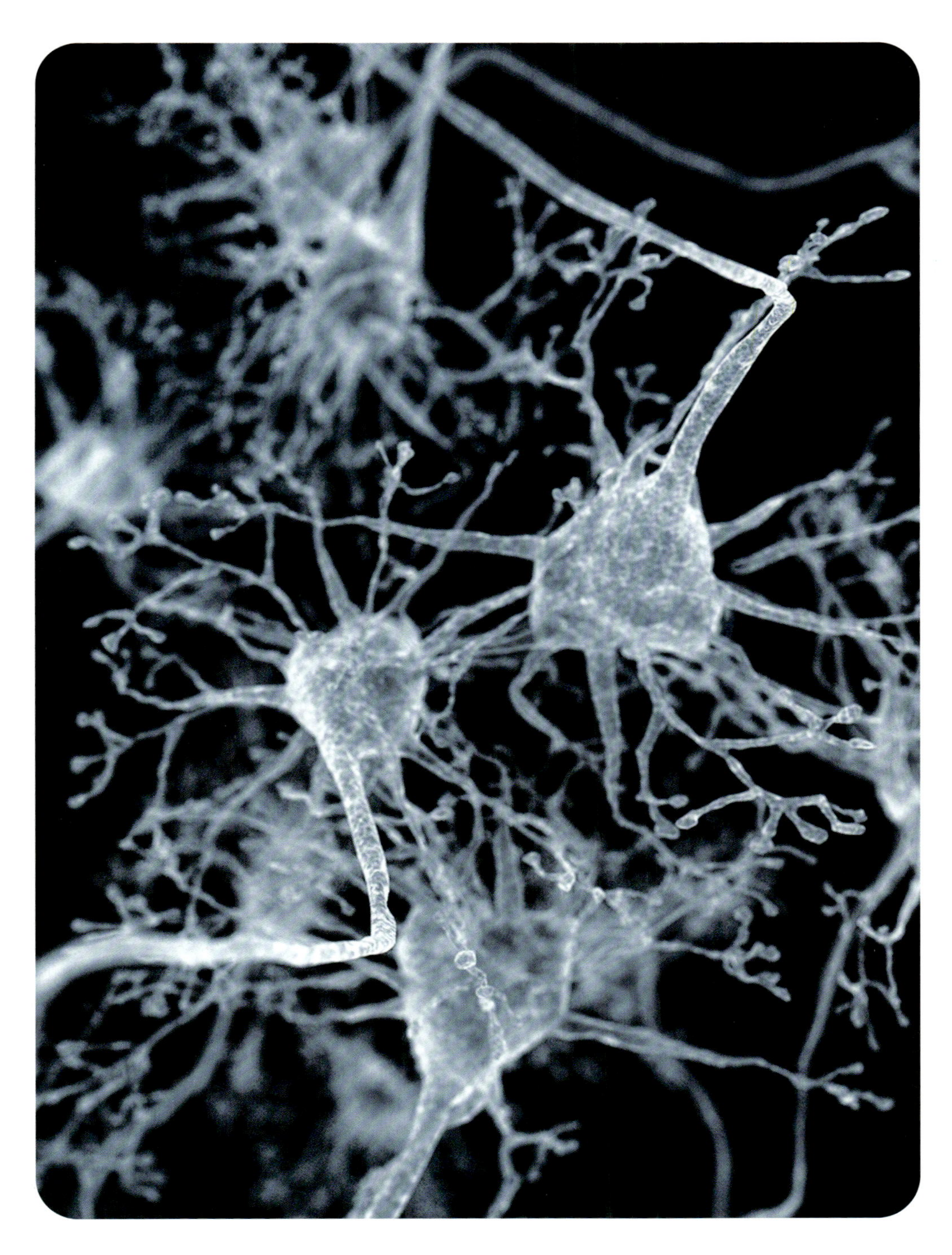

Neuronen sind die kleinsten Einheiten des Nervensystems bei Tier und Mensch, eine Art »Einzeller« des Gehirns.

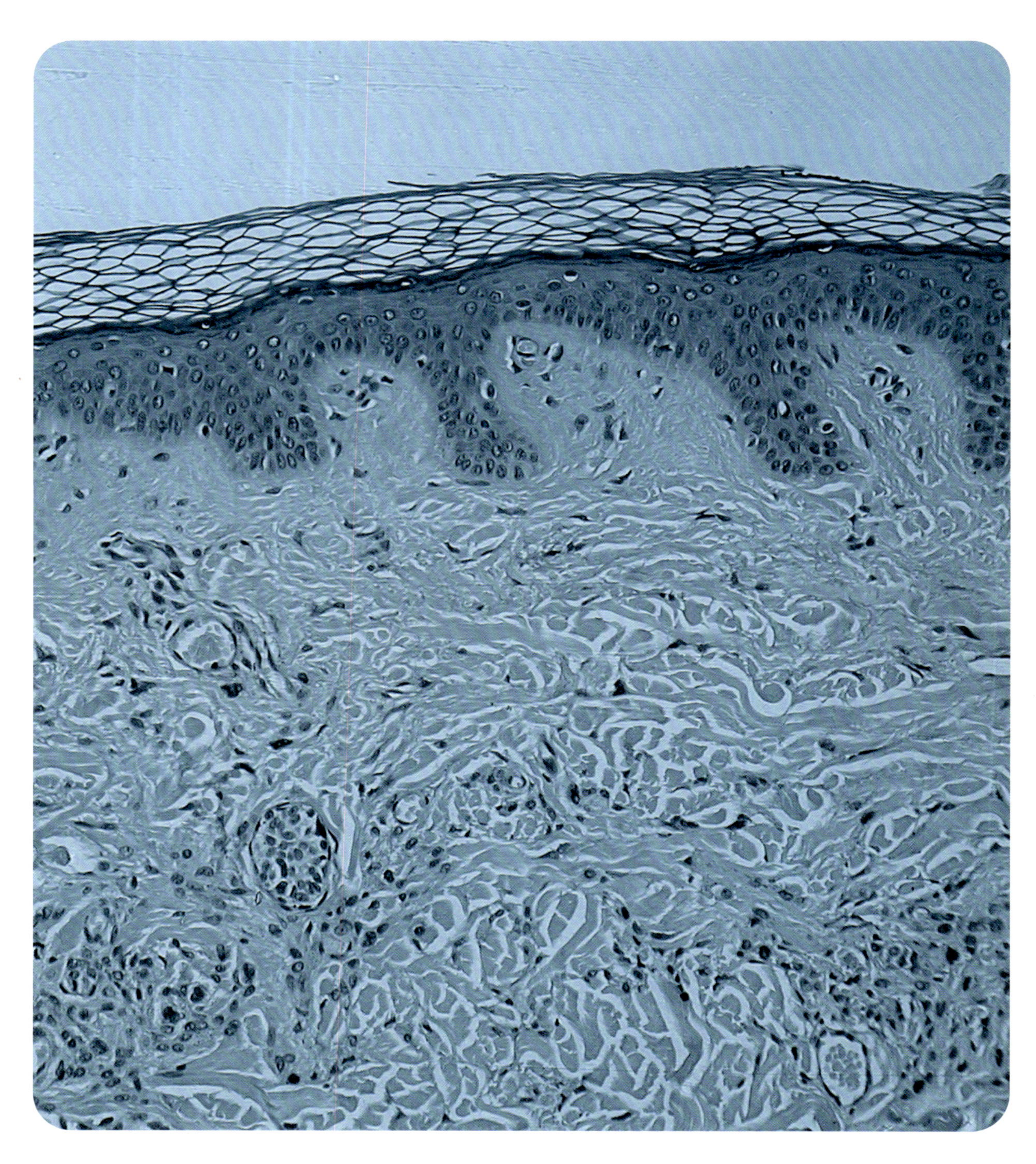

Die Haut ist das größte Organ unseres Körpers, ein wichtiger Teil unserer Identität und eine mehrschichtige Grenze, in der Milliarden Jahre Vergangenheit stecken.

Mehr als Hülle

Das Tier in Haut und Haaren

Ohne die rund eineinhalb bis zwei Quadratmeter Haut, jene Grenzschicht, die immerhin gut ein Sechstel unseres gesamten Gewichts ausmacht, ohne dieses größte und vielseitigste Organ unseres Körpers geht gar nichts. Durch die Haut erst werden wir in die Lage versetzt, mit der Außenwelt in Kontakt zu treten, wir *sind* in unserer Haut. Sie schützt uns vor Strahlung, vor Kälte, Hitze, Trockenheit und lästigen Plagegeistern; sie spielt eine wesentliche Rolle für unseren Vitaminhaushalt und produziert ebenso wunderbare wie – zugegeben – auch weniger wunderbare Gerüche.

Unsere Haut ist weit mehr als nur eine Hülle und alles andere als ein Organ unter anderen. Sie ist ein Abbild unserer Persönlichkeit. Ihre Temperatur, Farbe und Textur, Falten und Narben, all das sind sichtbare Ausweise unserer Identität, unserer Abstammung, unseres bisherigen Lebensweges und Lebenswandels. Hinzu kommen die sogenannten Hautanhangsgebilde wie Brustdrüsen, Haare, Nägel oder die Federn und Schuppen aus der tierischen Verwandtschaft, die allesamt ebenfalls ganz wesentliche Funktionen erfüllen und das äußere Erscheinungsbild jedes Individuums auf Erden maßgeblich prägen. Kurzum, die Haut ist ein ebenso unverzichtbares wie geniales Universalpatent der Evolution.

Was vor über drei Milliarden Jahren als mikroskopisch dünne Schutzschicht für den Reaktionsraum ursprünglicher Stoffwechselprozesse unserer einzelligen Urahnen seinen hauchzarten Anfang nahm, umkleidet in seiner x-ten Abwandlung als mehrschichtiges und überaus widerstandsfähiges Epithel die komplexe Physiologie des menschlichen Körpers. Sie ist ein lebendes Archiv von Funktionen, mit denen unsere Vorfahren auf die jeweiligen Anforderungen aus der Umwelt reagierten und gleichzeitig alle von dort kommenden Reize über die Haut aufnahmen und verarbeiteten. Im Lauf der Zeit kamen zu den bestehenden Aufgaben immer neue und wieder neue hinzu, und doch sind viele »Haut-Erfindungen« der Erdgeschichte noch immer in unserer Haut aktiv.

Eine Haut namens Leder

Beginnen wir unsere Expedition durch die Geschichte dieses wirklich bemerkenswerten Teils unseres Körpers mit einem kleinen Selbstversuch: Man nehme die Haut des Handrückens mit Daumen und Zeigefinger der anderen Hand in die Zange und verschiebe sie leicht. Sofort fällt auf, dass sie sehr flexibel und gleichzeitig sehr fest ist. Diese dynamische Stabilität geht im Wesentlichen auf die Dermis zurück, auch »Lederhaut« genannt. Genau genommen ist dies eine weniger nette Bezeichnung, denn sie stammt, wie der Name schon sagt, aus der Möglichkeit, dass sich aus ebendieser Hautschicht durch den Prozess des Gerbens Leder herstellen lässt. Ohne uns weiter in verbale Spitzfindigkeiten zu vertiefen, sollten wir an dieser Stelle stattdessen folgende Erkenntnis über die Lederhaut in unser Gepäck aufnehmen: Geerbt haben wir sie von unseren Fischverwandten.

Beim Anblick eines Fisches denkt man sicherlich nicht zwangsläufig an Leder, Gürtel, Portemonnaies oder Schuhe, und doch gibt es für die industrielle Verarbeitung von Fischhaut tatsächlich einen Markt. Suchmaschinen-Tipp: Fischleder. Wozu aber wurde diese zähe und flexible Lederhaut in das Haus der Natur von Mutter Evolution überhaupt eingebracht? Reisen wir für die Suche nach einer Antwort unter die Oberfläche der Ozeane des Erdaltertums, in denen Fische die am höchsten organisierten Vorfahren des Menschen waren.

Die Wofür-Frage in puncto Lederhaut lässt sich mit der uns mittlerweile allzu bekannten Standardantwort klären: Für das Überleben! – wir erinnern uns an den sadistisch anmutenden Evolutionsslogan »Fressen und gefressen werden«. Die Haut musste den schnellen Raubfisch optimal kleiden und gleichzeitig Schutz vor Angreifern bieten können. Die Lederhaut war eine von mehreren Möglichkeiten, diesen Zweck zu erfüllen, was uns aber nicht darüber hinwegtäuschen sollte, dass es durchaus auch handfeste Alternativen zur Dermis gab. Betrachten wir etwa die neben unseren direkten Fischvorfahren damals auftretende Gruppe der Panzerfische. Sie macht schon im Namen deutlich, worum es damals bei der Haut ging –, nämlich um den äußeren Schutz vor ebenso hungrigen wie bissigen Nachbarn. Das Markenzeichen dieser Fische war eine Panzerhaut aus starren Knochenplatten. Doch gerade dieses Konstruktionsprinzip ist dafür mitverantwortlich, dass diese Gruppe von Fischen trotz, oder sagen wir besser, wegen ihrer Panzerung relativ bald wieder ausstarb. Und das, obwohl sie vor fast 400 Millionen Jahren einen der vermutlich fürchterlichsten Raubfische hervorbrachte, den die Bewohner der Ozeane jemals gesehen haben. *Dunkleosteus* haben ihn die Forscher getauft.

Der mindestens sechs Meter lange Räuber machte bereits unbegreifbar lange vor dem Weißen Hai die Meere unsicher. Dennoch war er samt seiner Familie mit ihren zusätzlichen Panzerplatten vermutlich wesentlich schwerfälliger als jene Fische, die Wissenschaftler heute als die »Lederhautvorfahren« des Menschen ansehen. Ein entscheidender Punkt: Die vergleichsweise leichte und dennoch stabile Hülle unserer Ahnen verhalf ihnen trotz einer relativen Bissfestigkeit zu einer enormen Flexibilität des gesamten Körpers. So waren die unter der Haut liegenden Muskeln, Knochen und Organe geschützt und hatten gleichzeitig maximale Bewegungsfrei-

Das Haus namens Haut wurde in Millionen von Jahren immer weiter ausgebaut, während manche der alten Zimmer aus vergangenen Bauphasen bis heute nahezu unverändert in Funktion blieben.

Die Lederhaut verdanken wir Fischverwandten, die vor über 500 Millionen Jahren im Urmeer lebten.

heit. Eine nützliche Sache, ob damals auf der Flucht vor gefräßigen Feinden wie *Dunkleosteus* oder heute etwa auf dem Fußballplatz. Soll heißen: Zwischen den Lebensbedingungen eines Urmeerbewohners und eines Sportlers steckten zwar noch unendlich viele Bewährungsproben für die Lederhaut, aber ihre damals entstandenen Eigenschaften machen sie bis heute zu einem Erfolgsrezept. Dem Fisch in uns sei Dank.

Suchen wir weiter nach dem Fisch in unserer Haut. Ob Lachs oder Scholle, einen lebenden Fisch in der Hand zu halten, ist nicht selten ein ziemlich glitschiges Unterfangen. Verantwortlich dafür ist die Epidermis, auch Oberhaut genannt. Sie liegt über der uns bereits bekannten Lederhaut. Auch die Epidermis findet sich in vielerlei Ausprägung in der Haut von Wirbeltieren, also auch bei uns. Bei Fischen ist die Epidermis allerdings eher von schleimigem Charakter und beim Menschen in aller Regel eher spröde und trocken. Aber funktionell hat die Epidermis auch außerhalb des Wassers zunächst ihre Aufgaben aus dem Urmeer beibehalten, etwa als äußerer Schutzschild vor Infektionen oder Parasiten. Diese Eigenschaft der Epidermis verbindet unsere Haut mit der eines schleimigen Fisches.

Doch wir verdanken dem Fisch in unserer Haut noch mehr. Stichwort Farbe. Unsere Faszination gegenüber der bunten Pracht der Schuppenkleider von Fischen füllt bekanntlich Millionen Aquarien in aller Welt. Natürlich kann unsere Haut mit dieser Farbpalette hinter Glas nicht im Ansatz mithalten, und doch führen uns Regenbogenfisch, Prachtschmerle und Tausende andere Arten in ihrer Epidermis jenes Patent der Evolution vor Augen, auf das auch unsere Hautfarbe zurückgeht. Und auch unsere Vorfahren trugen, als sie noch Fische waren, in ihrer Haut bereits Pigmente, also Farbstoffe. Einer davon, das Melanin, hat sich bei vielen Tierarten zum Beispiel als Schutz vor zu intensiver Strahlung durch die Sonne durchgesetzt und ist demnach auch bei uns zu finden. Entstanden ist unsere Hautfarbe als Reaktion auf die UV-Strahlung der Sonne. Für Mensch und Tier gilt gleichermaßen:

Der Panzerfisch *Dunkleosteus* war ein hungriger Geselle, der wohl auch unseren Fischahnen in den Ur-Ozeanen nachstellte.

Die Hautfarbe des Menschen stammt aus dem Meer. Mit der Einlagerung von Melanin legten unsere Fischurahnen den Grundstein für Urlaubsbräune und Büroblässe.

Dunkle Haut enthält viel Melanin, helle Haut weniger. Durch ein Sonnenbad wird die Haut bekanntlich dunkler, der Melaninanteil erhöht sich. Dieser Effekt ist namensstiftend für Begriffe wie »Urlaubsbräune« oder »Büroblässe«. Warum aber kann unsere Haut überhaupt ihre Farbe verändern? Und warum gibt es beim Menschen eigentlich helle und dunkle Haut? Verantwortlich dafür ist vermutlich die Fähigkeit unserer Haut, unter dem Einfluss von Sonnenlicht Vitamin D zu produzieren, das etwa für das Zellwachstum und den Knochenaufbau enorm wichtig ist. Dies gelingt besonders dann, wenn die benötigte UV-Strahlung nicht durch den natürlichen Lichtschutz namens Melanin zurückgehalten wird, also blass ist. Doch dadurch kann mehr gefährliche Strahlung in die Haut eindringen. Sie ist also einem Dilemma ausgesetzt: Einerseits benötigt unsere Haut das Melanin, weil die einstigen Schuppen oder ein Fell sie nicht mehr vor der Strahlung schützen, andererseits verhindert das Farbpigment die Vitaminproduktion.

Damit haben wir die beiden obersten Schichten der menschlichen Haut bereits durchwandert. Fassen wir zusammen: Ober- und Lederhaut bildeten sich im Erdaltertum bei unseren Fischverwandten des Urmeeres, und daraus entwickelten sich schon damals die unterschiedlichsten Ausprägungen einer Außenhülle der Wirbeltiere. Nun sind

Das Sonnen-Vitamin

In Regionen mit hoher UV-Strahlung ist die Haut mit mehr Melanin ausgestattet – sie ist dunkler – je näher aber die Menschen an den Polen leben, umso heller ist die Haut, damit trotz geringer Sonnenbestrahlung genügend Vitamin D produziert werden kann. Doch im Zeitalter der Globalisierung verteilen sich dunkel- wie hellhäutige Menschen rund um den Erdball, ungeachtet der Sonnenbestrahlung. Dies hat zur Folge, dass etwa in Australien unter der hellhäutigeren Bevölkerung die Hautkrebsrate höher liegt als bei den Ureinwohnern. Menschen afrikanischer Herkunft dagegen leiden etwa in Nordamerika oder Europa schneller an Vitaminmangel, als ihre hellhäutigen Mitbürger. Laut Schätzungen gehen jährlich Zehntausende Todesfälle in den USA und Kanada auf diese Unterversorgung zurück. Daher werden dort Lebensmittel mit Vitamin D angereichert. Das Beispiel zeigt zum einen, wie sehr die Mechanismen der Evolution unsere Welt bestimmen, und dass Haut weit mehr als eine Hülle ist.

wir aber keine Fische, und unsere Haut ist auch nicht – oder sagen wir besser – nicht mehr glitschig wie die unserer schwimmenden Urverwandten. Deshalb stellt sich die Frage, welchen Wandel die Haut durchlief, um so zu werden, wie wir sie Tag für Tag herumtragen.

Kleine Schritte – großer Sprung

Dazu tauchen wir zunächst in die Lebensbedingungen des Oberdevon ein, als unsere Fischahnen das Wasser zumindest dann und wann verließen, um sich am Lebensmodell »Landlebewesen« zu erproben. Was war das für eine Welt? Abbildungen, die versuchen, uns den Schritt der damaligen Wirbeltiere auf das Trockene anschaulich zu machen, kommen nicht ohne *Ichthyostega*, *Acanthostega* oder auch *Tiktaalik* aus, die wir etwas später noch genauer kennenlernen werden. Diese immerhin bis zu drei Meter langen Tiere, die wie Kreuzungen aus einem Fisch und einem Schwanzlurch aussahen, belebten vor rund 370 Millionen Jahren die Flachwasserzonen und Sümpfe jener Zeit, die durch eine üppige Ufervegetation gekennzeichnet waren. Die Flachmeere des Devon waren voller Gefahren, was die Paläontologen zu der Vermutung bringt, dass weniger die Neugier als vielmehr die Notwendigkeit, dem sogenannten »Fraßdruck« im Wasser aus dem Wege zu gehen, unsere Ahnen aus den Urmeeren auf das Land trieb. Doch dieser große Sprung in der Lebensweise unserer Urverwandten war alles andere als ein kleiner Schritt. Obwohl die beiden Medien Luft und Wasser nur einen Steinwurf voneinander getrennt sind, unterscheiden sich die Existenzbedingungen in diesen Lebensräumen völlig.

Auch wenn die Haut des Menschen nicht so bunt ist wie dieses Schuppenkleid eines Siamesischen Kampffisches, der Grundstein zu ihrer Farbigkeit wurde bei unseren Fischahnen gelegt.

Zu den erleichterten Bedingungen der Herausforderung »Landgang« zählte, dass die Eroberung des Festlands eben nicht von jetzt auf gleich erfolgte, sondern sich über viele Millionen Jahre erstreckte. Und so kam es, dass sich aus Fischarten, die nur kurz mal eben über Wasser schauten, viele Generationen später Arten mit Flossen entwickelten. Flossen, auf denen die Tiere im Flachwasser schon recht gut stehen konnten und sich dann irgendwann sogar trauten, an Land umherzuhoppeln. Dass dies keine bloße Theorie zur Verwandlung

Obwohl sie Fische sind, können sich Schlammspringer eine ganze Weile an Land aufhalten, um etwa dort zu fressen. Ihre Haut ist dabei denselben Herausforderungen ausgesetzt wie die Außenhülle unserer Ahnen, als sie den Ur-Ozean verließen.

unserer Fischvorfahren in Landwirbeltiere ist, sondern vielmehr eine bis in unsere Gegenwart praktizierte Lebensweise darstellt, zeigt die höchst erstaunliche Gruppe der Schlammspringer. Diese Fische gehen die meiste Zeit ihres Lebens in den Gezeitenzonen der Mangrovenwälder von Westafrika bis Australien und Samoa auf Beutezug an Land, sind aber noch immer auf das Wasser angewiesen. Und ähnlich wie diese Geschöpfe könnten auch unsere Verwandten einst den Weg an Land angetreten haben.

Folgenreiche Dünnhäutigkeit

Die Haut der Schlammspringer ist durch eine Fähigkeit charakterisiert, die beim auf die Fische folgenden Lebensmodell »Amphibie« als eine Art Basispaket verstärkt aufkam und womöglich auch unsere direkten Vorfahren auszeichnete: die Hautatmung, also die direkte Aufnahme von Sauerstoff über die äußere Oberfläche. Ein Teil des benötigten Sauerstoffs nimmt auch der Schlammspringer auf diese Weise auf. Die schuppige, von Schleim überzogene Epidermis der meisten Fische war dazu eher ungeeignet und musste demnach umgestaltet werden. Dies ist nur eines von vielen Beispielen, die zeigen, dass es die gute alte Evolution also gar nicht leicht hatte, um die Haut von Fischen in Lurchhaut zu verwandeln. Zum Zweck der Hautatmung musste die Körperhülle unserer Ahnen unter anderem mit einem dichten Netz von Blutgefäßen durchzogen werden, das den Sauerstoff aus der Umgebung über die Haut aufnahm.

Dieses Kapillarnetz liegt bei Amphibien zwischen der Dermis und der darunterliegenden Unterhaut, auch Subcutis genannt. Und mit ihr sind wir neben Dermis und Epidermis bei einem weiteren Element dieses Universal-Organs und der Amphibie in unserer Haut angelangt. Bei uns Menschen findet der Gasaustausch des Körpers – die Atmung – die Haut von darunterliegenden Gewebearten wie der Muskulatur trennt. Und jedes Mal, wenn sich die Durchblutung unserer Haut ändert, ob durch Gefühle von kaltem Hass bis zu glühender Liebe, durch Scham oder auch durch Kälte und Hitze, dann macht sich die Unterhaut durch eine unübersehbare Rotfärbung unmissverständlich bemerkbar.

Die Körperoberfläche von Amphibien muss in gleich zwei Welten funktionieren. Im Wasser muss die Haut möglichst so schlüpfrig wie die eines Fisches sein, um dort durch einen geringen Strömungswiderstand ein schnelles Vorankommen – wir können auch von Flucht sprechen – zu gewährleisten. An Land dagegen muss sie gegen UV-Strahlung, Austrocknung und vor allem gegen den direkten Angriff von Feinden

Als das Leben den großen Schritt vom Urmeer auf das Land wagte, stand die Evolution aus Sicht eines Ingenieurs vor dem großen Problem, gleich eine ganze Reihe von Organen auf einmal umbauen zu müssen.

zwar nur noch zu einem Anteil von rund einem Prozent über die Haut statt, denn wir besitzen als ausgewachsene Landtiere ja schließlich den sehr gut funktionierenden Gastauscher namens Lunge. Das grundsätzliche Bauprinzip des Stoffaustauschs unserer Haut aber stammt aus Amphibientagen.

Am besten lernen wir die Subcutis oder Unterhaut kennen, indem wir nochmals den kleinen Versuch wiederholen, die Haut des Handrückens zu verschieben. Dieses Verschieben gelingt nämlich nur durch das glatte, mit Fettzellen durchsetzte Gewebe der Subcutis, das schützen, denn an Land ist kaum eine Amphibie – ausgenommen Springfrösche und Verwandte – so flink wie im Wasser, um dort einem hungrigen Angreifer zu entkommen. Und mit dieser Anforderung, Feinden standhalten zu können, sind wir bei einer weiteren Eigenart der Amphibienhaut, die auch in uns – wenngleich etwas abgewandelt – zu finden ist. Für die Abwehr von Feinden entwickelten sie nämlich hoch effektive Giftdrüsen als einen weiteren Umbau in der einstigen Fischhaut. Man denke nur an die Pfeilgiftfrösche, deren Hautgifte zu den tödlichsten Substanzen im gesamten Tierreich zählen. Diese Gifte dienen vor allem der Abwehr von Mikroorganismen und Pilzen, die sich nur zu gern auf der feuchten Haut breitmachen würden.

Die Drüsen der menschlichen Haut haben glücklicherweise keine direkte Entsprechung mehr mit diesen tödlichen Waffen der Amphibien, und dennoch produziert auch unsere Haut über die Schweißdrüsen einen Eiweißstoff namens *Dermcidin*, der die Eigenschaft hat, Bakterien abzutöten. Ein natürliches Antibiotikum, das den Säureschutzmantel unserer Haut unterstützt. Hätten unsere Ahnen nicht eine Zeit lang Amphibienhaut getragen, wäre das wohl undenkbar.

Doch so erfolgreich die Hautumbauten der Amphibien waren, so scheint es fast, als ob unsere Vorfahren nicht allzu lange in der Haut eines Froschverwandten stecken mochten, denn kaum 50 Millionen Jahre nach dem Aufkommen der Amphibien schlüpften unsere Ahnen bereits schon wieder in die Hülle einer anderen großen Tiergruppe, die ähnlich wie zuvor schon die Fische nun für Hunderte von Millionen Jahren die beherrschende Wirbeltierform auf unserem Planeten werden sollte: die Reptilien. Sie übernahmen das Staffelholz von den Amphibien, kaum dass es diese von den Fischen erhalten hatten, und trugen es endgültig an Land, um für über 250 Millionen Jahre den Planeten zu beherrschen. Der Grund für diesen einzigartigen Langstreckenerfolg in der Erdgeschichte liegt sicher auch in der Beschaffenheit der Reptilienhaut, die wir gleich noch näher kennenlernen werden. Ihre unmittelbaren Wirbeltiervorfahren, die Amphibien, waren wohl deshalb nur für eine kurze Phase der Erdgeschichte die höchstentwickelte Tiergruppe, da sie zwar dem Urmeer erfolgreich entstiegen waren, sie ihren Körper aber nicht ausreichend gegen Sonnenstrahlung und Austrocknung schützen konnten. Sagen wir es so: Amphibien saßen und sitzen zwischen den Stühlen. Das Urmeer beherrschten die Fische, das Land aber war einfach auch noch nicht ganz das Richtige für sie. Bis zum heutigen Tag ist daher das Wasser zwingend notwendiger Zweitwohnsitz von Salamandern, Fröschen, Unken, Kröten – und wie sie alle

Rote Lippen – ein Erbe aus Amphibientagen

So viele Ursachen ein rotes Gesicht auch haben kann, wir verdanken es dem dichten Netz aus Blutgefäßen, das in der Subcutis wurzelt und das sich bis in die Lederhaut erstreckt. Erst durch den geringen Abstand der Blutgefäße zur Hautoberfläche wird sichtbar, wenn sie sich mit Blut füllen oder entleeren, wir also rot oder blass werden. Und auch rote Lippen wären ohne das unter der Haut verlaufende Netz aus Adern nicht denkbar. Ein verblüffender Zusammenhang: Das Patent der Hautatmung unserer Amphibienahnen ist der Grund für die farblichen Ausdruckskomponenten diverser Gemütslagen des Menschen.

heißen mögen – geblieben. Denn unterhalb einer bestimmten Feuchtigkeitsgrenze sieht die Haut von Amphibien eben schnell alt aus. Diese Verrunzelung hat bei unseren tierischen Verwandten eine lebensbedrohliche Austrocknung des gesamten Körpers zur Folge. Um dem zu entgehen, müssen sich die allermeisten Lurche daher ein Leben lang in der Nähe von Gewässern aufhalten, die ihnen genügend Feuchtigkeit spenden. Diese Feuchtigkeit nehmen Amphibien mit der Haut auf. Ein Frosch trinkt nicht, er tankt die notwendige Flüssigkeit unter Wasser über die Hautoberfläche und kann sie dann in speziellen Lymphsäcken speichern. Unsere Haut trocknet bekanntlich außerhalb des Wassers nicht aus. Und genau diese Fähigkeit verdanken wir dem Reptil in unserer Haut. Was aber passierte damals mit ihrer Haut, als unsere tierischen Vorfahren dem Wasser als Lebensraum den Rücken kehren konnten, sich also von der Amphibie zum Reptil wandelten?

Multitalent Keratin

Mit dieser Frage hat uns die Neugier durch Epidermis, Dermis und Subcutis in die Vergangenheit unserer Ahnen vor etwa 315 Millionen Jahren getrieben, als neben den Amphibien die ersten Reptilien auf die Bildfläche traten. Ähnlich heutiger Eidechsen huschten sie damals über Stock und Stein. Je stärker die Sonne ihre Umgebung aufwärmte, umso flinker jagten sie vermutlich genau wie

Ein tödliches Gift schützt diesen Pfeilgiftfrosch vor Parasitenbefall. Auch die Haut des Menschen produziert eine antibakterielle Substanz – ein Erbe unserer Amphibienahnen.

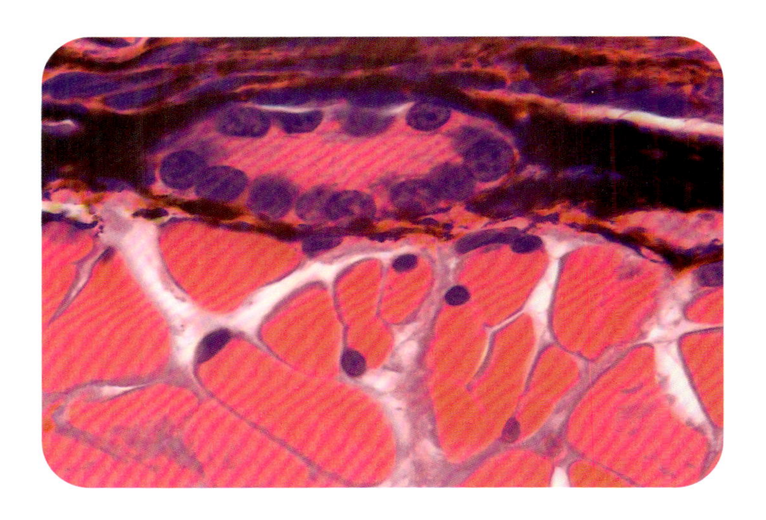

Die in der Haut von Amphibien eingelagerten Drüsen stellen eine Art Prototyp unserer Talg-, Schweiß- und Milchdrüsen dar.

Neben unseren Schweißdrüsen gehen auch die Ursprünge der Milch- und Talgdrüsen auf die besondere Hautanatomie der Amphibien zurück. Ein wichtiger Schritt auf dem Weg zum Säugetier.

heute Insekten und anderem Getier hinterher. Dieser von der Kraft der Sonne abhängigen Lebensweise verdanken wir Menschen, dass unsere Haut heute genau wie bei einem Reptil weit besser vor Austrocknung geschützt ist, als die eines Frosches oder eines Salamanders. Der Grund dafür liegt in einer Eiweißverbindung. Denn ein besonderes Markenzeichen der Reptilien sind ihre Hornschuppen aus Keratin.

Genau mit diesem Bio-Patent implantierte die Evolution in der Reptilienhaut den Grundstein für die Eroberung des Landes, von der auch wir profitieren. Zugleich begann damit die unglaubliche Erfolgsgeschichte dieses vielseitigen Faserproteins. Keratin gibt dem Nashorn seinen Namen, schützt den Rücken der Schildkröten, verleiht Vögeln einen Schnabel und Federn, kleidet Igel mit Stacheln und sorgt nicht zuletzt dafür, dass Wale mit dem wohl größten Sieb im Tierreich – den Barten – kleine Krebse aus dem Meer fischen, um sie sich als Mahlzeit einverleiben zu können. Und auch bei uns Menschen ist Keratin allgegenwärtig. Es ist verantwortlich dafür, dass sich Männer – zumindest theoretisch – länger vor dem Spiegel aufhalten müssen als Frauen und lässt sie spätestens alle paar Wochen zur Schere greifen. Denn auch unsere Haare, ob im Gesicht, auf dem Kopf oder sonst wo bestehen ebenso wie unsere Fingernägel aus dieser Hornsubstanz. Keratin ist ein nachwachsender Rohstoff des Körpers, leicht, biegsam, extrem belastungsfähig und zudem wasserundurchlässig.

Die besonderen Eigenschaften des Keratins führen uns direkt zum Reptil in unserer Haut. Seitdem unsere Reptilienvorfahren gegen Ende des Erdaltertums über Stock und Stein huschten, um etwa Libellen mit der Körpergröße von Modellflugzeugen nachzujagen, konnte die Mittagssonne ihrer Haut kaum mehr etwas anhaben, sondern diente im Gegenteil über ihre Wärmestrahlung als Energiespender. Anders als bei den amphibischen Vorfahren war die Reptilienhaut mit einer Hornschicht aus Keratin versiegelt und bildete damit fortan einen genialen Verdunstungsschutz des Körpers. Doch wir sollten uns davor hüten, aufgrund des Keratin-Tricks der Reptilien ihre Vorfahren als die Verlierer des Landgangs abzustempeln. Denn die Wurzeln der Einlagerung von Keratin liegen vermutlich in den leicht verhornten Schwielen an den Füßen der frühen Amphibien, die sich dort als Schutz ge-

Reptilienhaut kann Trockenheit nichts anhaben, sie besitzt mit der Hornsubstanz Keratin einen guten Verdunstungsschutz, der auch in unserer Haut zu finden ist.

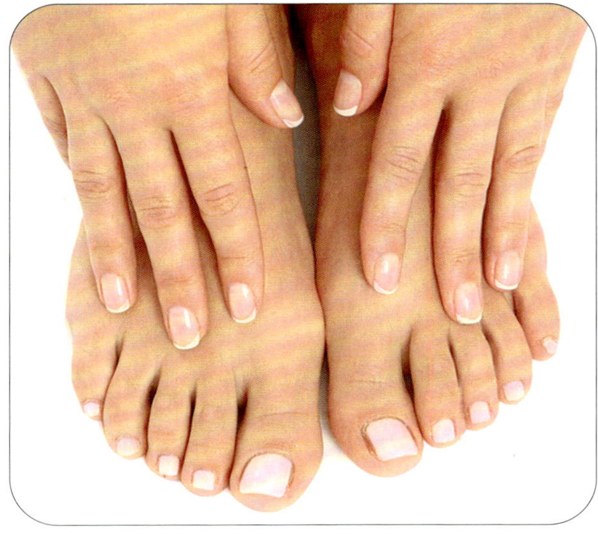

Haare, Fuß- und Fingernägel bestehen aus Keratin. Die Einlagerung dieses Faserproteins in unseren Körper geht auf die Reptilienvergangenheit unserer Ahnen zurück.

gen starke Abnutzung der Haut entwickelt hatten. Forscher nehmen sogar an, dass dieser grundsätzliche Mechanismus, an beanspruchten Stellen eine sich wieder erneuernde und verstärkende Hornhaut zu bilden – ob an den Innenseiten der Handflächen oder in Form von Verhornungen an unseren Zehen und Fersen – auf dieser genetisch in unserer Haut einprogrammierten Fähigkeit aus der Amphibienzeit basiert.

Aber auch jenseits von Schwielen und Schrunden findet sich Keratin in unserer Haut und schützt sie wie bei den Reptilien vor dem Austrocknen. Was also die Körperhülle einer Schlange glänzend macht, ist auch in unserer Haut zu finden. Ein ebenso ungewöhnliches wie nützliches Erbe.

Keratin wird von den Hornzellen der Oberhaut, akademisch den »Keratinozyten« der Epidermis, produziert. Diese Zellen wandern innerhalb der Haut von innen nach außen bis zur Oberfläche, ändern, während sie absterben, ihren Namen in »Korneozyten«, und diese schließlich verleihen unserer Oberhaut ihre schuppige Struktur, die bekanntlich

Keratin ist ein allgegenwärtiger Universalbaustoff der Wirbeltiere. Ob Krallen, Klauen, Hufe oder Hörner, ob Fußnägel oder Haare – mit dem Aufkommen der Reptilien ist dieser Eiweißstoff aus der Welt der Landwirbeltiere nicht mehr wegzudenken.

Diese Ringelnatter hat sich gehäutet, ihr Schuppenkleid war zu eng geworden. Auch der Mensch entledigt sich wie einst unsere Reptilienvorfahren seiner Hautschuppen, allerdings nicht als ein »Natternhemd«, sondern in Form winzig kleiner Hautschuppen, die wir permanent und unbemerkt an unsere Umwelt abgeben.

umso stärker an das Tageslicht tritt, je trockener die Hautoberfläche ist. Was aber haben diese Hautschuppen mit unserer Reptilienvergangenheit zu tun? Nun, so genial die Erfindung namens Keratin auch sein mag, durch die Verhornung werden die Zellen steif, wachsen nicht nach und sterben am Ende ab. Deshalb müssen sich Reptilien häuten, wenn sie wachsen. Sie verabschieden sich von ihrem zu eng gewordenen starren Hornschuppenkleid und schaffen so Platz für ein neues Keratin-Gewand. Bei Schlangen bleibt eine leicht durchsichtige, aus Keratin bestehende Hülle zurück, das sogenannte Natternhemd.

Aber nun zurück zum Reptil in unserer Haut: Man glaubt es kaum, aber auch der Mensch häutet sich. Natürlich legen wir kein Natternhemd ab, aber diesen Prozess kann man zum Beispiel an den allseits gefürchteten Kopfschuppen erkennen. Und mehr noch: Auch wer nicht unter Schuppen leidet, häutet sich, und zwar am gesamten Körper und rund um die Uhr.

Jeder Mensch verliert nach rund einem Monat eine gesamte Generation der Hornschuppen seiner Haut. Damit häuten wir uns genau wie die Reptilien und zudem schneller als jede Schlange.

Das Produkt der permanenten Häutung kann man übrigens mit einem zugegeben etwas zeitaufwendigen, aber dennoch sehr einprägsamem Experiment in Augenschein nehmen. Dazu könnte man etwa dieses Buch zuklappen und es für ein halbes Jahr in den Schrank stellen, ohne es weiter zu beachten. Über kurz oder lang würde sich dann nämlich auf ihm eine Staubschicht bilden und in ihr das sichtbare Erbe aus Reptilientagen ans Tageslicht treten. Denn auch wenn es unglaublich klingen mag, Hausstaub besteht zu einem ganz wesentlichen Teil aus unseren Hautschuppen.

Die Reise der Amnioten

Neben dem Alleskönner-Eiweiß Keratin war eine weitere und ganz wesentliche Entwicklung unserer tierischen Verwandten nötig, um den Lebensraum Wasser in Gestalt eines Reptils verlassen zu können. Diese Entwicklung brachte eine ganz besondere Haut hervor, die uns mit den Reptilien, Vögeln und Säugetieren unter dem biologischen Sammelbegriff »Am-

In den ersten Monaten der Entwicklung umgibt uns Menschen genauso wie Reptilien, Vögel oder andere Säugetiere das Amnion, eine Eihaut, die auch Landwirbeltieren wie dem Menschen ermöglicht, aus dem Wasser heraus ins Leben zu starten.

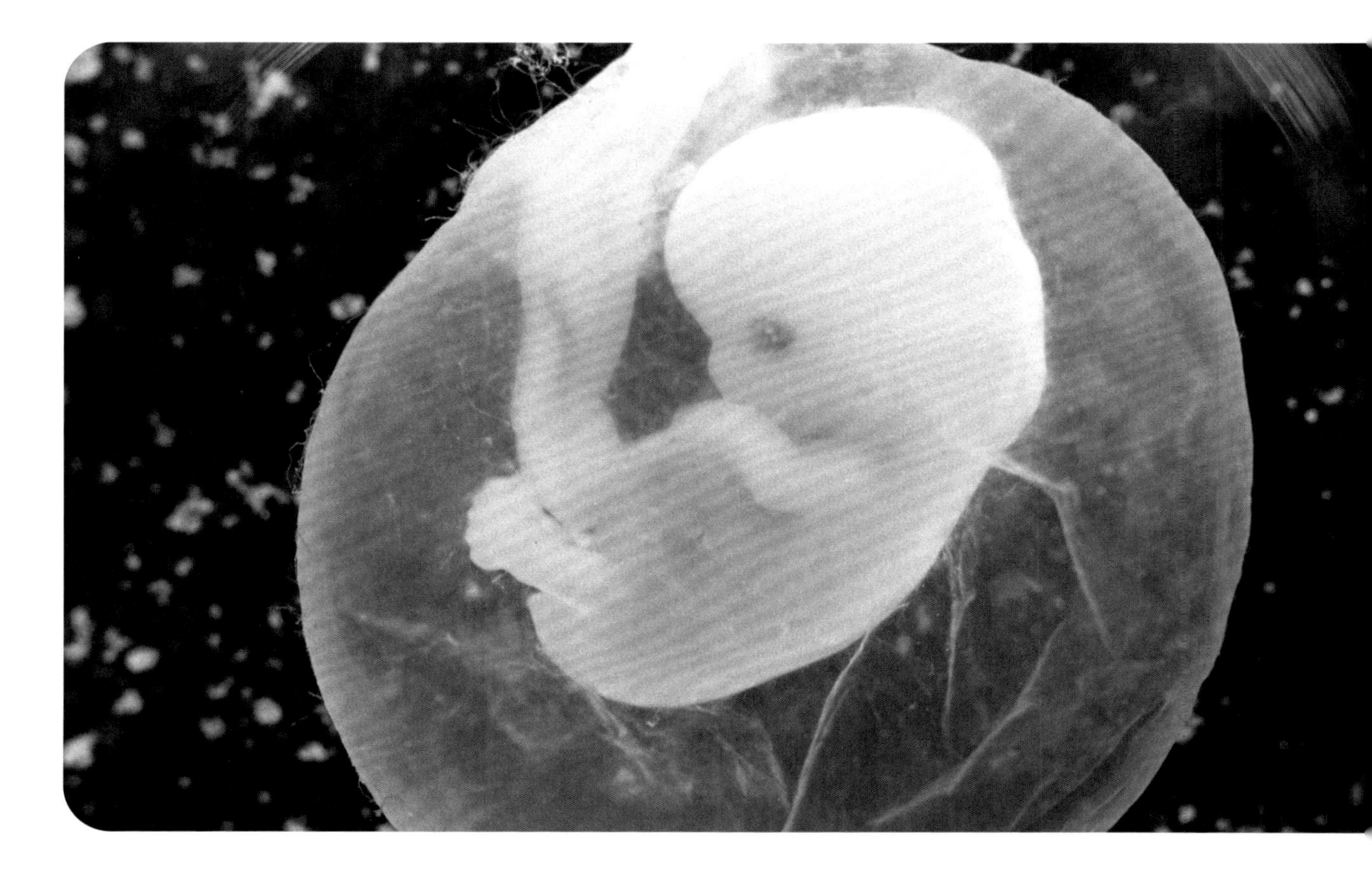

niota« verwandtschaftlich verbindet. Mit diesen Tiergruppen haben wir das körperliche Markenzeichen namens Amnion gemeinsam. Obwohl kein Mensch ohne diese absolut lebensnotwendige Haut auskommt, sucht man sie am eigenen Körper vergebens. Des Rätsels Lösung liegt noch vor unserer Geburt: Das Amnion ist eine Haut der Eihülle, die uns in den ersten Monaten unseres Lebens umgeben hat. Das Amnion-Epithel sondert in den Innenraum der Fruchtblase Flüssigkeit ab und sorgt somit dafür, dass wir uns auch außerhalb des Wassers genauso wie Fische und Amphibien in einer rundherum nassen Umwelt entwickeln können.

Wie unseren Amphibienverwandten wächst also jeder Mensch in einer mit Flüssigkeit gefüllten Hauthülle heran. In ihr konnten wir uns frei bewegen, ohne auszutrocknen – und stillten mit dem Fruchtwasser als Fötus sogar unseren ersten Durst. Es scheint, als ob wir den Ozean, in dem unsere Fischvorfahren bis heute noch leben, im Zeitalter der Reptilien einfach mit an Land genommen hätten. Für diesen Geniestreich war das Amnion der Schlüssel zum Erfolg. Offensichtlich hatte es das imaginäre Ingenieursbüro der Evolution einfacher, eine Eihaut zu kreieren, die in der Lage war, Flüssigkeit abzugeben und gleichzeitig diese als Fruchtblase zu umschließen, als die Embryonalentwicklung der Wirbeltiere komplett in die Trockenheit zu verlegen.

Massenware versus Sondermodell

Amphibien, denen das Amnion fehlt, produzieren in aller Regel möglichst viele Eier, damit wenigstens ein paar

Dass auch der Mensch nach wie vor auf den Ur-Lebensraum Wasser angewiesen ist, belegt die mit Flüssigkeit gefüllte Fruchtblase, in der jeder von uns die ersten Lebensmonate verbrachte.

Ohne Wasser kein Leben

Wie unglaublich erfolgreich das Amnion für die Evolution hin zum Menschen war, zeigt der Blick in die Kinderstube der Amphibien, die damals wie heute kein Amnion besitzen. Hier wird auf nahezu dramatische Weise deutlich, was es für einen Embryo heißt, nicht von dieser Eihaut umgeben zu sein. Die Eier von Fröschen und Salamandern bestehen wie auch bei Fischen aus einer gallertartigen Substanz, die im Wasser aufquillt und dort den Embryo einhüllt. Dieser Laich ist auf dem Trockenen nicht lange überlebensfähig, denn ihm fehlt eben die schützende Amnionhülle. Wenn das entsprechende Gewässer austrocknet, kann es daher innerhalb weniger Stunden passieren, dass der Laich zu einer unscheinbaren, tausendfach schwarz gepunkteten Masse zusammenschrumpft, wobei jeder Punkt nichts anderes als ein vertrockneter Embryo ist.

Reptilien wie diese Krokodile schlüpfen mit mehreren Geschwistern aus dem Gelege. Bei uns Menschen dagegen gelten schon Sechslinge als kleine Sensation. Der Grund dafür ist eine jeweils andere Ausrichtung der Reproduktionsbiologie.

wenige Kaulquappen als Frösche oder sonstige Lurche das Licht der Welt erblicken. Denn schon nach ein paar Tagen schrumpft die Nachkommenschaft, durch Räuber oder durch Trockenheit verursacht, beträchtlich. Die Rechnung am Kindbett von Fischen, Fröschen und anderen Nicht-Amnioten lautet also: Je mehr Eier produziert werden, umso größer ist die Chance, dass es einige wenige schaffen, selbst Eltern zu werden und somit die eigene Art zu erhalten.

Dieser Vergleich mit den Nachwuchs-Strategien der Amphibien zeigt, dass die Entwicklung der einzigartigen Haut, des Amnion, und die von ihr ausgehenden Veränderungen rund um den Embryo weitreichende Folgen für die Entstehung unserer tierischen Vorfahren hatte, die nicht zuletzt bis in diesen Augenblick und in die Realität unseres sozialen Alltags hineinreichen.

Amphibien produzieren Massenware, Eidechsen oder auch Schlangen dagegen legen kaum mehr als ein paar Dutzend Eier. Und bei Säugetieren wie einer Maus sind es oft nur noch eine Handvoll Kinder in einem »Wurf«. Unserer Spezies schließlich sind Sechslinge bereits einen TV-Bericht wert.

Den Grund für diese Reduktion der Nachkommenschaft pro Paarung im

Während Amphibien und auch Fische in aller Regel tausendfach Nachwuchs produzieren, entstand über die weitere Verwandtschaftslinie Amphibie-Reptil-Säugetier-Mensch eine fortschreitende Reduktion der Nachkommen.

Fortschritt der Erdgeschichte suchen und finden Biologen darin, dass bei der Entwicklung unserer tierischen Vorfahren seit Reptilientagen die Investitionen in die einzelnen Nachkommen stetig erhöht wurden, die so aufwendig waren, dass – einmal ganz nüchtern marktwirtschaftlich betrachtet – die »Stückzahl« erniedrigt werden musste und konnte, da mit zunehmender Spezialisierung die Überlebenschance des »Einzelstücks« größer wurde. Während die Laich produzierenden Amphibien also ihre Nachkommenschaft nach dem Motto »viel hilft viel« regelten und regeln, setzen die Reptilien gegenüber dieser Massenproduktion auf den Slogan »weniger ist mehr« und produzieren weniger Eier. Durch die schützende Eihaut stieg die relative Überlebenschance des Individuums. Prinzip: Qualität statt Quantität. Dies wiederum hatte aber zur Folge, dass die »Verpackung« des Nachwuchses immer komplexer werden musste. Die Ummantelung der Reptilien-Eier mit einer festen, ledrigen Schale bis hin zu noch stabileren Kalkschalen, wie sie etwa den Nachwuchs von Dinosauriern schützten, war eine Entwicklung, die schließlich bei uns Menschen wie auch zuvor schon bei anderen Säugetieren zu einer unglaublich komplexen Embryonalhülle aus nicht weniger als drei Fruchthäuten und einer Plazenta führte. Den eindeutigen Beleg der Zugehörigkeit zu den Plazentatieren trägt übrigens jeder Mensch als eine Narbe lebenslang zur Schau, die auch den makellosesten Körper zeichnet. Gemeint ist der Nabel, jene kreisrunde Erinnerung an unsere Lebenszeit in der Fruchtblase.

Wer die relativ ursprüngliche, fast möchte man sagen »überholte« Form des Eierlegens bei Säugetieren bestaunen will, muss daher in der Regel weit reisen, denn sie traten in der Evolution immer weiter in den Hintergrund und wurden schließlich als randständige Exoten der Entwicklungsgeschichte in einer Sackgasse abgestellt. Das australische Schnabeltier und sein Verwandter namens Schnabeligel sind solche Kreaturen. Sie konnten sich vermutlich unter anderem nur deshalb so lange in einer Nische der Evolutionsbühne halten, weil ihre australische Heimat lange Zeit von klassischen Eierdieben wie Füchsen und Ratten verschont blieb.

Wir halten im Reiseprotokoll fest: Ohne die Entwicklung der Amnion-Haut im Erdzeitalter der Reptilien wäre unsere Spezies heute nicht »lebend gebä-

Der Bauchnabel ist nichts anderes als die ehemalige Kontaktstelle von Plazenta und Nabelschnur –, eine Narbe, die uns zeitlebens als Säugetier charakterisiert.

Handschlag unter Verwandten: Die abgeflachten Fingernägel des Menschen entstammen jener kletternden Lebensweise unserer Ahnen in den Bäumen Afrikas, wie sie heute auch noch bei anderen Primaten zu beobachten ist.

rend«. Auch unsere Fürsorge gegenüber unserem Nachwuchs wäre vermutlich ohne den Trend zur geringen Kinderzahl weit weniger intensiv ausgefallen.

Vom Baumklettern zum Nagellack

Nun haben wir die Haut bereits gründlich in Raum und Zeit durchreist. Epidermis, Dermis und Cutis sind für uns hier keine weißen Flecken mehr auf der Körperlandkarte, und auch der Begriff Amnion sollte nun kein Fremdwort mehr sein. Aber noch ist unsere Haut-Exkursion nicht beendet. Denn die wohl offenkundigsten aus dem Tierreich stammenden Hauteigenschaften stehen uns noch bevor. Sie verstecken sich in den zu Beginn unserer Exkursion erwähnten »Anhangsgebilden« der Haut. Ein wirklich langweilig klingendes Fachwort, unter dem sich aber einige der spannendsten Geschichten der Evolution verbergen. Dies zeigt ein Blick auf unsere Fingerspitzen, genauer auf die ultimative körperliche Prüfmarke sauberer Hände, unsere Fingernägel. Ob schmutzig oder nicht, ob farbig oder glanzlos, ob abgekaut oder einfach nur unauffällig, sie bestehen aus Keratin und stammen – wie könnte es anders sein – aus der Reptilien-Zeit, ein weiterer eindeutiger Beleg für das Reptil in unserer Haut. Aber beim Vergleich der Finger- oder Fußnägel mit den Krallen einer Eidechse etwa, wird schnell ein großer Unterschied auffallen. Sie mögen aus demselben Material bestehen, doch ihre Form ist völlig unterschiedlich. Wir Menschen haben keine Krallen. Vielmehr gleichen unsere Fingernägel denen eines Schimpansen,

Orang-Utans oder Gorillas. Bei diesen Verwandten sind sie wie bei uns breit, abgeflacht und enden in der Regel kurz nach der Fingerkuppe. Woran mag das liegen?

Der Blick in die Bäume Afrikas vor rund zehn Millionen Jahren wird uns helfen, die Ursache für die Form unserer Fingernägel zu finden.

Mit flachen Nägeln ließ sich eben besser greifen und hangeln als mit den scharfen, spitzen Krallen aus jüngeren Tagen unserer Entwicklungsgeschichte. Abgeflachte Fingernägel stärken die Fingerkuppe, denn sie bilden ein stabiles Gegenlager zur weichen Fingerunterseite. Erst durch die Lebensweise unserer kletternden Primatenvorfahren entwickelten sich abgeflachte Fingernägel, die den flächigen Farbauftrag von Nagellack erlauben. Dass die Damenwelt heute mit geübtem Strich und edlen Farben auf sich aufmerksam machen kann, hat also seinen Ursprung in der Anpassung an die Umweltbedingungen in den Urwäldern Afrikas, in denen unsere Ahnen von Ast zu Ast schwangen, deren Fingernägel wiederum auf die Krallen unserer Reptilienverwandten zurückzuführen sind.

Das Material unserer Nägel und ihr Grundprinzip als nachwachsende Keratinstruktur an Fingern und Zehen stammen also von den Reptilien, ihre heutige Form von affenähnlichen Urverwandten. Damit sind die Finger- und Fußnägel ein sehr gutes Beispiel dafür, wie ein Patent der Natur den Veränderungen von Verhaltensweisen und der Umwelt folgt. Der leichte, aber stabile Baustoff Keratin verhinderte übermäßige Verdunstung, schützte die Oberfläche der Haut, und an Stellen besonderer Belastung wie den Fingern und Zehen wurde er immer weiter verstärkt. So entstanden Krallen, mit denen sich vortrefflich graben, kratzen und klettern ließ. Mit der Bildung von Greifhänden aber wurden die Krallen kürzer, weniger dick, flachten sich ab und unterstützen damit die Oberseite des letzten Fingerglieds – eine optimale Anpassung an das Klettern von Baum zu Baum. Wären unsere Verwandten nicht dereinst in die Bäume gestiegen, um dort einen großen Teil des Tages zu verbringen, dann hätten unsere Finger womöglich noch immer Krallen wie die einer Eidechse – nicht nur während des Tippens dieser Zeilen –, eine seltsame Vorstellung.

Ohne Klettern kein Nagellack – das ultimative Kennzeichen gepflegter Frauenhände wäre ohne den Zwischenstopp unserer affenähnlichen Ahnen in den Baumwipfeln des Schwarzen Kontinents wohl kaum erfunden worden.

Und wieder Keratin

Wir sollten nun kurz einen erneuten Blick auf die Landkarte unserer Körperreise werfen. Wenn wir ehrlich sind, haben wir die Zeit der Reptilien schon weit hinter uns gelassen und sind ein paar Zeilen zuvor im Eiltempo bereits zu unseren unmittelbaren Säugetiervorfahren mit ihren abgeflachten Fingernägeln gesprungen. Damit haben wir aber offen gestanden eine eher unzulässig schnelle Abkürzung der Route gewählt, denn zwischen Reptilien und deren Entwicklung zu affenartigen kletternden Lebewesen liegt ein zeitlicher Abstand von über den Daumen gepeilten 200 Millionen Jahren, in dem unsere Urverwandten bereits als ursprüngliche Säugetiere ihr Dasein fristeten. Und genau in jener Frühzeit unserer Säugetierahnen entwickelte sich lange vor Finger- und Fußnägeln ein sehr bedeutsames Keratin-Patent, das sich ebenfalls in unserer Haut erhalten hat. Klettern wir also nochmals herab von den Bäumen.

Jeder Friseur lebt davon, dass ähnlich wie bei unseren Hautschuppen oder Fingernägeln das Wachstum des Hornproduktes namens Haar zeitlebens und ununterbrochen voranschreitet –, auch Haare bestehen aus Keratin.

Wie und warum kam es zu der Entwicklung dieser Hautanhangsgebilde, deren Verlust wir auf dem Kopf nachtrauern, während wir sie aber andernorts am Körper mit scharfen Klingen, spitzen Scheren, heißem Wachs, Pinzetten oder was auch immer bekämpfen? Betreten wir für die Ursachenforschung in Sachen Haare den Jurassic Park: Nicht den von Hollywood, sondern die reale Jura-Welt vor gut 150 Millionen Jahren, als unsere Ahnen bereits Haare trugen, und wagen wir den Blick in ein weiteres Kapitel aus dem Haut-Drehbuch der Evolution. Hier erfahren wir einen wichtigen Grund, warum es Bürsten, Scheren und letztlich auch Friseure gibt.

Jetzt wird's haarig

Es ist Nacht. Im Dickicht herrscht munteres Treiben. Kleine Fell tragende Schattenwesen mit einer Silhouette, die in etwa an heutige Eichhörnchen erinnert, huschen im Mondlicht durch das Blattwerk. Es sind womöglich unsere direkten Säugetiervorfahren. Im Zeitalter des Menschen wird eines von ihnen – obwohl sie dann längst ausgestorben sein werden – unter dem Namen *Henkelotherium guimarotae* die Welt der Wissenschaft mit großer Freude erfüllen, da seine versteinerten Knochen die einzigen eines nahezu vollständig erhaltenen Säugetierskeletts sein werden, das aus der Epoche des Oberjura stammt. Doch

Haare haben Schuppen

Der morgendliche Blick auf die Frisur legt offen, dass Haare so etwas wie die logische Weiterführung der Hautanhangsgebilde von Reptilien darstellen. Denn unsere Haare sind ebenfalls geschuppt, eine typische Eigenschaft des Keratins. Wenn man mit zerzaustem Haar vor dem Spiegel steht, liegt dies daran, dass sich die einzelnen Haare durch ihre Oberfläche aus mikroskopisch kleinen Schuppen im Laufe der Nacht ineinander verfangen und verhakt haben. Erst durch die massenhafte Richtungskorrektur mittels Bürste von der Wurzel bis zur Spitze entlang des Schuppenstrichs lassen sich die Haare zähmen.

für derlei paläontologische Höhenflüge hatten unsere Ahnen damals keinen Sinn. Und damit zurück in den Jurawald: Unsere haarigen Verwandten sind hungrig, schon den ganzen Tag über mussten sie sich verstecken. Für die Tierchen ist das nichts Neues. Sie sind es gewohnt, erst in der Dunkelheit aktiv zu werden – und das seit vielen Generationen. Jetzt aber ist ihre Tageszeit angebrochen, denn nun wird es dunkel, und vor allem wird es zunehmend kühler als es noch am Tag war. Das heißt: schlechte Karten für die völlig unbehaarten Feinde unserer putzigen Koboldverwandten, die als typische Reptilien ihr Leben auf die wärmende Kraft der Sonne ausgerichtet haben. Erst in weit entfernter Zukunft wird jemand den vornehmlich tagaktiven Riesen die Bezeichnung »Dinosaurier« – schreckliche Echsen – geben. Am Tage beherrschen in jener Zeit die Dinos unsere Erde und das schon seit vielen Millionen Jahren. Nichts ist vor ihnen sicher, auch nicht unsere behaarten Vorfahren. Diese frühen Formen der echten Säugetiere haben ihren Rhythmus daher auf ein Leben im Schatten der Dinosaurier und anderer Räuber eingestellt. Parole: Tagsüber versteckt halten, nachts aktiv sein!

Und nun zum Ursprung unserer Haare: Gegen die nächtliche Kälte haben unsere damaligen Ahnen mit ihrem Haarkleid ein bis zu diesem Zeitpunkt in der Erdgeschichte konkurrenzlos wirksames Patent entwickelt. Ihr Pelzmantel dient nicht der Zierde, sondern der Aufrechterhaltung einer gleichbleibenden Körper-

Die Haare der Säugetiere sind keineswegs glatt, sondern eine Art Weiterentwicklung der Reptilienschuppen. Die auf dieser Aufnahme eines Rasterelektronen-Mikroskops sichtbare schuppige Struktur wird bei beiden Tiergruppen durch Keratin verursacht.

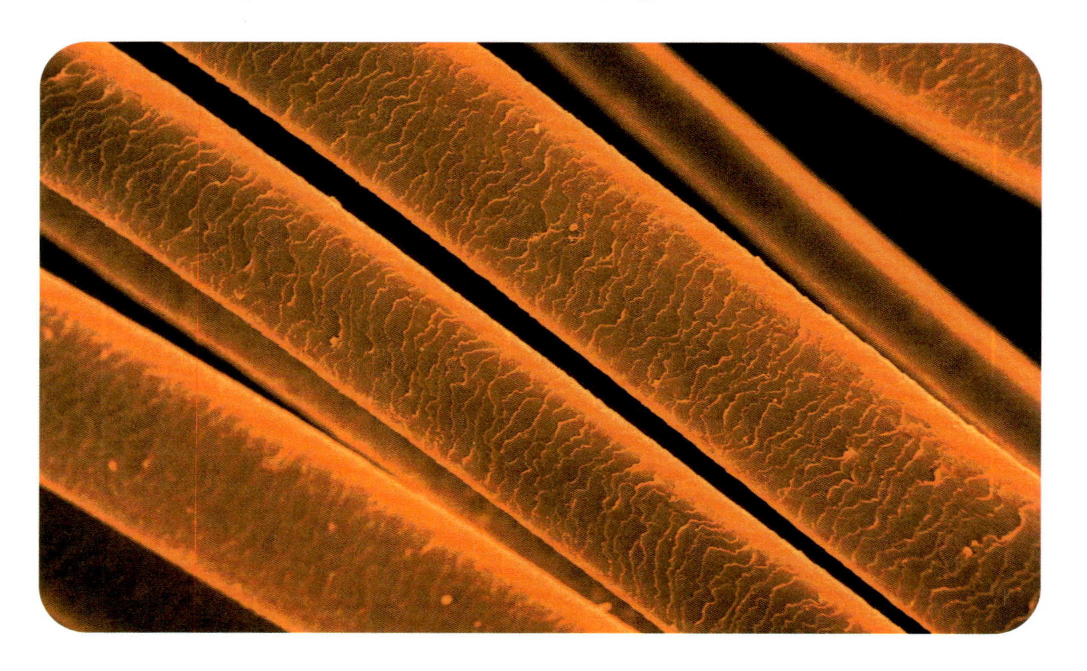

Auf dieser Skizze ist zu sehen, wie unsere Urverwandten zur Zeit der Dinosaurier vor 150 Millionen Jahren möglicherweise aussahen. Das Fossil *Henkelotherium guimarotae* gilt als ein versteinerter Beleg zu dieser Vermutung.

temperatur während der Nachtstunden, um so ihre Aktivität von der Wärme der Sonne weitestgehend abzukoppeln. Das war damals lebenswichtig. Man braucht nur einen kurzen Museums-Blick auf die zahnbewaffneten Kiefer eines fleischfressenden Dinosauriers zu werfen, um sich vorzustellen, dass unsere Vorfahren am Tag nicht weit gekommen wären.

Und so verdanken wir leider auch die modernen Mühen der ganz alltäglichen Enthaarungsmethoden mehr oder minder dem – diplomatisch ausgedrückt – angespannten Verhältnis zweier Tiergruppen im Erdmittelalter. Wer damals als Urahne des Menschen nicht gefressen werden wollte, der musste eben Pelz tragen! Dass unsere Verwandten diese

Die Isolationswirkung der Körperbehaarung war für die Entwicklung der Säugetiere bis hin zum Menschen absolut entscheidend.

Herausforderung angenommen haben, lässt sich an den Haaren ablesen, wo auch immer man sie am Körper findet.

Auch wenn sich nur noch verhältnismäßig kleine Fellinseln als Reliktareale des einstigen Haarkleides auf unserem Körper erhalten haben, so sind sie dennoch alles andere als sinnlos. Mit unserem zarten Haarkleid auf Armen und Beinen etwa registrieren wir Luftbewegungen. Wimpern oder Nasenborsten halten Staub und Schmutz von unseren empfindlichen Sinnesorganen fern. Auch als praktische Kopfbedeckung zum Schutz vor Schädelverletzungen und allzu intensiver Sonnenstrahlung sind die nachwachsenden Keratinfasern äußerst dienlich. Und ebenso erfüllt auch die in unserer Zeit selten gewordene Haarpracht in den Achselhöhlen und im sogenannten Schambereich zumindest aus Sicht der Evolution durchaus ihren Zweck. Sie unterstützt die bessere Verbreitung individueller Körperdüfte, die über die Schweißdrüsen ausgeschieden und in den gekräuselten Haaren rund um die Geschlechtsorgane viel besser festkleben als auf nackter Haut. So unappetitlich dies auch klingen mag, über die Behaarung vermittelt der Körpergeruch die unterschiedlichsten Signale des Organismus, von der Paarungsbereitschaft bis zur Furcht.

Die Annahme, dass die Zeit der Ganzkörper-Fellträger in unserer Ahnengalerie schon lange zurückliege oder gar abgeschlossen sei, widerlegt unser eigener Körper auf eindrucksvolle Weise. Denn auch wenn der überwiegende Teil unserer Hautfläche unbehaart erscheint, und mancher Leser möglicherweise auch bereits eine nicht unwesentliche Portion seines Haupthaares eingebüßt hat, so haben wir dennoch einmal im Leben an unserem gesamten Körper bereits ein Fell getragen, zumindest für ein paar Wochen. Die *Lanugo* bekleidet uns als Ungeborene fast genauso wie unsere Vorfahren zur Zeit der Dinosaurier. *Lana* bedeutet Wolle und gibt diesem zarten Flaum feiner kurzer Haare seinen Namen. Das *Lanugo*-Fell entsteht beim Fötus um die 15. Schwangerschaftswoche und bildet zusammen mit der *Vernix caseosa*, der Käseschmiere, die den Talgdrüsen der einzelnen *Lanugo*-Haarwurzeln entstammt, eine schützende Schicht auf der Haut des Ungeborenen.

Das Tupaia oder Spitzhörnchen ist ein in Südostasien lebender Allesfresser, der unseren Fell tragenden Säugetierahnen aus der Zeit der Dinosaurier in Aussehen und Biologie recht nahekommt.

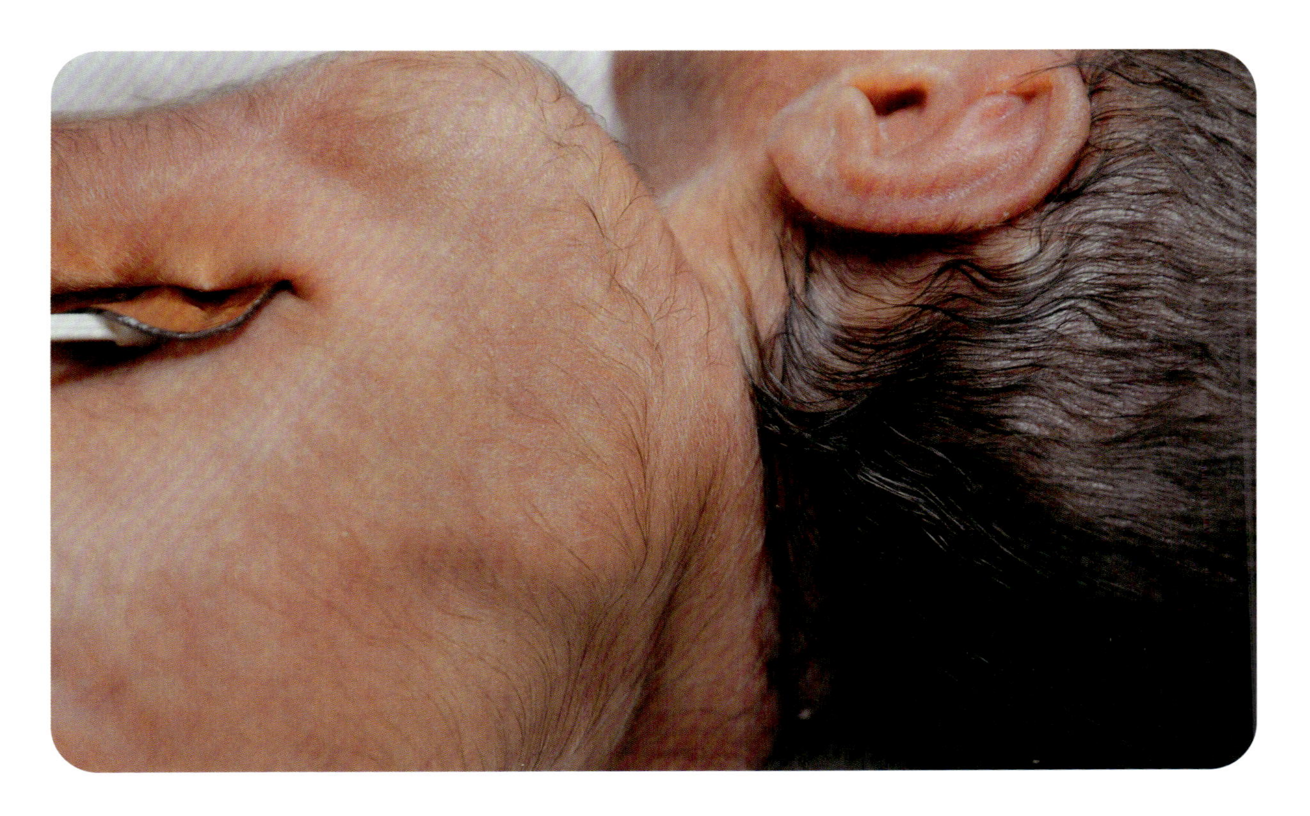

Bei vielen Frühgeborenen ist die *Lanugo*-Behaarung deutlich zu sehen, ein für alle Säugetiere typisches Ganzkörperfell, das jeder Mensch einmal im Leben trägt.

Ohne diese haarig-käsige Babycreme von Mutter Natur würde die Haut aller neugeborenen Babys nämlich durch den Dauereinfluss des Fruchtwassers bei der Geburt noch runzeliger aussehen, als sie dies ohnehin schon tut. Gegen Ende der Schwangerschaft wird das zarte Haarkleid dann meistens abgestoßen, gilt aber dennoch als ein unbestreitbares Urmerkmal unserer Haut.

Dass unsere Haut noch immer auf »Fellträger« programmiert ist, können wir im Handumdrehen mit einem Selbstversuch feststellen: Dazu brauchen wir einfach nur die Temperatur unserer Umgebung etwas herunterzuregeln und schon werden wir mit der sogenannten »Gänsehaut« einem eindeutigen körperlichen Indiz dafür begegnen, dass unsere Säugetierahnen ein Fell trugen. Auch wer

Die Säugetiervorfahren des Menschen konnten sich bei Kälte durch das Aufstellen ihrer Haare mit einem abstehenden, molligen Haarkleid ummanteln. Diese Fähigkeit ist bis heute in unserer Gänsehaut archiviert.

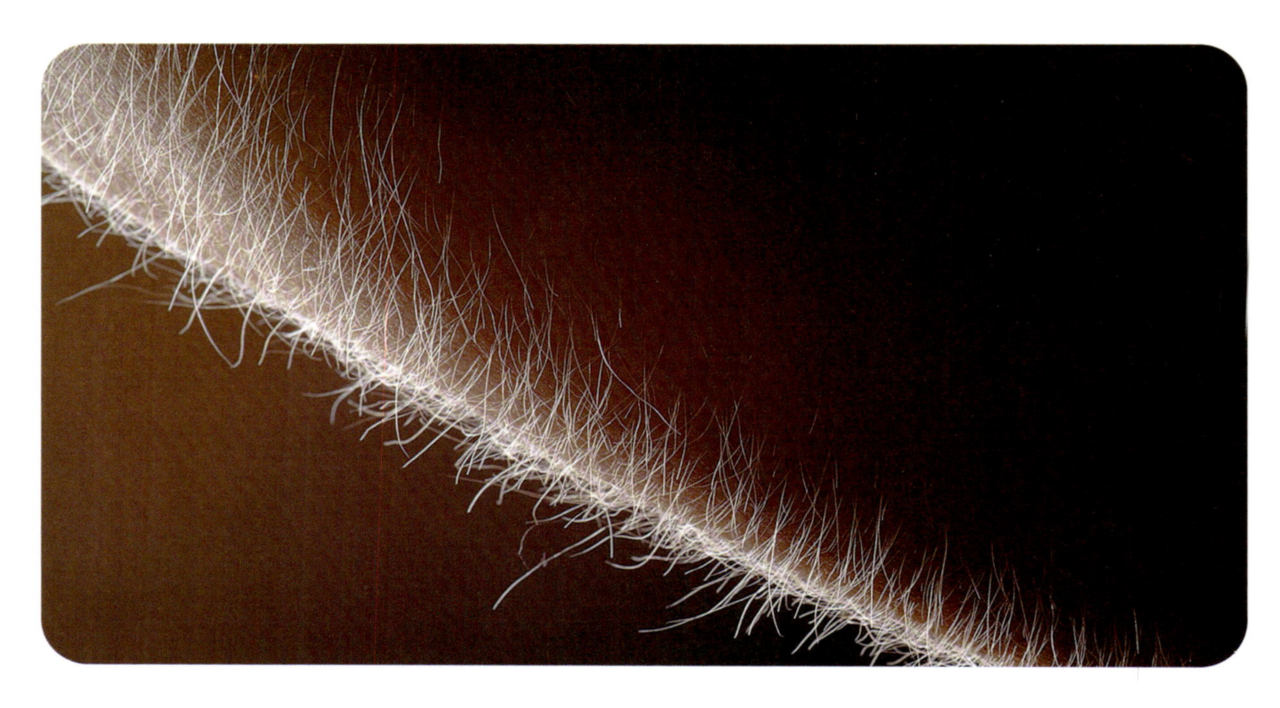

Unsere im Vergleich zu vielen anderen Säugetieren reduzierte Körperbehaarung kann uns kaum warm halten. Doch der uralte Mechanismus der Gänsehaut sorgt noch immer dafür, dass wir bei Kälte unsere Haare aufstellen, auch wenn wir gar kein Fell mehr tragen.

noch so erfolgreich dem natürlichen Haarwuchs in allen Ecken und Enden seines Körpers den Kampf ansagt, um mit allerlei Techniken die am Körper sprießenden Mitbringsel aus der Urzeit zu vertuschen, wird trotz aller Hygienemühen spätestens immer dann mit der vergangenen Realität unserer Säugetiergestalt konfrontiert werden, wenn sich die Haut zusammenzieht und von einem Moment auf den anderen mit unzähligen kleinen Erhebungen übersät ist. Ohne dass wir es beeinflussen können, kontrahieren bei entsprechender Kälte die Haarbalgmuskeln der Haut, was bei unseren Ahnen dem Aufstellen des Fells diente. Zwischen den nun senkrecht stehenden Haaren konnte sich durch deren nun vergrößerten Abstand zueinander Luft sammeln und über die Haut erwärmen, um als eine Art isolierendes Polster die Körpertemperatur zu erhöhen oder zumindest zu stabilisieren. Allerdings verwandelt sich die Haut nicht nur bei Kälte in eine hügelige Miniaturlandschaft. Auch Angst oder sonstige Erregung können eine Gänsehaut hervorrufen, Stichwort »Gänsehautkino«. Aus Sicht der Evolutionsbiologen liegt die Ursache dieser Kopplung von Emotion und Hautzustand darin, dass sich durch das Aufstellen der Haare die Körpersilhouette vergrößert, was bei Angst, die durch einen gefährlichen Gegner oder gar Fressfeind hervorgerufen wird, ein überlebenswichtiger

Vorteil sein kann. Das aufgestellt übergroße Fell soll unmissverständlich und auf einen Blick zu verstehen geben: »Erstens bin ich als Mahlzeit zu groß für dich und zweitens bin ich noch stärker als ich eben noch ausgesehen habe!« Bei uns Menschen funktioniert dieser Vergrößerungsbluff freilich nicht mehr, denn der überwiegende Teil unserer Körperoberfläche ist ja frei von Fell. So sind wir gezwungen, im Konfliktfall stattdessen mit großen Gesten und lauten Tönen Größe vorzutäuschen.

Doch auch damit ist unsere Haut-Zeitreise längst nicht abgeschlossen, wie die nächste kleine Etappe zeigen wird. Das Prädikat »Säugetier« bleibt uns ähnlich wie im Fall des Nabels auch unabhängig von unserem Haarkleid regelrecht »aufgestempelt«.

Wertvolle Warze

Blicken wir auf den freien Oberkörper eines Menschen, so fallen sofort zwei gleichförmige runde Ausweisschilder unserer tierischen Herkunft ins Auge. Gemeint sind jene unverkennbaren Hautgebilde namens Brustwarzen, die bei der weiblichen Hälfte unserer Spezies äußerst wichtig, bei der männlichen dagegen so gut wie nutzlos sind.

Auch wenn sie am männlichen Körper zumindest biologisch betrachtet überflüssig sind, sollte uns dies nicht darüber hinwegtäuschen, dass das Säugen des Nachwuchses mittels Brustwarzen für die Säugetiere inklusive unserer eigenen Spezies nicht nur namensstiftend ist, sondern auch den unumstrittenen Erfolg dieser Gruppe mitbegründet. Die Versorgung mit Milch ist eine hocheffiziente Methode zur Erreichung schnellen Wachstums und großer Fitness innerhalb kurzer Zeiträume. Aller lebensmitteltechnischen Raffinessen zum Trotz hat der natürliche Durstlöscher aus der Brusttheke viele unschlagbare Vorteile aufzuweisen. Neben Kohlenhydraten, Fetten und Eiweißen ist Muttermilch reich an Kalzium, dem Baustoff für Knochen und Zähne. Außerdem enthält sie neben die Abwehr fördernder Enzyme und wertvoller Vitamine Antikörper, die dem Säugling mit seinem noch vergleichsweise schwachen Immunsystem eine Art »Nestschutz« bieten. Stillen ist zudem einfach praktisch. Die wohltemperierte tägliche Milchration begleitet Mutter und Kind auf Schritt und Tritt, und das schon seit Millionen Jahren. Die gefüllte Brust gewährleistet eine stetige Versorgung und ein schnelles Wachstum des Sprösslings: ein Vorteil für den jungen Organismus und für die Evolution der Säugetiere. Mit dem relativen Größenzu-

Sind Männer Frauen?

Warum auch das vermeintlich stärkere Geschlecht Brustwarzen besitzt, lässt sich durch einen Röntgenblick in den Bauch einer Schwangeren beantworten. Dass Männer Brustwarzen haben, liegt daran, dass jeder Embryo, ob später Mann oder Frau, sich zunächst weiblich entwickelt. Erst ab der sechsten Schwangerschaftswoche beginnt die getrennte Entwicklung der Geschlechter. Das bedeutet, die Brustwarzen werden auch bei männlichen Wesen – sozusagen pro forma – angelegt. Und da die Brustwarzen bei den werdenden Männern schon mal da sind und auch später nicht wirklich stören, werden sie auch nicht mehr zurückgebildet.

Ob Gorilla oder Mensch: Das Saugen an der Brustwarze war in der Evolution ein wichtiger Meilenstein für die Entwicklung von Sozialverhalten.

wachs eines Säugers können Fische, Amphibien und Reptilien nicht mithalten. Doch jenseits solcher Bilanzen aus der Ernährungsphysiologie entsteht durch das Trinken an der Brustwarze eine wertvolle, nicht zu unterschätzende Interaktion zwischen Mutter und Kind. Die beiden müssen sich arrangieren, das Verhalten aufeinander abstimmen. Auch dies sind Aspekte des Zusammenlebens, die den anderen Wirbeltiergruppen fremd sind. Evolutionsbiologen sind sich daher einig: Die Bindung von Mutter und Kind über das Säugen war bei unseren tierischen Ahnen ein ganz wesentlicher Entwicklungsschritt hin zu einem Sozialwesen, einer Sozialstruktur, womöglich eines Sozialstaates und den mit alldem verbundenen notwendigen »höheren« Intelligenzleistungen.

Um die Bedeutung nochmals hervorzuheben: Von sozialem Miteinander, von Mitgefühl und Intelligenz können wir ab jenen Tagen der Evolution ausgehen, seit denen Brustwarzen die Haut unserer tierischen Ahnen zierten. Unsere Haut ist mehr als eine Hülle. Die wirklich enorme Bedeutung und Funktion der Brustwarze mag zwar einleuchten, wie aber entstand überhaupt dieses komplizierte Gebilde in unserer Haut?

Der lange Weg zum Busenstar

Einen äußerst interessanten Einblick in die mögliche Entstehungsgeschichte der Brust und Brustwarze erlaubt uns das Schnabeltier. Das seltsame Geschöpf passt zwar nicht direkt in die Verwandtschaftsreihe des Menschen, aber als ursprüngliches Säugetier zeigt es dennoch Merkmale, wie sie auch unsere Ahnen einst trugen. Am Beispiel Brustwarze wird dies besonders deutlich. Streng genommen dürfte das australische Wunderwesen gar nicht den Titel »Säugetier« tragen, denn seine Jungen können gar nicht an einer Brust saugen, da sie bei den Schnabeltieren fehlt. Sie ernähren sich über eine Ansammlung von Drüsen auf der Unterseite des mütterlichen Bauches, aus denen eine milchartige Flüssigkeit rinnt. Diese lecken die kleinen Schnabeltiere dann aus dem Bauchfell auf. Das Milchfeld und das mühevolle Trinken der kleinen Schnabeltiere stellt nach Ansicht der Wissenschaft eine Art Urform der Milchversorgung dar. Fast hat es den Anschein, die Evolution wäre bei der Entwicklung der Brust noch nicht ganz fertig gewesen, als diese Lebensform auf die Bühne des Lebens trat, so behelfsartig wirkt das Stillen des Kinderdurstes bei Familie Schnabeltier. Nach menschlichem Ermessen lässt sich einfach kein Sinn darin erkennen, dass die Milch nicht aus einer Saugwarze austritt, sondern aus kleinen Poren über den Körper rinnt, um dann wieder umständlich und mit Verlusten zwischen verklebten Haaren aufgeleckt zu werden. Aber es hilft nichts, das Schnabeltier muss mit dem zurechtkommen, was ihm die Evolution mitgegeben hat.

Wie verlief nun die Entwicklung vom Milchfeld zur Brustwarze? Die Vermutung liegt nahe, dass bei unseren direkten Vorfahren die an Bauch und Brust austretenden Drüsenfelder im Laufe von Hunderttausenden von Jahren immer näher zusammenrückten, was eine immer effizienter werdende Versorgung des Nachwuchses mit sich brachte, bis schließlich am Ende dieses Prozesses Brustwarzen die Haut unserer Ahnen zierten. Erst ab diesem Zeitpunkt trugen die Säugetiere ihren Namen zu Recht. Das ursprüngliche Milchfeld ist

Wörtlich genommen dürfte das Schnabeltier nicht zu den Säugetieren zählen, denn es besitzt keine Brustwarzen, an denen der Nachwuchs saugen kann. Stattdessen rinnt bei ihm die Muttermilch aus Drüsenfeldern am Bauch über das Fell. Dort wird sie von den Jungtieren aufgeleckt.

bei echten Säugetieren wie uns Menschen also nicht etwa völlig verschwunden, sondern kleiner geworden. So klein, dass man sehr genau hinsehen muss, um es zu entdecken. Beschaut man – nach vorheriger Einholung der entsprechenden Erlaubnis – die Saugwarzen einer stillenden Mutter, so fällt auf, dass die Milch nicht etwa wie bei einer Nuckelflasche oder einem Strohhalm nur aus einer Öffnung austritt, sondern aus 15 bis 20 einzelnen Drüsen, die ähnlich einem Duschkopf rund um die warzenförmige Erhebung auf der Brust der Mutter verteilt sind.

Doch die im Fall der Brust nicht nur buchstäblich herausragende Hautentwicklung ging weiter. Das Tierreich offenbart, dass manche Säuger nicht wie wir genau ein Paar Brüste und Brustwarzen, sondern gleich mehrere Paare besitzen. Wer kennt nicht das Bild einer säugenden Hunde-, Katzen- oder auch Schweinemutter, die gut und gern ein Dutzend Ferkel gleichzeitig säugen kann. Wie also kommt es, dass Frauen nur zwei Brüste besitzen, viele Tiere aber über eine ganze Brust-Batterie verfügen? Die Antwort steckt in der bereits besprochenen Anzahl von Nachkommen pro Schwangerschaft. Heute besitzen wir bekanntlich »nur« noch zwei Brustwarzen, aber das war und ist nicht immer so. Und im Mutterleib »erinnert« sich unser Körper sogar an die ehemalige Mehrbrüstigkeit. Sichtbar wird dies durch eine als Milchleiste bezeichnete Verdickung der Haut des Ungeborenen, die sich beiderseits der Arme bis zu den Hüften hin erstreckt. An unserem Körper brauchen wir diese Leisten gar nicht erst zu suchen, denn diese treten in der siebten Woche der Embryonalentwicklung auf, verschwinden aber ähnlich wie das *Lanugo*-Fell schon bald wieder, kaum dass sie sichtbar wurden. Aber dieses Werden und Vergehen ist nicht umsonst, denn aus einem kleinen Teil dieser Leisten geht später die Brust samt Drüsen und Warzen hervor. Unsere beiden Brustwarzen sind sozusagen die letzten ihrer Art in einer langen Warzenreihe, die einst Bauch und Brust unserer Ahnen zierte. Manchmal ist es sogar möglich, dass diese Vergangenheit auch beim Erwachsenen offensichtlich zutage tritt. Sehr selten bilden sich nämlich aus dem embryonalen Leistengewebe zu den üblichen zweien weitere Brüste. Es mag seltsam klingen, aber solche Rücksprünge in frühere Zeiten der Evolution gibt es. Die Forschung bezeichnet sie als Atavismen. Im Falle zusätzlicher Brüste, einer Polythelie, können diese ulkigen Andenken unserer tierischen Ahnen mit einer kleinen Operation entfernt werden.

Genug der anatomischen Kleinarbeit. Schließlich ist die Brust nicht nur eine Zusammenführung von Milchkanälen, eine Drüse im Doppelpack, sondern weit mehr als die Summe ihrer Teile. Die Brust, wissenschaftlich *Mamma*, ist seit Anbeginn der Menschheitsgeschichte das Symbol des Weiblichen. Sie ist ein Sinnbild für Fruchtbarkeit und Erotik. Und nicht zuletzt ist sie eine erogene Zone, also Teil jener besonders berührungsempfindlichen Bereiche des Körpers, die in der Sexualität eine nicht unwesentliche Rolle spielen. Und obwohl unsere Exkursion weniger der sexualkundlichen Aufklärungsarbeit gelten soll als vielmehr zu den tierischen Wurzeln des Menschen vordringen will, sollten wir unsere Haut dennoch für einen

Anders als diese Ferkel können sich beim Menschen maximal zwei Kinder gleichzeitig an der mütterlichen Brust satt trinken. Milchleisten aber, die wir als Ungeborene entlang des Rumpfes ausbilden, belegen, dass auch unsere Ahnen einst eine ganze Reihe von Zitzen besaßen.

Augenblick aus delikaterem Blickwinkel betrachten. Wir werden nämlich sehen, dass Sex in gewisser Hinsicht unmittelbar mit dem Akt des Säugens verbunden ist. Um gleich zur Sache zu kommen: Die sexuelle Erregbarkeit der Brustwarze hängt direkt mit ihrer Funktion als Saugdrüse zusammen. Denn erst die besondere Empfindlichkeit dieser Hautpartie ermöglicht es Säugetiermüttern, seit Millionen Jahren auch in der Dunkelheit – sozusagen ohne Sicht – per Kontaktgefühl kontrollieren zu können, ob, und wenn ja, wie viele Junge gerade säugen, um so etwa den säumigen Nachwuchs an das Milchangebot hinführen zu können. Somit wird über die hohe Sensitivität der Brustspitze sichergestellt, dass niemand in der Familie unnötig Durst leiden muss. Denn so putzig es auch aussehen mag, wenn Säugetierkinder nach der Brust – bei Tieren der »Zitze« – suchen, letzthin geht es am Bauch der Mutter ums Überleben. Schon eine einzige ausgelassene Milchmahlzeit kann bei den Jungen über Leben und Tod entscheiden. Wenn ein Junges mit knurrendem Magen allzu lange nach der mütterlichen »Andockstation« suchen muss, kann es kritisch werden. Denn anders als Fische, Amphibien und Reptilien haben Säugetiere einen sehr leistungsfähigen Stoffwechsel, der ab Minute eins des Lebens enorme Mengen Energie in ständigem Nachschub benötigt. Hinzu kommt, dass viele Säugetiere, wie ver-

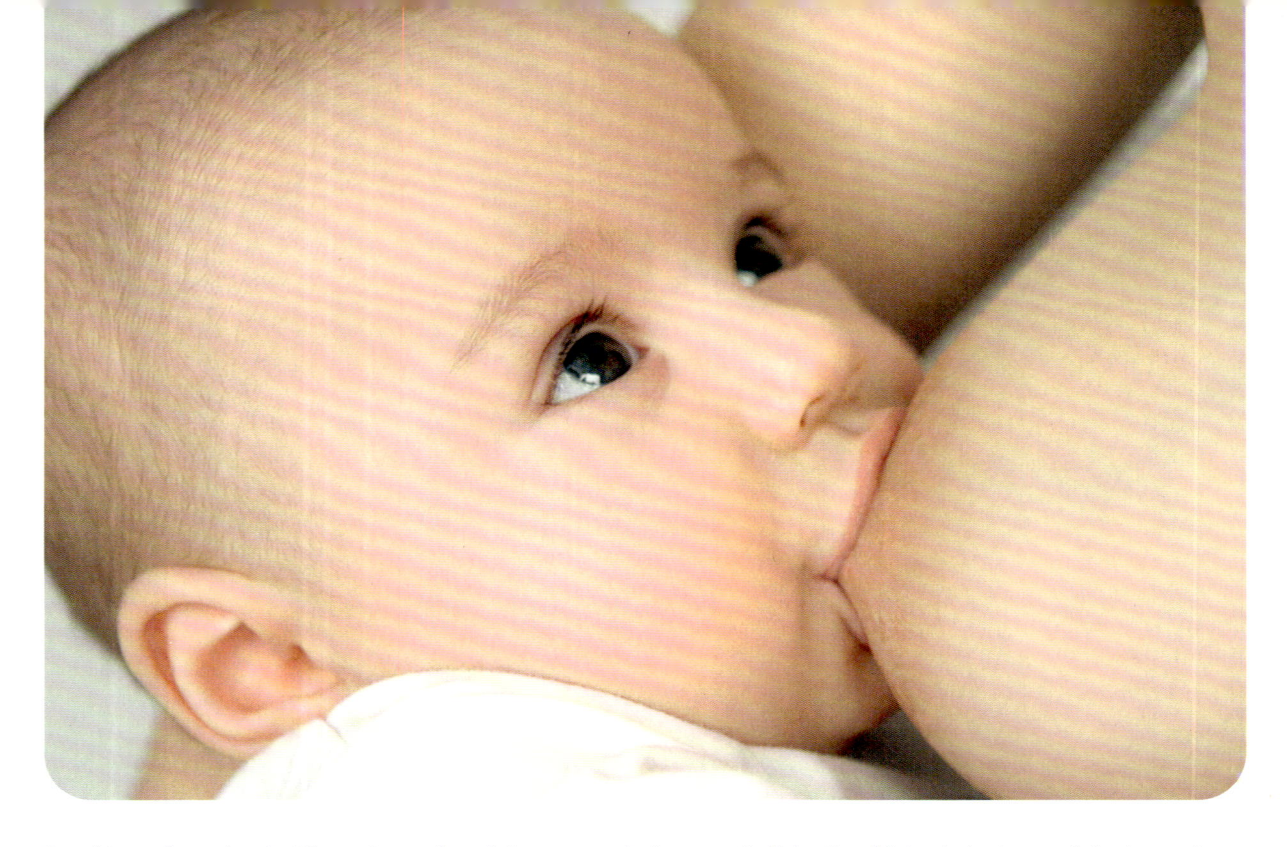

Den Menschen als ein Säugetier zu bezeichnen, erscheint womöglich allzu biologistisch – und doch verrät die erste aller Sozialbindungen auf unschuldige Weise unsere Herkunft.

mutlich auch unsere Urverwandten, mit geschlossenen Augen geboren werden und sich daher auf ihren Tastsinn verlassen müssen. So ist es kaum verwunderlich, dass neben der Brustwarze auch die Mundpartie des Menschen im Vergleich zu anderen Hautregionen des Körpers sehr sensibel ist und damit eine weitere erogene Zone darstellt. Last but not least besitzen die Brustwarzen Duftdrüsen, die den Geruchssinn der Jungen ansprechen und auf diese Weise den Weg zur Milch weisen. Dieser Geruch ist auch in der Sexualität ein wichtiger Begleiter. Und schließlich schüttet der mütterliche Körper während des Stillvorgangs das Hormon Oxytocin als eine Art »biochemischen Motivationsschub« der Evolution aus, damit auch wirklich alle gierigen Mäuler gerne mit Milch versorgt werden. Die Folge dieser Ausschüttung ist großes körperliches Wohlbefinden und angenehme Erregung – zwei wichtige Vokabeln für das familiäre Zusammenleben, die sich aber ebenfalls im Glossar des Liebesspiels wiederfinden. Und damit schließt sich der Kreis hin zur Erotik. Es scheint nämlich tatsächlich so zu sein, dass die erogenen Eigenschaften der Brust- und Mundbereiche ihre Wurzeln in der säugenden Aufzucht der Jungen haben.

Die Evolutionspsychologie geht jedenfalls davon aus, dass Streicheln, Kuscheln und Küssen ohne die für das Säugen entwickelte starke Nervenversorgung von Brustwarze und Mundpartie nicht in unserem Verhalten vorkommen würden. Und immer wenn sich unsere Brustwarzen bei Erregung zusammenziehen und dadurch verhärten, was übrigens durchaus auch bei Männern geschieht, ist dies eine kleine Erinnerung an ihre Funktion als Saugdrüse.

Weil es gar so schön ist, bleiben wir noch für einen Moment beim Sex, dem Thema aller Themen: Gegenüber den Tieren verknüpfen wir Sexualität mit Nacktheit, sie ist die Basis für das Geschäftsmodell jedes Stripteaselokals. Wenn wir unseren Körper nackt zeigen, so gilt dies als intimer Akt, als große Offenheit. Es ist sicher müßig, darüber zu spekulieren, wie sich die Sache verhalten würde, wenn wir noch das Fell unserer Säugetierahnen tragen würden. Eines Feigenbaumes hätte es dann im Garten Eden jedenfalls nicht bedurft. Hier können wir nur festhalten: Woher die »Blöße des sündigen Fleisches« eigentlich genau stammt, ist ungeklärt. Bis heute wird daran geforscht, ob unserer Nacktheit neben dem wirtschaftlichen Aspekt der Auflagenstabilität einschlägiger Hochglanzmagazine auch ein wirklicher, biologischer Sinn zu entlocken ist. Doch der Haarverlust des Menschen ist nach wie vor ein großes Rätsel. Schließlich stehen der lange Zeitraum von mindestens 200 Millionen Jahren, in dem unsere tierischen Ahnen ein Fell trugen, sowie die Unzahl heute rund um den Erdball lebender Pelz tragender Säugetiere für den Erfolg des Ganzkörperhaarkleids. Was sind dagegen schon die rund zwei Millionen Jahre, seit denen wir als mehr oder minder haarlose Geschöpfe unser Dasein fristen? Wenn das Fell so lange in Funktion blieb, muss es im Alltag der Evolution doch eine lebenswichtige oder zumindest sehr praktische Sache gewesen sein. Warum haben wir also dann die Haare verloren?

Ein Vorteil mag sein, dass wir bei Kälte Kleidung anziehen – uns sozusagen »ein Fell leihen« können, das wir bei Wärme einfach wieder ablegen. Ein Tier kann das nicht. Es muss mit seinem Pelz auch dann klarkommen, wenn er in großer Hitze eher stört. Aber auch dieser Gedanke erklärt noch nicht ganz, warum und wie es in der Evolution zur »Abschaffung« des Ganzkörperhaarkleids gekommen sein könnte.

Ohne Schweiß kein Preis

Eine mögliche Erklärung für unsere Nacktheit hängt ganz unmittelbar mit dem Schweiß zusammen, also einer Körperflüssigkeit, der wir als zivilisierte Menschen ebenfalls wie unseren Säugetierhaaren in der Regel täglich den Kampf ansagen. Die Duftdrüsen oder apokrinen Schweißdrüsen haben wir auf unserer Expedition durch den Haardschungel unseres Körpers bereits bei den Amphibienahnen kurz kennengelernt. Sie münden stets in den kleinen Einstülpungen der Oberhaut, aus denen ein Haar austritt. Deshalb finden wir sie an den behaarten Schauplätzen unserer Säugetierzugehörigkeit, etwa im Schambereich, in den Achselhöhlen, aber eben auch im direkten Umfeld der Brustwarzen. Aktiviert werden sie etwa durch sexuelle Erregung, aber auch durch Angst. Sie liefern das »Parfüm« der Säugetiere. Vermutlich sind sie auch die Vorläufer der Milchdrüsen, in denen sich der Schweiß als Nahrungsressource der Jungen im Laufe der Zeit immer weiter verdickte, mit Fett und Eiweißen anreicherte und schließlich zum Grundnahrungsmittel Milch führte.

Doch zurück zur Frage nach der Nacktheit unserer Haut. Neben den relativ großen und sichtbaren apokrinen Schweißdrüsen – ihr Durchmesser kann immerhin einen halben Millimeter betragen – besitzt der Mensch eine zweite unregelmäßig über den gesamten Körper verteilte Art von Schweißdrüsen, die keine direkte Beziehung zu den Haaren oder Brustwarzen haben. Und genau diese gut zehnmal kleineren, fast unsichtbaren merokrinen Drüsen sind ein möglicher Schlüssel zur Erklärung unserer Nacktheit. Bei Fell tragenden Tieren fallen sie kaum ins Gewicht, auf der Haut des Menschen aber sind sie gleich millionenfach verteilt und erfüllen hier eine wichtige Funktion: Mit ihnen reguliert unser Körper seinen Wärmehaushalt. Geraten wir ins Schwitzen, kühlt sich die Haut durch die Verdunstung des Schweißes ab. Für dieses »Runterschalten« der Temperatur ist ein Fell sehr hinderlich, da die Flüssigkeit in den Haaren gefangen bleibt und somit nicht verdunsten kann.

Eine Vielzahl von Schweißdrüsen in der Haut befähigt den Menschen dazu, die Körpertemperatur über die Entstehung von Verdunstungskälte zu reduzieren.

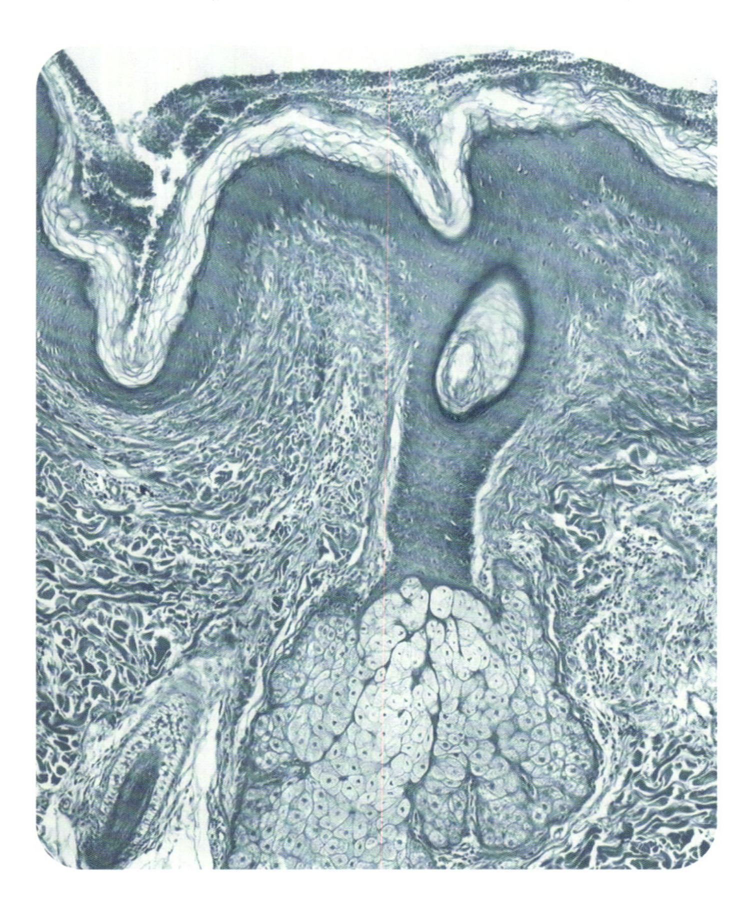

Das Schwitzen auf nackter Haut ist ein geniales Patent, das uns gegenüber vielen Tieren ermöglicht, trotz hoher Außentemperaturen dennoch körperlich aktiv zu sein, ohne zu überhitzen. Die meisten unserer Säugetierverwandten sind demgegenüber gezwungen, wenn es allzu heiß ist, sich ruhig zu verhalten. Sie verziehen sich an ein schattiges Plätzchen und versuchen zusätzlich die überschüssige Körperwärme durch schnelles Atmen aus dem Körper abzutransportieren. Man denke nur an das typische Hecheln eines Hundes, das er vom Wolf geerbt hat. Der Mensch dagegen kann die Körpertemperatur innerhalb gewisser Grenzen über seinen integrierten »Thermostaten« mittels Schweißbildung »automatisch« runterregeln. Ein Novum der Evolution, das so nur bei uns zu finden ist. Wissenschaftler gehen davon aus, dass uns genau diese Fähigkeit der Aktivierung von Verdunstungskälte einen entscheidenden Vorsprung gegenüber unserer belebten Umwelt verschaffte. Unsere halbnackten

Dieser Hund verschafft sich Abkühlung. Seine Hechelatmung bewirkt eine erhöhte Verdunstung der Feuchtigkeit im Mundraum. Der Mensch dagegen kühlt seinen Körper durch Schwitzen.

bis nackten Vorfahren konnten nämlich vielleicht nicht schneller, aber sie konnten länger laufen als die Antilopen und Gazellen in der afrikanischen Savanne. Paläontologen vermuten nun, dass genau dies dem Jagdwild unserer Ahnen zum Verhängnis wurde. Der Theorie zufolge hetzten nämlich unsere Ahnen als Dauerläufer ihren potenziellen vierbeinigen Fleischmahlzeiten so lange hinterher, bis diese vor Überhitzung förmlich umfielen. Diese Technik verwenden übrigens die Buschmänner der Kalahari noch heute. Die zunächst zufällige partielle Haarlosigkeit unserer Vorfahren entwickelte sich über viele Generationen hinweg zu einem Selektionsvorteil. Wer viel nackte Haut mit noch mehr Schweißdrüsen besaß, hatte konsequenterweise mehr Fleisch zu essen als seine Fell tragenden Vettern.

Soweit zu jener Theorie der Entstehung unserer Haarlosigkeit, die vermutlich auf dem ebenfalls für unsere Spezies typischen aufrechten Gang basiert. Doch mit den beiden Aspekten »Nacktheit« und »Zweibeinigkeit« bewegen wir uns wieder einmal ähnlich wie auch schon bei unseren Betrachtungen des Werkzeuggebrauchs geradewegs in die Entwicklungsgeschichte des Menschen hinein und damit weg von unserem eigentlichen Thema, der tierischen Vergangenheit unseres Körpers.

Kehren wir also wieder zurück zum animalischen Teil unseres Stammbaums. Diesen haben wir an dieser Stelle in Sachen Haut vom Nabel bis zur Brustwarze und von der Lederhaut über die Hornhaut bis hin zur Gänsehaut recht gründlich kennengelernt.

Wenden wir uns schnellen Schrittes unseren Knochen und Muskeln und damit dem eben bereits kurz in den Blick genommenen Bewegungsapparat des Menschen zu.

Das Zusammenspiel von Muskeln und Knochen befähigt den Menschen zu enormen Leistungen. Die Wurzeln dieses erstaunlichen Bewegungsapparats liegen im Tierreich.

Immer in Bewegung

Das Tier in Muskeln und Knochen

Tag für Tag vollbringt unser Körper durch das faszinierende Zusammenspiel von Muskeln und Knochen enorme Leistungen. Er ist eine zu hundert Prozent biologisch arbeitende, hoch effektive Kraftmaschine. Und wo immer auf Erden Kräfte walten, da entsteht in aller Regel Wärme. Deshalb sind wir nicht nur ein wahres Energiebündel, sondern auch ein Heizkörper, der lebenslang auf einen Temperaturbereich zwischen ungefähr 36 und 37 Grad Celsius eingestellt ist. Das ist ein vergleichsweise hoher Wert, wenn man bedenkt, dass wir an vielen Orten der Erde einen riesigen und teuren Aufwand treiben müssen, um die Raumtemperatur unserer Behausungen bei durchschnittlich 20 Grad einpendeln zu können. In unserem Körper haben wir es dagegen nahezu doppelt so warm und müssen dafür keine Heizkosten zahlen, abgesehen natürlich von dem, was wir in unsere Nahrung investieren, dem Rohstoff unserer Wärme- und Energieproduktion.

Diese über unsere Haut spürbare Körperwärme ist also das Resultat eines Energieflusses, der wiederum nicht weniger als die Voraussetzung für Bewegung, Fortbewegung und für das Leben als solches darstellt. Aus diesem Grund sollten wir die Wärme unseres Körpers zum ersten Untersuchungsobjekt auf der Exkursion durch den Bewegungsapparat des Menschen machen.

Um nun genauer zu ergründen, woher eigentlich die Körperwärme des Säugetiers Mensch stammt und welchen unserer Urverwandten wir diese Energieerzeugung verdanken, müssen wir einmal mehr tief in die Erdgeschichte vordringen, wo wir einen der ersten Vertreter unserer Ahnenreihe besuchen. Doch Vorsicht – uns erwartet ein ziemlich gefräßiger Urvorfahr! Allerdings müssen wir ihm gerade das wiederum zugute halten, denn durch seinen Appetit schuf er die Voraussetzungen dafür, dass der Körper des Menschen überhaupt Energie produzieren kann und folglich warm ist. Spulen wir die Zeit gute zwei Milliarden Jahre zurück.

Die Bakterie in dir

Damals war das Leben einzig auf das Wasser beschränkt und unsere Ahnengalerie bestand nur aus einzelligen Organismen. Dementsprechend konnte sich seinerzeit auch noch kein Lebewesen vorstellen, dass einmal ein Nachfahre der Mikroben, die hier am Grund des Urmeers ihr Leben fristeten, sich in ferner Zukunft für Fragen wie die nach der Herkunft seiner Körperwärme interessieren würde und nach den Antworten sucht, indem er mit den Augen schwarze Zeichen auf Papier abtastet. Damals gab es weder Bücher noch Augen, und das Tasten diente am Meeresgrund weitaus bodenständigeren Fragen wie etwa der uns mittlerweile nur allzu gut bekannten: »Essbar oder nicht essbar?«

Was nun genau diese Frage mit unserer Körperwärme und deren Ursprüngen im Tierreich zu tun hat, soll folgende Szene beschreiben, die sich tatsächlich so oder zumindest so ähnlich abgespielt hat: Stellen wir uns dazu vor, unser bereits angekündigter einzelliger Ahne stößt plötzlich tastenderweise auf eine Bakterie und damit auf seine Lieblingsspeise. Er fackelt nicht lange, umströmt das potenzielle Futter, und plötzlich ist die Bakterie nicht mehr zu sehen. Sie wurde vom Körper der Amöbe umströmt, verschluckt, gefangen. Aber anstatt durch deren Verdauungssäfte und Enzyme aufgelöst zu werden, wie sich das für eine ordentliche Mahlzeit von damals bis heute gehört, lebt die Bakterie in ihrer Amöbenbehausung einfach weiter. Und mehr noch, sie macht sich in der neuen Umgebung, unserem Einzellerahnen, sogar nützlich. Sie kann nämlich etwas, wozu unser gefräßiger Verwandter, in dem sie nun eingeschlossen ist, nicht fähig ist: Sie verwandelt auf geradezu geniale Weise allerlei Zutaten aus der Suppe des Lebens – in der sie da in unserem Urvorfahren rumdümpelt – mithilfe des atmosphärischen Sauerstoffs zu chemischer Energie und damit zu Wärme. Diese äußerst effiziente Energieerzeugung mithilfe von Sauerstoff und deren Weitergabe an einen »Wirt« ist einer der ganz großen Zaubertricks der Evolution.

Wir halten fest: Ohne es wissen zu können, legten einst amöbenartige Lebewesen mit ihrem Hunger auf Bakterien den Grundstein dafür, dass sich unser Körper warm anfühlt, dass er überhaupt lebt, sprich einen ganz eigenen Energietransfer besitzt, der ihn antreibt.

Dieses Pantoffeltierchen wird von einer Amöbe umflossen und bald verdaut werden. Die Mitochondrien in unseren Zellen gehen auf einen ähnlichen Zweikampf im Mikrokosmos zurück, denn sie waren einst Bakterien und ebenso das Futter von Einzellern.

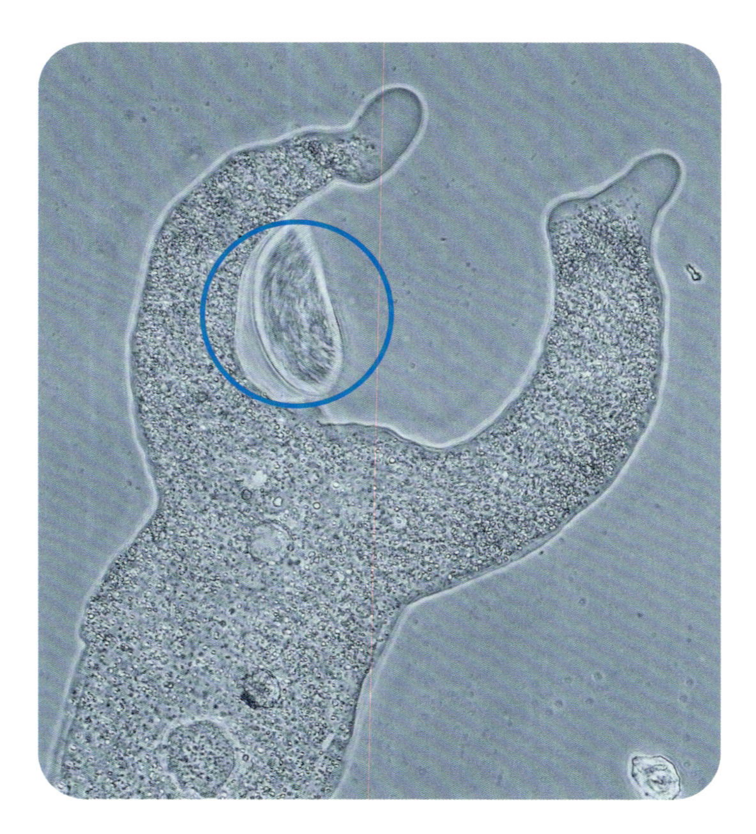

Lebensgemeinschaft unter Einzellern

In der Welt der Wissenschaft wird dieses ungeheuer wichtige Intermezzo der beiden Mikroorganismen mit der nüchternen Überschrift »Endosymbiontenhypothese« betitelt. *Endo* heißt innen, damit ist die vertilgte Bakterie gemeint, und *Symbiose* steht für Lebensgemeinschaft. Da betritt also sprachlich unser hungriger Amöben-Urverwandter als Zweiter im Bunde das Spielfeld. Der innere Organismus, die Bakterie, oder auch *Endosymbiont* genannt, war für die effiziente Energieum-

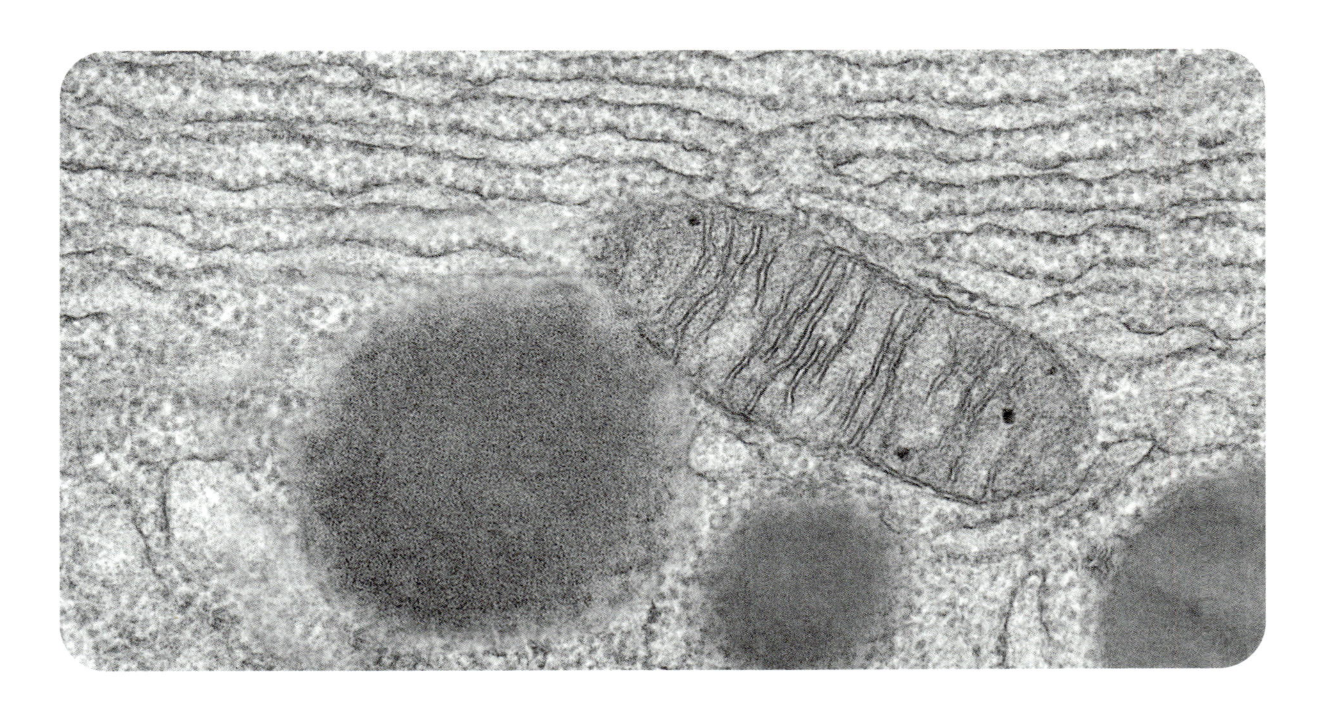

Ein Mitochondrium. Diese Zell-Kraftwerke gehen aus Einzellern hervor, die vor Milliarden Jahren im Urmeer lebten.

Die Wärme und Energieerzeugung unseres Körpers verdanken wir dem Appetit einzelliger Urvorfahren.

wandlung zuständig, wurde im Gegenzug mit Nährstoffen versorgt und war im Inneren der größeren Zelle etwa gegen Fressfeinde geschützt. Es entstanden also Vorteile auf beiden Seiten. Eine Win-win-Situation im Urmeer, die den enorm wichtigen Stoffwechsel in unseren Zellen weit voranbrachte.

Die Naturforscher können sich mit ihrer Endosymbiontenhypothese deswegen so sicher sein, weil die winzigen Protagonisten dieser Theorie auch heute noch in unserem Körper zu finden sind. Sie heißen Mitochondrien und werden auch als die »Kraftwerke der Zellen« bezeichnet. Wie ihre Bakterienvorfahren führen sie ein in gewisser Hinsicht selbstständiges Eigenleben innerhalb der Zellen jedes mehrzelligen Organismus. Richtig gehört: Wir besitzen mit den Mitochondrien eine Art Untermieter in unseren Körperzellen. Diese Organellen haben als Nachfahren von Bakterien sogar noch ein ganz eigenes, dem der Bakterien sehr ähnliches Erbgut. Die Mitochondrien erfüllen seit Milliarden von Jahren den Mietvertrag ihrer Ahnen aus dem Urmeer und bilden neben Energie

Vor etwas über 540 Millionen Jahren entzündete sich unter der Wasseroberfläche des Urmeers ein biologisches Feuerwerk, die »Kambrische Explosion«.

in chemischer Form auch das Reaktionsprodukt Wärme.

Dass wir über die Wärme unseres Körpers mit den einzelligen Ahnen aus dem Urmeer biologisch verbunden sein sollen, erscheint vielleicht allzu unglaublich. Doch dank vergleichender Erbgutanalysen unserer Mitochondrien und heute noch lebender Mikroorganismen konnte tatsächlich nachgewiesen werden, dass sich unsere Zellkraftwerke aus α-Proteobakterien, auch Purpurbakterien genannt, gebildet haben müssen.

Explosion im Urmeer

Ohne die Bereitstellung von Energie wäre das olympische Feuer der Evolution nicht vom Einzeller zum Vielzeller getragen worden, nicht vom Vielzeller zum Wirbeltier und auch nicht vom Wirbeltier zum Menschen. Damit haben wir nun das kleinste und gleichzeitig wichtigste Fundament unserer Bewegungsfähigkeit kennengelernt.

Um aber zu erfahren, wie uns die weiteren biologischen Abläufe in der Erdgeschichte überhaupt ermöglichten, schnell durch das Wasser zu schwimmen, aufrecht auf dem Land oder gar auf dem Mond herumspazieren zu können, sollten wir die Zeit der Einzeller verlassen und einen riesigen Zeitsprung von über einer Milliarde Jahren in Richtung Gegenwart wagen. Mit diesem Schritt betreten wir eine Epoche, die von diesem Moment neugierigen Lesens aber immer noch ein wenig mehr als eine unfassbare halbe Milliarde Jahre entfernt liegt. An dieser Zeitmarke kommt es nun zu einer revolutionären Veränderung aller Lebensgemeinschaften auf der Erde.

Damals entstanden in einem relativ kurzen Zeitraum von rund fünf bis zehn Millionen Jahren alle Urformen der heute bekannten Tierstämme, also auch die tierischen Vorformen des Menschen. Ermöglicht wurde diese »Explosion« unter anderem durch zunächst völlig unscheinbare chemische Prozesse, die sich aber für die Fortbewegung und Körpergestalten als absolut umwälzend erweisen sollten. So wurde etwa das Baustofflager für unseren Familienstammbaum um Kalzium erweitert, das unseren Verwandten die freie, selbstbestimmte Bewegung des Körpers überhaupt erst ermöglichte und das in den mehr als 200 Stützelementen unseres Körpers – auch Knochen genannt – zu finden ist. Zusammen mit den Verbündeten Phosphor, Wasserstoff und Sauerstoff avancierte das Kalzium als Mineral unter dem Namen *Hydroxylapatit* zu einem Star unter den Skelettbildnern.

Paläontologen geraten vor allem auch gerade deshalb gerne ins Schwärmen über diese »Explosion«, weil sie durch das Aufkommen hartschaliger Skelette und Körperteile aus Kalkverbindungen und anderen Mineralien geprägt ist, die sich in Fossilien erhalten haben. Organismen aus dem »Prä«-Kambrium dagegen, also dem »Davor« – jenem rät-

Der »Quallen-Baustoff« Kollagen verleiht unseren Knochen ihre enorme Stabilität.

selhaften Zeitraum ab der Entstehung des Lebens vor fast vier Milliarden Jahren – haben mit ihren Weichteilkörpern bestenfalls ein paar versteinerte Abdrücke im Meeresboden hinterlassen.

Doch obwohl im Präkambrium noch kein Knochenmaterial wie Kalzium vorhanden war, ist diese Epoche absolut keine verlorene Zeit in Sachen Skelettbildung. Dies demonstrieren die uns bereits bekannten Quallen auf eindrucksvolle Weise. Die Glibbertiere gelten als Botschafter der rätselhaft skurrilen präkambrischen Lebenswelt, denn sie existierten schon lange vor jener Explosion des Lebens. Und so seltsam es klingen mag, aber gerade die filigranen, weichen Quallen geben uns entscheidende Hinweise auf die anatomischen Wurzeln des starren, festen Skeletts des Menschen. Wie das? Während das mineralisierte Kalzium aus dem Kambrium eine Art Stützgerüst unserer Knochen darstellt, übernimmt der noch viel ältere glibberige Quallenbaustoff Kollagen – den wir von unserer Augenrundreise bereits kennen – eine ebenso wichtige Aufgabe in unserem Skelett.

Gemeinsam bilden das Kollagen und die Kalziumverbindungen unseres Knochens ein nahezu unschlagbares Team. Kollagen ist ein unglaublich festes Protein, man kann es zwar biegen, aber nicht in die Länge ziehen. Es übertrifft in seiner Zugfestigkeit sogar Stahl! Fehlt aber das Kollagen in unseren Knochen, so hat das schlimme Folgen. Bei der Glasknochenkrankheit erfüllt das Kollagen seine Aufgabe nicht richtig, da es durch einen genetischen Defekt verändert ist. Die Knochen der Betroffenen sind brüchig wie Glas. Ein wirklich furchtbares Leiden, das uns auf drastische Weise vor Augen führt: Ohne die Qualle im Menschen – das Kollagen in unseren Knochen – würden wir trotz Kalzium kaum einen Schritt tun können.

Knochen heißt knacken

Trotz ihrer Festigkeit dürfen unsere Knochen keinesfalls nur starr sein, sondern müssen sich innerhalb gewisser Grenzen auch biegen können, was uns bei Schlägen und Stürzen unbewusst zugute kommt. Und genau diese Aufgabe übernimmt das Kollagen. Doch auch der Belastbarkeit gesunder Knochen sind physikalische Grenzen gesetzt. Der Name des allgegenwärtigen Feststoffs unseres Körpers sollte uns hier eine Vorwarnung sein.

Dennoch sind die »Knacker« in unserem Skelett unbestritten die Wegbereiter für die Entwicklung zum Wirbeltier, Zweibeiner und Mondspaziergänger, die mit der Einlagerung von Kalziumphos-

Das Wort »Knochen« entstammt dem mittelhochdeutschen *knoche*, dem Vorläufer des Begriffs »knacken« – man braucht nicht viel Fantasie, um zu erraten, woher die Bezeichnung kommt.

phat und Kollagen in die Körper unserer Ahnen begann. Warum aber bildeten sich überhaupt damals im Kambrium in gleich mehreren Tierstämmen »explosionsartig« harte Schalen, Skelette und Panzerungen und damit auch die Vorläufer unseres Skeletts? Offen gestanden: Die genauen Gründe für die plötzliche Arten- und Formenvielfalt und den Siegeszug von Mineralien wie Kalzium in den Körpern unserer tierischen Urahnen kennt niemand. Eine ziemlich plausibel klingende Ursache lässt sich auf den Kernsatz verkürzen: »Einer hat mit dem stabilen Skelett angefangen, also mussten die anderen mitziehen!«, was soviel heißen soll wie, dass irgendein Organismus zufälligerweise Kalzium in sein Skelett einbaute und wie einen Schutzschild nutzte. *Anomalocaris* etwa haben wir ja bereits kennengelernt, diese dem Namen nach »ungewöhnliche Garnele«, die eigentlich gar keine Garnele war, da sie nicht zu den Krebstieren zählt, sondern im übertragenen Sinn eher so etwas wie der damalige Hecht im kambrischen Urmeerteich. Sein Körper war von vorn bis hinten gut gepanzert. Ihn oder seinesgleichen zu treffen und dann kein Skelett zu besitzen, war sicher eine unschöne Sache. Wer an seiner Seite überleben wollte, musste also mitziehen und sich in puncto bissfeste Körpergestalt etwas einfallen lassen. Und eine Möglichkeit bestand eben darin, etwa mit ebenso kalkverstärkten Schalen und Stacheln dafür zu sorgen, dass unser Freund *Anomalocaris* sein Hungergefühl gefälligst woanders zu stillen hatte.

Diese »Kalzifizierung« könnte so entstanden sein, dass bei manchen Lebewesen überschüssiger Kalk als Ausscheidungsprodukt des Stoffwechsels auf der Körperaußenseite oder im Körper selbst abgelagert wurde. So gesehen war die Verkalkung alles andere als ein sinnvoller Meilenstein auf dem Weg zum Knochen, sondern stellte womöglich die Evolution vor eine Aufgabe im Sinn von: Wohin nur mit all den Kalziumverbindungen? Nachvollziehbar wird diese Hypothese, wenn man bedenkt, wie bedeutsam Kalzium und vor allem Phosphor für unseren Körper sind. Stichwort »ATP«: Tag für Tag setzen wir eine unglaublich große Menge dieses uns aus dem Gehirn-Kapitel bekannten Phosphorträgers um, die mehr als der Hälfte

Der Stabilität unserer Knochen sind Grenzen gesetzt. Fehlt der wichtige Quallen-Baustoff Kollagen, entstehen brüchige Glasknochen.

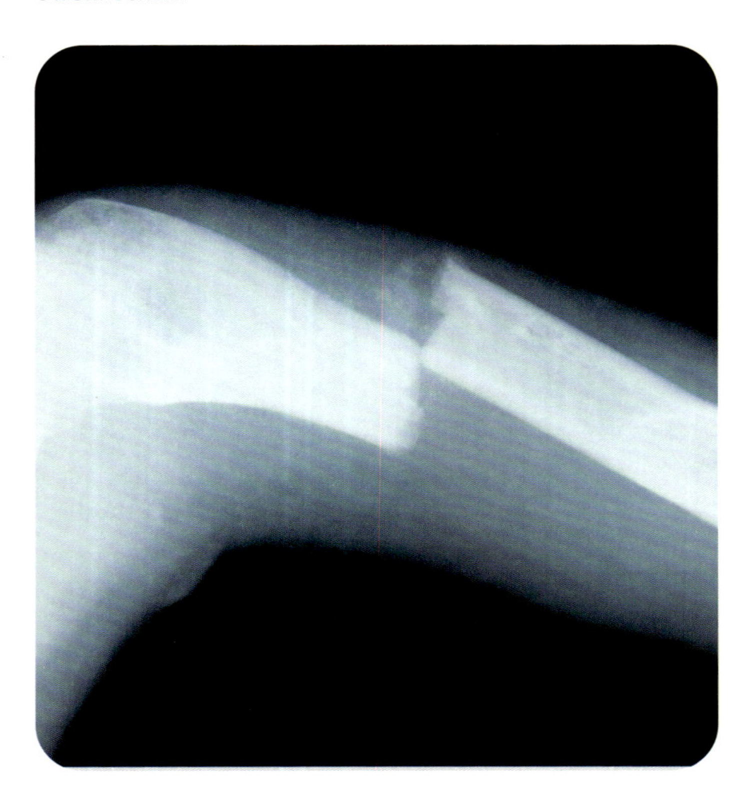

Woher stammt das Kalzium der Skelette?

Ein Erklärungsmodell für die »explosive« Skelett- und Schalenbildung geht davon aus, dass sich die Umweltbedingungen, genauer die Gewässerchemie des Urmeers durch Verschiebungen der Erdkruste in den Ozeanen des Erdaltertums im Kambrium derart geändert hat, dass nun plötzlich Kalzium und andere wichtige Elemente einer Schalenbildung in Hülle und Fülle zur Verfügung standen. Dies würde allerdings im Umkehrschluss bedeuten, dass eine Anhäufung von Mineralien im Organismus während des Präkambriums noch nicht möglich war. Wie könnte dieser Wandel verursacht worden sein? Nach Ansicht vieler Wissenschaftler wäre es möglich, dass bis zum Kambrium relativ »saure« Lebensbedingungen in den Ozeanen existierten, die eine Anhäufung von Kalk bis dahin chemisch verhinderten. Mit der Änderung der Temperatur sowie des Kohlendioxid- und Sauerstoffgehalts im Wasser könnten dann im Kambrium die Voraussetzungen für die Bildung von Kalk- und anderen Schalen entstanden sein. Es ist sogar möglich, dass das Wasser von mehr und mehr Mineralien regelrecht getränkt und überschüttet wurde.

unseres Körpergewichts entspricht. Unser Körper ist ständig damit beschäftigt, ATP zu bilden und wieder abzubauen. Angesichts dieses gewaltigen Wertes erscheint es logisch, dass das überschüssige Phosphat des Stoffwechsels nicht einfach aus dem Körper ausgeschieden, sondern als stille Reserve in Hautplatten, Schuppen und später im Knochen eingelagert wurde.

Kaum wurden Mineralien wie Kalziumphosphat und andere Stoffe zu nicht nur sinngemäß festen Bestandteilen des Körpers, so taten sich auch schon recht bald zwei parallele Pfade der Skelettbildung auf, die fortan das Tierreich trennten. Auf dem einen Wegweiser stand das Wörtchen »Exo-Skelett«, auf dem anderen »Endo-Skelett«. Und genau dieser letztgenannte Weg wurde seinerzeit durch unsere tierischen Vorfahren beschritten, führte zu den Wirbeltieren und über eine halbe Milliarde Jahre später auch zur Anatomie des menschlichen Bewegungsapparats. Betrachten wir also die beiden unterschiedlichen Methoden der Skelettbildung etwas genauer.

Exo oder Endo?

Wir spüren unsere Knochen zwar als harte Verstrebungen und können sie vom Schädel bis zum Zeh ertasten, dennoch bleiben sie dem direkten Anblick unter unfallfreien Umständen zeitlebens verborgen. Bei einer Muschel dagegen ist es gerade umgekehrt. Das Erste, was wir von ihr sehen, ist ihre harte äußere Schale. Diese umgibt ihren Körper und schützt die weichen Bereiche des Tieres als ein Exo- oder Außenskelett. Dieses Patent, den Körper mit einer Art Rüstung zu schützen, statt ihn durch Knochen – das Endo-Skelett – von innen heraus zu stabilisieren, ist bei vielen ursprünglichen

Die ausgestorbene Gruppe der *Trilobiten* zählt zu den ersten Lebensformen mit einem harten Außenskelett. Diese »Dreilapper« sind wichtige Zeitzeugen der Erdgeschichte, denn ihre Schalen treten häufig als Versteinerungen an das Tageslicht.

Organismen wie Schnecken, Muscheln, Korallen, Krebsen oder auch Insekten zu finden.

Bei genauerem Hinsehen weist das Prinzip »Exo« im Gegensatz zu unserem Skelett allerdings eine Reihe unschöner Tücken auf. So ist der Körper und damit auch die Bewegungsfreiheit von Muscheln oder etwa Gliedertieren – wie der Name schon sagt – durch gliederhaft verbundene Verschalungen und Scharniere doch recht eingeschränkt, weshalb auch die Fortbewegung eines Krebses oder Käfers auf uns etwas ungelenk und roboterhaft wirkt.

Es gibt eine ganze Reihe von Gründen, die uns glücklich stimmen sollten, dass unsere Vorfahren einen vollkommen anderen Weg einschlugen, als sich mit einem äußeren Panzer zu rüsten.

Man denke nur daran, dass das Außenskelett vieler Gliedertiere von Zeit zu Zeit durch Häutungen ersetzt werden muss. Die alte Hülle wird abgestreift, um der darunterliegenden Platz zu machen, da der Panzer nicht mitwächst. Dieser Moment des »Hüllen-fallen-Lassens« ist gefährlich, denn an ein Weglaufen ist während des Umkleidemanövers nicht zu denken. Zudem ist die untere Haut noch

Unser Skelett ist vermutlich aus einer Art Speicher des Überschussprodukts Kalziumphosphat hervorgegangen.

nicht erhärtet, der Körper ist der Außenwelt mehr oder minder schutzlos ausgeliefert. Ein sensibler Moment, auf den sich eine Unzahl räuberischer Feinschmecker mit einem Faible für Krusten- und Schalenweichtiere spezialisiert hat.

Auch haben alle Exoskelette – egal, ob von Tieren, die sich häuten, oder von solchen, die ihre Hülle behalten – ein statisches Problem. Ab einer gewissen Körpergröße kann ein Außenpanzer nach den Gesetzmäßigkeiten der Schwerkraft das Gewicht seines Besitzers einfach nicht mehr stützen, weil sein Eigengewicht viel zu groß wird. So gab es zwar Insekten mit Spannweiten von einem halben Meter und mehr, aber ihre Flugkünste waren sicherlich eher eingeschränkt, was vermutlich auch zu ihrem Aussterben beigetragen hat. Sie waren durch die Wirkung der Erdanziehungskraft sowie relativ großer Luftwiderstände schlichtweg schlechter für ihren Alltag gewappnet als jene uns heute bekannten kleineren Brummer, die sich mit ihrer geringen Körpergröße geschickt durch die Turbulenzen der Evolution bis in unsere Gegenwart manövriert haben.

Der Grund für die erfolgreiche Bildung einer Alternative, also des Endo-Skeletts aus Knochen, wie es der Mensch und alle anderen Wirbeltiere besitzen, ist zusammengefasst sicherlich als eine Art kluge anatomische Antwort auf die Nachteile des »Ritter-Modells« nach dem Prinzip »harte Schale, weicher Kern« zu interpretieren.

Unser Bewegungsapparat aus Knochen, die von Muskeln umgeben sind, erwies sich – abgesehen von einer unsere Evolution begleitenden Unzahl an Knochenbrüchen – am Ende als clevere Lösung, um größere Gewichte zu tragen und gleichzeitig den Körper so beweglich wie möglich zu gestalten. Auch körperlichem Wachstum steht ein Innenskelett nicht im Wege, da Knochen mitwachsen und die Muskulatur sich folglich nahezu

Außenpanzer schaffen Leitfossilien

Eine extrem erfolgreiche Lebensform mit Exo-Skelett, die im Kambrium das Licht der Welt erblickte, sollte hier erwähnt werden, auch wenn sie nicht zu unseren direkten Verwandten zählt. *Trilobiten*, auf Deutsch »Dreilapper«, gelten nicht zuletzt deshalb als die Leitfossilien des Erdaltertums, weil ihre versteinerten Außenpanzer über einen Zeitraum von mehr als 250 Millionen Jahren den Fossilbericht bereichern. Da sie im Laufe der Erdgeschichte immer wieder ihre Form abwandelten und ihre Größe änderten, was heute sehr gut dokumentiert ist, lassen sich mit ihren Versteinerungen hervorragend Altersbestimmungen von Gesteinen oder Fossilien vornehmen, in deren Nähe Trilobiten gefunden werden. Sie sahen ähnlich aus wie Krebse und waren mit ihrem Exo-Skelett gut gegen Angriffe gewappnet. Sogar ihre Facettenaugen bestanden aus Kalzit, weshalb sie versteinerten. Die Augenpanzer der *Trilobiten* zählen zu den ersten Nachweisen dieses im Tierreich so enorm wichtigen Sinnesorgans – siehe unsere Augenreise!

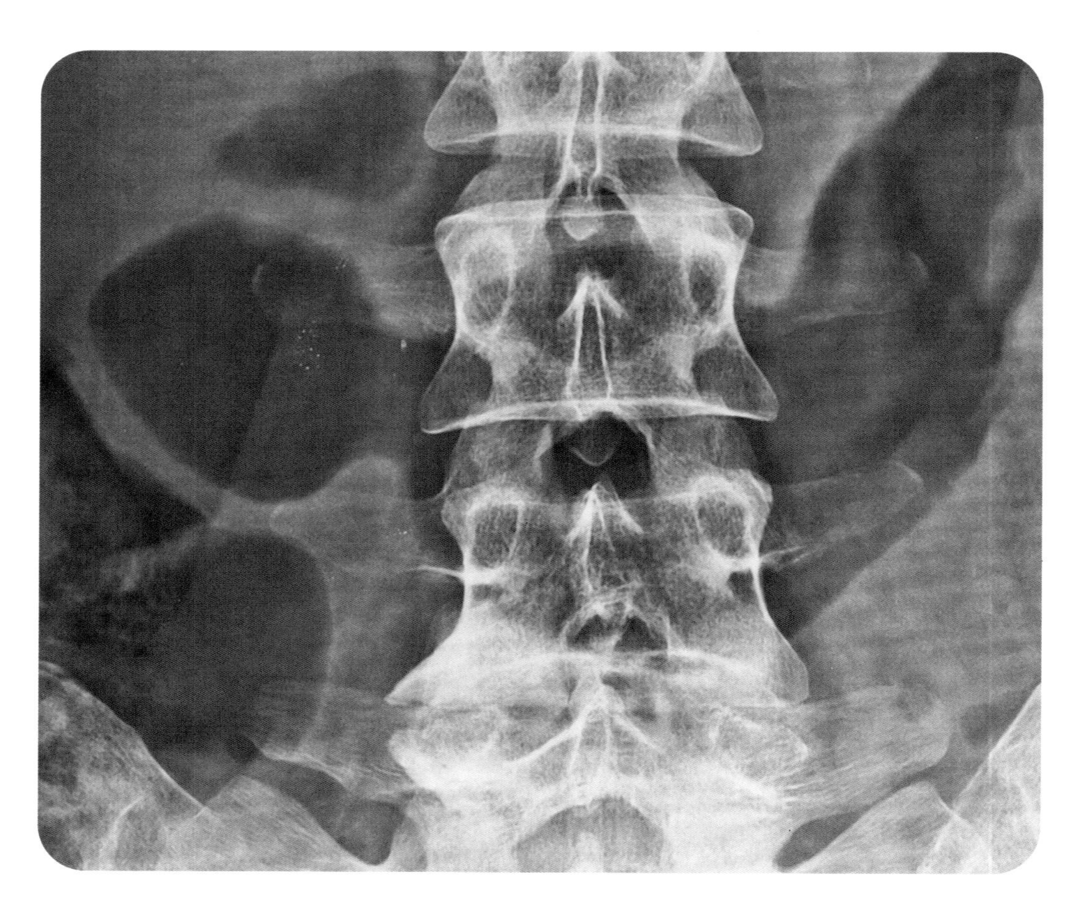

Die Wirbelsäule bildet das Zentrum unseres Skeletts. Ihre Entwicklung geht auf die Fischvorfahren des Menschen zurück.

uneingeschränkt entwickeln kann – Gliedertieren ist das unmöglich.

Ein Stab im Rücken

Wie aber sah nun eigentlich unser erster Urverwandter aus, der sich im zeitlichen Nachhall der Kambrischen Explosion als eine Art Pionier des Innenskelett-Typus durch das Urmeer schlängelte? Glücklicherweise hilft wieder einmal der Blick auf den Menschen selbst, die Antworten zu jener großen Frage zu finden, wie wir uns den evolutionären Ursprung unseres Skeletts vorstellen müssen.

Wie wir bereits mehrfach auf unserer Körperreise gesehen haben, durchlaufen wir in den ersten Wochen des Lebens Entwicklungsschritte aus früheren Tagen der Evolution. So haben wir als Erinnerung an unsere Pelz tragenden Ahnen ja bereits das *Lanugo*-Fell kennengelernt. Und genauso lässt sich auch der evolutionäre Ursprung unserer Wirbelsäule am Embryo ablesen.

Kaum 25 Tage nach der Befruchtung, während wir durch das Urmeer namens Fruchtwasser schwimmen, bildet sich in unserem Rücken eine längliche, knor-

Die Verlagerung des Stützgewebes in das Körperinnere nach dem Bauprinzip »Endo-Skelett« – außen weich, innen hart – war eine biologische Weichenstellung für unsere tierischen Ahnen.

pelartige Struktur, die *Chorda dorsalis*, deren Reste auch just in diesem Moment im Kern jeder einzelnen unserer Bandscheiben zu finden sind und dort nun den Namen *Nucleus pulposus* tragen. Bevor sich die Wirbelsäule aber in kleine verknöcherte Pakete einschnürte, um unsere Körperachse zu stabilisieren, übernahm diese Aufgabe ebenjener *Chorda*-Stab, eine Art evolutionsbiologische Keimzelle der Wirbelsäule. Dass dieser Gedanke alles andere als graue Anatomietheorie ist, zeigen uns Tiere, die ebenfalls eine *Chorda dorsalis* besitzen, und zwar zeitlebens und nicht wie wir nur für wenige Wochen als Embryo. Lanzettfischchen werden sie genannt oder auch *Branchiostoma*. Diese im Sandboden der Strände von Atlantik und Nordsee lebenden unscheinbaren Zeitgenossen sind für die Wissenschaft eine Art Botschafter der Urzeit, unter anderem deshalb, weil sie auch den Knorpelstab namens *Chorda* besitzen. Doch warum können wir eigentlich in Betracht ziehen, dass Lanzettfischchen tatsächlich ein Vorläufermodell der ersten Wirbeltiere darstellen? Ganz einfach: Sie ähneln auf erstaunliche Weise ganz bestimmten Versteinerungen kambrischer Fossilien, die auf den Namen *Pikaia* getauft wurden. Zudem verriet den Forschern der fachkundige Blick durch die Lupe, dass auch der versteinerte *Pikaia* eine knor-

Pikaia gracilens: Zwei Individuen des über 500 Millionen Jahre alten, kaum fingerlangen Fossils. Wegen seines Körperbaus und der in Abschnitte segmentierten Muskulatur zählt es zu den Vorläufern aller Wirbeltiere und damit auch des Menschen.

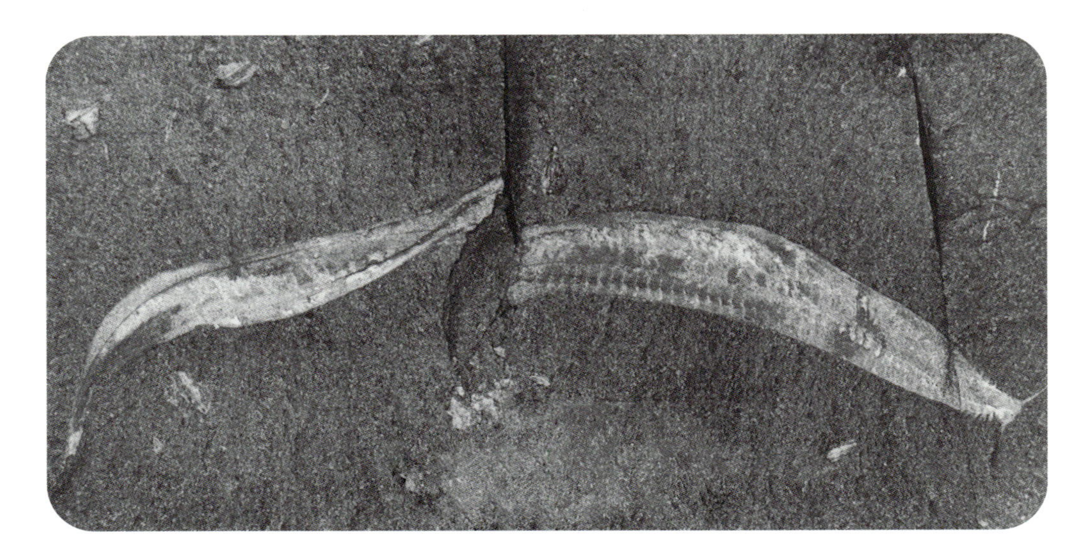

Für einen kurzen Lebensabschnitt ist jeder Mensch als Embryo eine Art »Ur-Wirbeltier«.

pelige *Chorda dorsalis* besaß, die seinen Körper der Länge nach durchzog.

Nun macht allerdings ein dürrer Knorpelstab freilich noch kein verknöchertes Rückgrat. Es scheint aber sehr wahrscheinlich, dass die Ummantelung der *Chorda* mit Knochenmaterial zum Bau von Wirbeln ein vergleichsweise kleiner Schritt der Evolution war. Denn schon kurz nachdem *Pikaia* 540 Millionen Jahre vor unserer Gegenwart das Urmeer durchschwamm, betraten die vom Menschen mit recht unaussprechlichen Namen ausgestatteten Zeitgenossen *Myllokunmingia* und *Haikouichthys* als nachfolgende Prototypen der Wirbeltiere vor etwa 500 Millionen Jahren mit skelettartigen Strukturen die Bühne des Kambrium. Ihre Versteinerungen zeigen tatsächlich kleine Skelettelemente entlang der *Chorda* und ein weiteres wichtiges Merkmal der Wirbeltiere: den Vorläufer eines verknöcherten Kopfes.

Die tierischen Ursprünge unseres Schädels und auch der Wirbelsäule haben wir nun ergründet. Fährt man mit der Hand entlang dieses stabilen verknöcherten Achsenstabs im Rücken, so fällt auf, dass er im Gegensatz zu der glatten Oberfläche des Schädels in einzelne Abschnitte portioniert ist und nicht glatt wie der Schädel. Diese Segmentierung der Wirbelsäule in einzelne Knochen mit den dazwischen eingelagerten Bandscheiben ist das Ergebnis einer zwangsläufigen Entwicklung, die unter anderem dem Schutz des Rückenmarks diente. Damit die bisherige Flexibilität des Rückgrats trotz starrer Knochenummantelung beibehalten werden konnte, musste das unbiegsame Gerüstmaterial in kleinen, gegeneinander verschiebbaren Portionen angelegt werden: Dies war die Geburtsstunde der Wirbelsäule.

Erst die Kombination aus beweglichen Wirbeln und Bandscheiben machte unsere Vorfahren fit für den langen Weg zu Schreibtischstuhl oder Space Shuttle. Allerdings rächt sich nun auf schmerzhafte Weise, dass bei der einstigen Konzeption unserer portionierten Wirbelsäule der aufrechte Gang des Menschen nicht eingeplant war. Mit anderen Worten: Für unsere Art der Fort-

Das Lanzettfischchen *Branchiostoma lanceolatum*: So ähnlich sahen unsere ersten Wirbeltiervorfahren aus, als sie das Urmeer durchschwammen.

bewegung ist der uralte Achsenstab im Rücken leider nicht mehr ganz so perfekt geeignet. Denn anders als in den Ur-Ozeanen ist unsere Wirbelsäule nicht wie bei einem Fisch waagerecht orientiert, sondern senkrecht aufgestellt. Das bedeutet, dass die Bandscheiben durch die vertikale Position der Wirbelsäule Tag für Tag enormem Druck ausgesetzt sind, weshalb sie sich stauchen, auf die Nerven der Wirbelsäule drücken und sogar heraustreten können. Im schlimmsten Fall kann eine Bandscheibe sogar reißen und Flüssigkeit aus dem *Nucleus pulposus*, also der alten *Chorda dorsalis*, austreten. Aber es hilft nichts, die Evolution hat nun mal nichts Besseres »erfunden«, womit wir unseren Körper durch das Leben tragen könnten, und so müssen wir dieses Urpatent mit uns herum- oder im Fall eines Bandscheibenvorfalls zum Arzt tragen.

Sechs kleine Mäuse

Nun spätestens sollten wir auf unserer Körper-Expedition auch jenem zweiten wichtigen Partner des Bewegungsapparats Aufmerksamkeit schenken – den Muskeln. Denn trotz der enormen Bedeutung von Rückgrat und Knochen, die wir hier weiter betrachten wollen, wäre unser Körper ohne Muskulatur absolut nicht bewegungsfähig.

Wann, wo und wie unsere Muskulatur entstand, lässt sich nur schwer in der Erdgeschichte ablesen, denn sie versteinert schlechter als Knochen. Sicher ist zumindest, dass unsere Skelettmuskulatur prinzipiell mit der anderer Landwirbeltiere vergleichbar und verwandt ist, deren Körper ebenfalls der Schwerkraft trotzen mussten und müssen. So können wir davon ausgehen, dass mit der Eroberung des Landes durch unsere Amphibienahnen bereits alle wesentlichen Muskelgruppen des Menschen entwickelt waren. Alle weiteren Umbauten waren Anpassungen an die Lebensweisen unserer auf die Amphibien folgenden Ahnen. Zwischen uns und einem Schimpansen besteht demnach erwartungsgemäß kaum noch ein Unterschied in der Muskulatur – wäre da nicht etwa jener kleine pikante Unterschied namens *Gluteus maximus*, auf Deutsch Gesäßmuskel. Bei keinem anderen Wirbeltier ist das Hinterteil so ausgeprägt wie bei uns Menschen. Seine besondere Größe ist nach Ansicht der Forscher nichts anderes als eine Anpassung an den für unsere Spezies typischen aufrechten Gang. Mit jedem Schritt müssen wir die nach vorn kippende Körperachse abfangen. Dies gelingt uns nur durch die besondere Ausprägung ebenjenes hintersten aller Muskeln.

Der Begriff »Muskel« stammt übrigens aus römischer Zeit. *Musculus* ist Latein und bedeutet »Mäuschen«. Die Bezeichnung rührt daher, dass ein angespannter Muskel zumindest nach Ansicht seiner Namensgeber aussieht wie eine kleine Maus.

Um nun den tierischen Ursprüngen unserer Muskulatur genauer auf den Grund zu gehen, müssen wir praktischerweise die körperbewusste Welt der Arenen des alten Rom und ihrer modernen Entsprechung in Form von Fitnessstudios gedanklich erst gar nicht verlassen. Denn gerade am athletisch gestärkten Körper tritt das Tier in unserer Muskulatur ganz offen und in einer mitunter wirklich eindrucksvollen Art und Weise zutage. Sportmuffel erwartet an dieser Stelle eine zunächst ernüchternde Nachricht:

Das Tier in unseren Muskeln

Die eigentlichen Motoren der Muskelbewegung sind die beiden nur Bruchteile eines Millimeters messenden Proteinmoleküle *Aktin* und *Myosin*. Wenn ein Muskel sich anspannt, schieben sie sich – übrigens aus der Energie des uns bekannten Energieträgers ATP gespeist – als die kleinste Untereinheit jedes Muskels aneinander vorbei. Zu Hunderttausenden Filamenten zusammengesetzt und teleskopartig ineinandergeschoben, bilden die beiden Eiweiße die Fibrillen, die dann wiederum das Grundelement der Muskelfaser darstellen. Diese elegante Mischung einer wirklich höchst komplexen Mikroanatomie und biochemischer Prozesse bildet die Grundvoraussetzung der Fortbewegung – vom Wurm bis zum Olympia-Weltmeister.

Der Waschbrettbauch, auch Sixpack genannt, steht nach wie vor hoch im Kurs. Die gute Botschaft aber und vielleicht ein kleiner Trost für alle Sixpacklosen: Die kleinen, wohl proportionierten Muskelpakete im Bauchbereich sind nichts anderes als hart erarbeitete, körperliche Aushängeschilder unserer Verwandtschaft mit dem Tierreich. Die Erklärung dieser Behauptung ist einfach: Schon vor über 500 Millionen Jahren und lange bevor eine Wirbelsäule existierte, gab Mutter Natur unseren Verwandten eine muskulöse Körpersegmentierung in einzelne Abschnitte – *Myomere* genannt – mit auf den Weg, damit sie schneller vorankamen. Diese Segmentierung findet ihre Fortsetzung neben den Paketen der Wirbelsäule, den Wirbeln und Bandscheiben, von denen wir bereits gehört haben, auch in der Rumpfmuskulatur. Ihre Segmentierung, wie sie auch ein Regenwurm mit seinen Ringeln deutlich zeigt, tritt bei entsprechendem Training als Waschbrettbauch zutage.

Gerade für körperbewusste Zeitgenossen ein vermutlich recht gewöhnungsbedürftiger Zusammenhang. Denn wer will angesichts einer unendlichen Zahl schmerzlich zeitraubender Trainingseinheiten schon mit einem Wurm verglichen werden? So gesehen kann sich zufrieden zurücklehnen, wer die sechs kleinen Bauch-Mäuschen nicht sein Eigen nennen kann. Anders formuliert: Es lebe das Onepack!

Zwar war die Muskulatur unserer wurmartigen Vorfahren segmentiert, aber die allerersten Muskelträger unseres Stammbaums waren sie nicht. Die ersten Organismen mit Muskulatur waren noch älter. So besitzen ursprünglichste Tiergruppen, wie etwa die mit uns nur entfernt verwandten fest sitzenden Schwämme, bereits muskelähnliche Gewebe auf der Basis von *Aktin*-Filamenten, die auf dem Stauchen und Dehnen von Zellverbänden beruhen. Allerdings wurde das Potenzial, den kompletten

Der im Vergleich zum Tierreich relativ üppige Gesäßmuskel kennzeichnet unseren Bewegungsapparat als typisch menschlich - wenn das kein interessanter Gedanke ist!

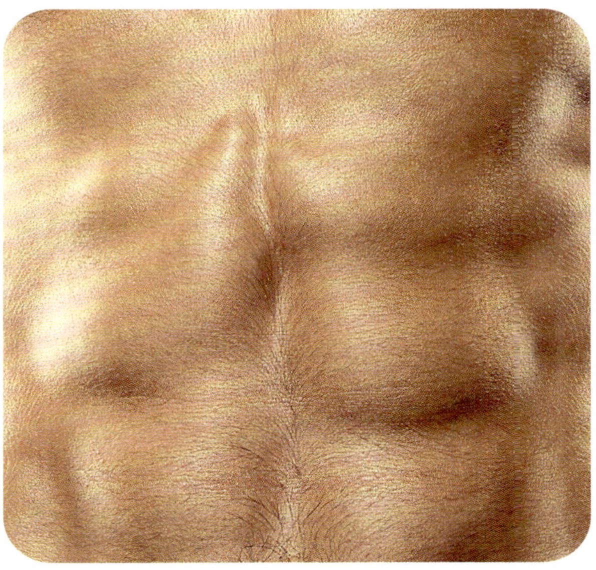

Von den Körperringen des Regenwurms bis zum Sixpack: Die Einteilung der Muskulatur in Segmente ist ein uraltes Prinzip der Evolution.

Körper fortzubewegen, erst bei frei beweglichen mehrzelligen Organismen und spätestens bei den Wirbeltieren »salonfähig«, oder sagen wir besser – unverzichtbar. So zeigt uns das bereits bekannte Lanzettfischchen durch seine Lebensweise, welchem Zweck die Körpermuskulatur ursprünglich vor allem diente. Die meiste Zeit ihres Lebens stecken die Tierchen bis etwa zur Hälfte senkrecht im Sandboden, um so vorbeiströmende Nahrungspartikel aufzufangen. Sind sie aber gezwungen, diesen aus unserer Sicht doch recht lethargischen Alltag aufzugeben, so flüchten sie mit ruckartig schlängelnden Bewegungen sofort zur nächsten Gelegenheit, sich erneut zu verstecken. Eine solch flinke Flucht vor Räubern war sicher auch bei unseren Vorfahren eines der Hauptmotive zur Entwicklung einer ausgeprägten Rumpfmuskulatur. Und so erstaunlich es klingen mag, aber die vergleichsweise primitiv wirkende Schwimmbewegung des Lanzettfischchens, abwechselnd den Körper nach links und rechts zu biegen, ist nicht weniger als ein Beispiel für das Generalpatent der Wirbeltier-Fortbewegung mittels Muskelsegmenten bis hin zum Menschen.

Ob Fisch, Lurch, Reptil oder Säugetier, sie alle biegen ihren Körper, um voranzukommen, erst in die eine und dann in die andere Richtung. Möglich wird dies erst durch das Zusammenspiel von Kontraktionen der Rumpfmuskulatur entlang eines stabilen und dennoch flexiblen Achsenstabs im Rücken.

Der Fisch in der Nasenspitze

Blicken wir zur Orientierung an dieser Stelle kurz auf die Bauanleitung unseres Bewegungsapparats, um zu überprüfen, wie weit wir auf unserer Reise mit der Konstruktion des Wirbeltiers Mensch gekommen sind: Rückgrat, Bandscheiben, Schädel, Rumpfmuskulatur – so weit, so gut. Aber ein ganz wesentliches Merkmal unserer Anatomie und Hilfsmittel der Fortbewegung fehlt uns noch, die Extremitäten. Montieren wir diese in Gedanken als kleine Ausstülpungen an den Leib eines Lanzettfischchens, so kommen wir der Körpersilhouette der ersten klassischen Wirbeltiergruppe mit anatomischen Vorläufern von Armen und Beinen schon sehr nahe. Denken wir uns nun diese als flossenförmige Körperanhänge und betreten dabei gleichzeitig die Epoche des Devon, so können wir das Ergebnis unserer geistigen Bastelarbeit auf folgenden Satz verkürzen: Fertig ist der Fisch in uns!

Und wie so oft, wenn in der Erdgeschichte etwas Neuartiges aus den nicht wirklich existierenden Entwicklungslabors der Evolution auftauchte, entstand eine Vielzahl von Variationen – hier nun zum Thema »Wirbeltier mit Flossen«. Daher die Vielfalt von Fischformen in der Gegenwart und in der erdgeschichtlichen Epoche des Devon, das deshalb auch als »Zeitalter der Fische« bezeichnet wird.

Nun wäre es aber sicher ein Fehler zu glauben, dass allein der Blick in ein Aquarium genüge, um den Nachfahren unserer direkten Fisch-Urvorfahren Hallo sagen zu können. Bis auf ein paar wenige Ausnahmen sind die heute lebenden Fischformen das Ergebnis einer langen Weiterentwicklung des Modells »wasserlebendes Wirbeltier« und einer bis in die jüngste Vergangenheit reichenden Anpassung an den Lebensraum

Zwar wird unser Fortkommen nicht mehr wie bei einem Fisch durch Schlängelbewegungen unterstützt, doch das abwechselnde Rechts-links-Muster des aufrechten Ganges hat seine Wurzeln im Urmeer.

Fleischflossen – Markenzeichen unserer Fischahnen

Lange Zeit glaubte man, dass (abgesehen von den drei heute noch lebenden Fleischflosser-Arten der Lungenfische) diese im Devon sehr formenreiche Gruppe seit vielen Millionen Jahren ausgestorben sei. Dann jedoch kam das Jahr 1938. Damals wurde ein lebender Fleischflosser vor der Küste Südafrikas von einem Fischer gefangen und von einer Forscherin als das erkannt, was er unbestritten ist, eine wissenschaftliche Sensation. Seither gilt der Quastenflosser *Latimeria* als ein lebendes Fossil und ist ein Verwandter unserer direkten Fischahnen. Die Flossen steuert er mit einer ausgeprägten Muskulatur, die seine Extremitäten ungleich stabiler macht als die eines Goldfischs.

Nach der Entwicklung der Muskulatur war die Entstehung von Flossen der nächste große Schritt in Sachen Fortbewegung – ohne Schwimmbewegungen kein Mondspaziergang.

Wasser. Was unsere direkten fischartigen Urahnen aber betrifft, so zeichnen die Paläontologen ein etwas differenzierteres Bild, denn unsere Vorfahren entstanden, noch bevor das heutige Formenmodell »moderner Knochenfisch« das Licht der Welt erblickte. Unsere Fischahnen folgten einer ganz eigenen Entwicklung. Soll heißen: Mit einem Goldfisch haben wir zwar einen gemeinsamen Vorfahren, aber wie ein Goldfisch sah unser erster Fischahne ganz sicher nicht aus. Ein wichtiger Unterschied etwa ist, dass ein Goldfisch wie die meisten heute lebenden Knochenfische Flossen besitzt, die von stabförmigen Knochenelementen, den *Radialia*, gestützt und gespannt werden. Diese weisen ihn als Mitglied der Strahlenflosser aus, die mit über 28 000 Arten die mittlerweile vielfältigste Fischgruppe des Blauen Planeten bildet. Solche knöchernen *Radialia* suchen wir an Armen und Beinen vergebens, denn wir stammen nun schließlich nicht von Strahlenflossern ab.

Wenden wir daher den Blick vom Goldfisch ab und kehren noch einmal an den Ursprung unserer Skelettbildung zurück. Um diese Zeitreise im Sinne des Wortes »begreiflich« zu machen, liegt zunächst nichts näher als der Griff an die eigene Nase oder auch an die Ohren. Unsere Nasenspitze ist, wie man unschwer ertasten kann, ähnlich der Ohrmuscheln relativ weich und verschiebbar, was sie ihrem knorpeligen Gewebe verdankt.

Der Quastenflosser (oben) besitzt im Vergleich zu einem Goldfisch (unten) wesentlich kräftigere Extremitäten. Er gehört zur Gruppe der Fleischflosser, von denen auch der Mensch abstammt.

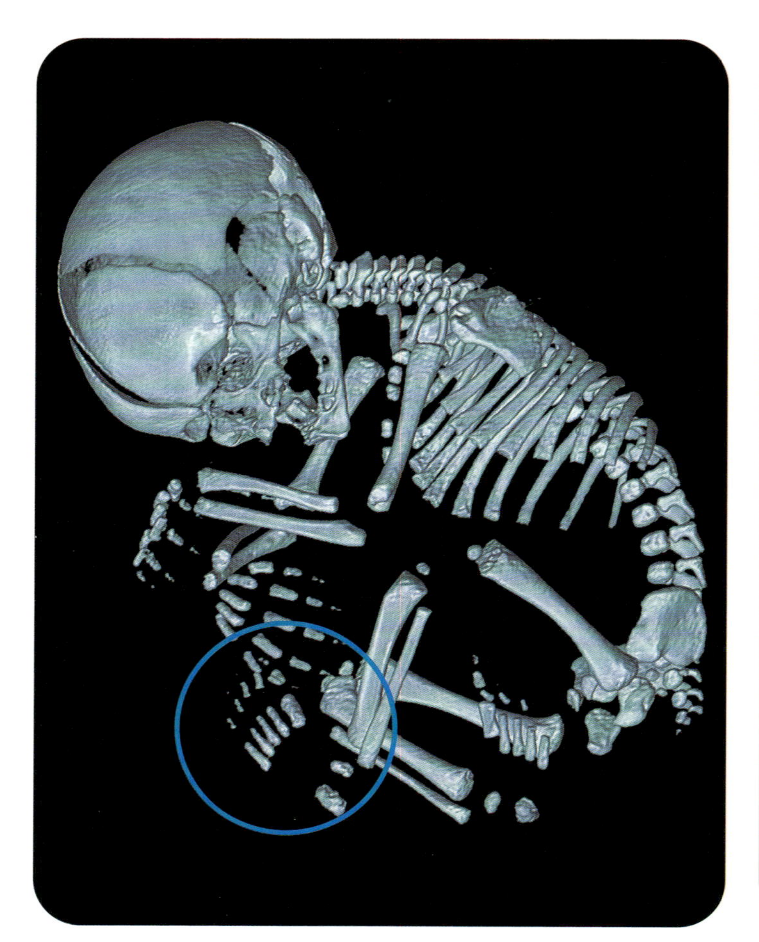

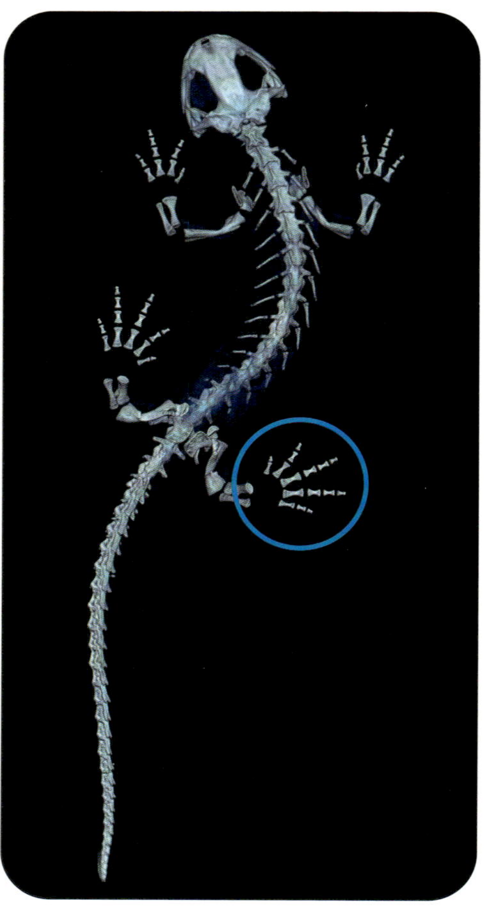

Die Hand- und Fußwurzelknochen eines Fötus (links) bestehen noch nahezu vollständig aus Knorpel, daher sind sie in dieser CT-Aufnahme nicht sichtbar. Bei einem Salamander (rechts) bleibt dieser Knorpelanteil lebenslang erhalten. Das Beispiel zeigt: Unsere Zeit im Mutterleib spiegelt die zunehmende Verknöcherung des Skeletts im Laufe der Wirbeltier-Evolution wider.

Diese Substanz, der Knorpel, ist in vielen Bereichen des Skeletts ein Vorläufermaterial des Knochens. So haben wir ja bereits die *Chorda dorsalis* und ihre anatomische Verwandtschaft mit der Wirbelsäule kennengelernt. Wir können davon ausgehen, dass sich viele weitere der ersten Stützstrukturen des Skeletts unserer Fischahnen – oder zumindest Teile von ihnen – ganz ähnlich angefühlt hätten wie unsere Nasenspitze, aber damals gab es ja noch keine Hände.

Besonders faszinierend ist nun, dass Knorpel ebenso in der Embryonalentwicklung jedes einzelnen Menschen als eine Art Platzhalter des späteren Knochenskeletts dient. Damit zeichnet sich in unserem Skelett der Weg vom Knorpel

Knorpel ist durch seine Biegsamkeit und gleichzeitige Stabilität ein unschätzbar wertvolles Material, das beim Wachstum ebenso wichtig ist wie als Formgeber unserer Nase oder auch der Ohrmuschel.

zum Knochen gleich einer Evolution im Kleinen nochmals ab. Deutlich sichtbar wird dies, wenn wir uns die Computertomografie-Aufnahme eines Ungeborenen anschauen.

Die Langknochen der Extremitäten scheinen beim Fötus frei im Raum zu schweben. Dies ist in Wirklichkeit aber gar nicht der Fall. Vielmehr besteht sein Skelett gerade in den Gelenkbereichen aus Knorpelgewebe, was in der CT-Aufnahme nur nicht dargestellt ist, weil dies bei dieser Aufnahmetechnik schwer möglich ist. Ganz ähnlich verhält es sich bei der CT-Abbildung des Salamanders, auch hier erscheinen die Finger und Zehen wie frei schwebend. Tatsächlich existieren also hier knorpelige Strukturen zwischen den Knochen und Gelenken. Interessanterweise bleibt beim Salamander die Knorpelstruktur teilweise als ein ursprüngliches Skelettmerkmal ein Leben lang erhalten, während sie bei unserem Fötus später durch Knochen ersetzt wird. Dass die Knochen im Bauch der Mutter noch nicht vollends ausgebildet sind und durch biegsamen Knorpel ersetzt werden, ist von großem Vorteil, nicht zuletzt aus Platzgründen in der Schwangerschaft und bei den körperlichen Belastungen während der Geburt. Das Kind würde schlichtweg Gefahr laufen, sich Arme und Beine zu brechen, wenn diese bereits vollends aus Knochen bestünden.

Zurück zum Urfisch in uns. So wie der Körper eines Ungeborenen durch den Platzhalter Knorpel strukturiert und für die Belastungsproben des Lebens vorgefestigt wird, war das Baumaterial Knorpel auch im Laufe der Evolution sicher eine Art Vorhut des Knochenskeletts, wie es heute für Wirbeltiere typisch ist. Aber wie steht es mit den Muskeln?

Wenden wir uns noch einmal dem Goldfisch zu, auch wenn er, wie gesagt, anders als unsere direkten Ahnen ein Strahlenflosser ist. Seine Flossen steuert er mit Muskeln, die im Inneren seines Rumpfes liegen und nicht wie bei unseren Armen und Beinen unmittelbar um die Extremität herum angebracht sind. Daher sind die Flossen der meisten heute lebenden Knochenfische trotz ihrer mitunter enormen Größe und Beweglichkeit im Verhältnis zu ihrem Körper recht dünn und auf faszinierende Weise filigran.

Für ein Tier wie den Goldfisch stellt die im Inneren versteckte Muskulatur einen sehr großen Vorteil dar, denn so wird der Strömungswiderstand des Körpers nicht durch sperrige äußere Muskelpakete erhöht. Auf solcherlei zarten Flossen allerdings das Land betreten zu wollen, wäre wiederum glatter Selbstmord. Ein kurzer Blick auf unsere Arme und Beine

Ohne die Entwicklung von Paddeln, die unsere Ahnen im Urmeer vorantrieben, wäre das virtuose Fingerspiel auf einem Klavier nicht möglich.

aber verrät, dass die menschlichen Extremitäten wesentlich stabiler als jede Flosse und zudem rundherum von Muskeln umgeben sind. Diese üppige Muskulatur, die unsere Arme und Beine ummantelt, ist überhaupt erst verantwortlich dafür, dass wir anders als jeder Fisch – zumindest theoretisch – ein paar Liegestütze machen oder schrittweise einen Fuß vor den anderen setzen können. Wo aber kommt nun diese Extremitätenmuskulatur her? Sicher ist, dass sie nicht erst im Laufe der Evolution an Arme und Beine »wanderte«. Vielmehr müssen unsere Fischahnen bereits im Urmeer damit ausgestattet gewesen sein, sonst hätten sie den Weg auf das Land nicht einschlagen können. Und tatsächlich gibt es Fische, die ebenso wie wir und anders als etwa Freund Goldfisch eine recht ausgeprägte äußere Flossenmuskulatur und zudem schon ziemlich stabile Flossenknochen besitzen. Passenderweise erhielten sie die Bezeichnung *Sarcopterygii*, sprich Fleischflosser. Sie passen schon besser, wenn nicht gar exakt in unsere Verwandtschaftslinie. So hat der Australische Lungenfisch ein zumindest teilweise verknöchertes Brust- und Bauchflossenskelett samt der dazugehörigen Muskulatur.

Mussten wir uns noch im letzten Abschnitt damit abfinden, dass die Bauchmuskulatur anatomisch betrachtet den Menschen als wurmähnlich charakterisiert, so können wir nun festhalten: Unsere Extremitätenmuskulatur stammt definitiv von Fischen ab – eine etwas versöhnlichere Erkenntnis.

Der Fisch in der Hand

Ebenso wie durch die flossenartige Verästelung der Knochen an Armen und Beinen trägt jeder Mensch auch durch Schwimmhäute unsere Verwandtschaft mit den Fischen zur Schau. Diese Häute wachsen uns im Bauch der Mutter zwischen Fingern und Zehen, bevor sie dann wieder zurückentwickelt werden.

Fische sind auch nur Menschen

Nicht nur die Muskeln der Arme und Beine, auch deren Knochen wurzeln im Urmeer. Vermutlich entstanden sie am Übergang zwischen dem ausgehenden Silur und dem beginnenden Devon vor über 400 Millionen Jahren. Zu jener Zeit gingen bestimmte Fischarten dazu über, ihre Flossen nicht nur als Ruder einzusetzen, sondern sich auch dann und wann auf ihnen abzustützen oder sich hier und da schreitend voranzubewegen. Diese ersten kleinen Schritte waren ein Riesensprung auf dem langen Weg zum Mond.

Sosehr sich unsere Extremitäten in der Zwischenzeit von einer Flosse wegentwickelt haben mögen, so folgen anatomisch beide noch immer demselben Prinzip, nämlich dem einer mit dem Abstand zum Körper zunehmenden Zahl von Skelettelementen. Bei uns lautet diese grobe Fächerformel »eins-zwei-fünf«: Am Rumpf sitzt zunächst ein Knochen, Oberarm oder Oberschenkel, dann folgen zwei parallele Streben, Elle und Speiche beziehungsweise Schien- und Wadenbein, dann kommen nach Hand- und Fußwurzel recht bald die fächerförmigen Anlagen der fünf Finger und Zehen. Dieses Prinzip der Auffächerung ist beim Bedienen einer Tastatur oder anderer typisch menschlicher Tätigkeiten ebenso sinnvoll wie einst beim Paddeln durch die Wassersäule.

Zwischen dem Alltag unserer Fischahnen und der Fingerfertigkeit des Menschen liegt jedoch ein langer Zeitraum, in dem ganz entscheidende Umbauten im Skelett stattgefunden haben müssen. Und so kam es, dass vor rund 365 Millionen Jahren im Oberdevon die ersten Tetrapoden – also Vierfüßer – aus dem Urmeer auftauchten. Sie hatten fächerartige Extremitäten, die im Wasser als Flossen noch dienlich waren, auf denen sich ihre Besitzer aber auch schon ganz gut abstützen konnten. Wir sind diesen »Fischen mit Beinen« auf der Zeitreise durch unsere Haut bereits begegnet. *Ichthyostega*, *Acanthostega* oder auch der etwa zehn Millionen Jahre ältere und noch fischartigere *Tiktaalik* sind die Namen dieser wichtigen Vertreter in unserer Ahnengalerie. Sie legten den Grundstein dafür, dass ihre Nachfahren dem Lebensraum Meer den Rücken kehren konnten, um fortan als Landlebewesen den Tag zu verbringen.

Um die Namensliste der Pioniere unter den Landwirbeltieren zu vervollkommnen, sollte hier auch *Panderichthys* nicht unerwähnt bleiben, wenngleich er eine noch ursprünglichere Besonderheit als seine drei Kameraden aus dem Klub der weltberühmten »Vom Wasser

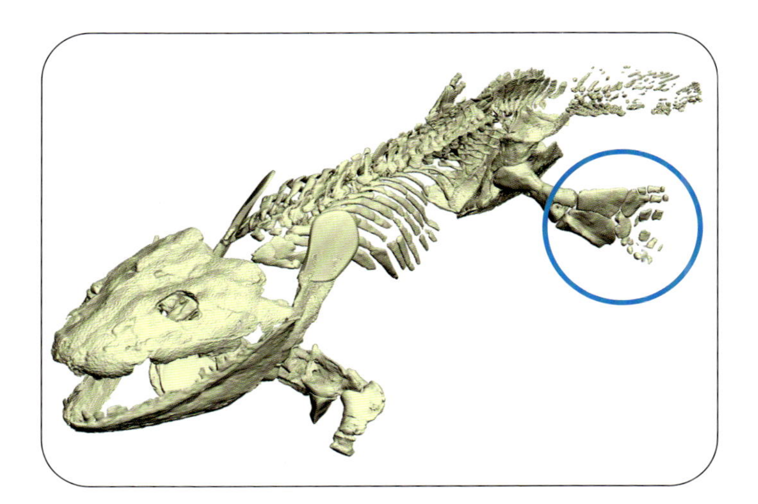

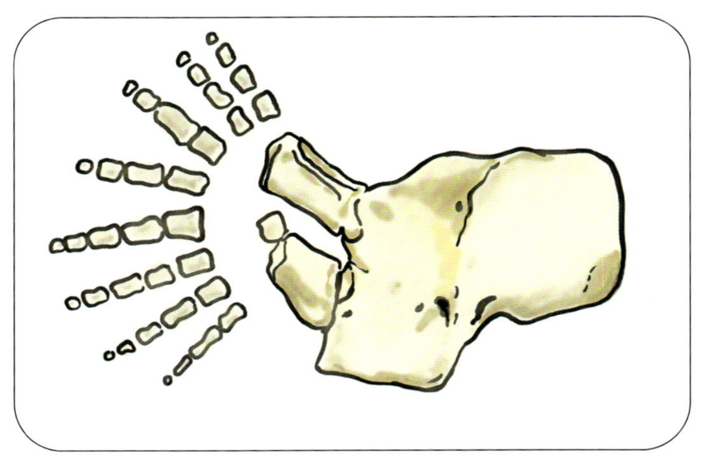

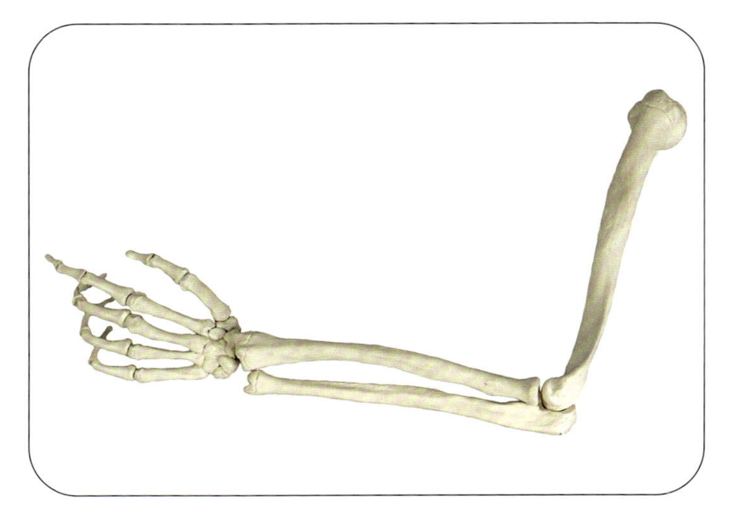

Ohne Fische keine Finger. Wie bei *Ichthyostega* (oben und Mitte) zu sehen, sind die Extremitätenknochen mit zunehmendem Abstand vom Rumpf immer weiter aufgefächert. Das Armskelett des Menschen (unten) entstand ebenso wie unsere Beine aus solchen Gliedmaßen im Urmeer.

Erst bei den Nachfolgern unserer Fischahnen, den Amphibien, konnte der Kopf unabhängig vom restlichen Körper bewegt werden.

Bei Fischen wie etwa diesem Barsch (oben) sind Kopf und Wirbelsäule fest miteinander verwachsen. Ein Salamander (unten) kann dagegen den Kopf freier bewegen. Fähigkeiten wie etwa das Nicken verdanken wir unseren Amphibienahnen.

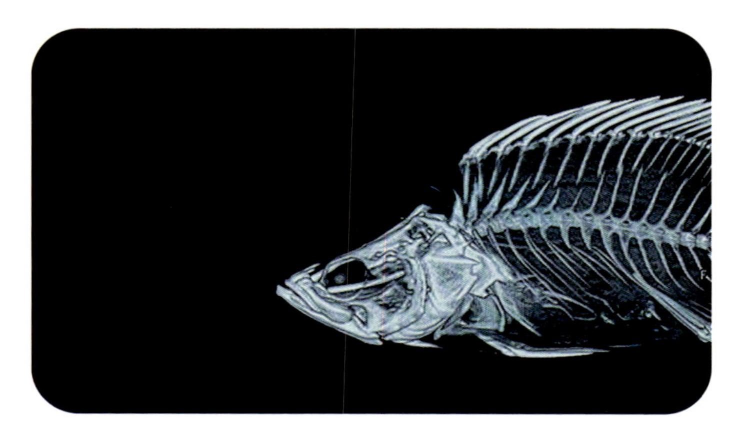

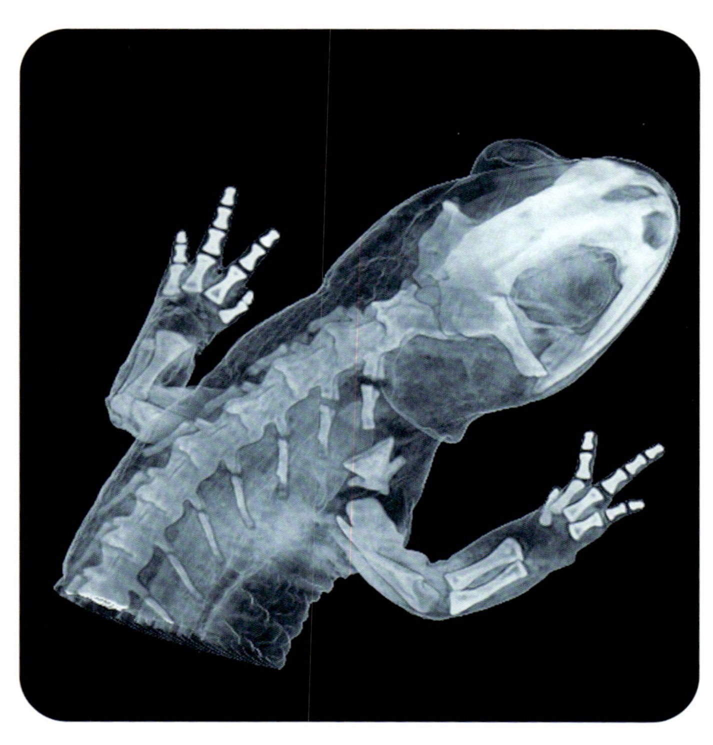

auf das Land«-Fossilien aufwies. Seine Wirbelsäule war nämlich genau wie bei typischen Fischen mit dem Schädel fest verbunden.

Deshalb würden wir vor dem Aquarienglas auch dann keine Erwiderung auf unser grüßendes Kopfnicken erhalten, wenn sich freundliche Fische darin befänden. Denn die Strahlenflosser haben die ursprüngliche Eigenschaft behalten, dass Kopf und Wirbelsäule nicht gegeneinander beweglich sind. Die freie Drehung des Kopfes – aber damit auch so nervtötende Beschwerden wie ein steifer Nacken – sind daher für Fische unbekannte Größen.

Unsere Fähigkeit zum Kopfschütteln oder Nicken verdanken wir also der Amphibie in uns, die vor etwa 370 Millionen Jahren die Chronik unserer Ahnen und den festen Erdboden betrat. Wie sah diese Welt aus? Zu jener Zeit hatten pflanzliche Organismen bereits seit mindestens 70 Millionen Jahren die Oberfläche begrünt, und mittlerweile erfüllten auch die Vorfahren der meisten heute lebenden Landpflanzen die Luft mit Sauerstoff. Zudem krabbelten Insekten und anderes wirbelloses Kleingetier umher. Kurzum, für eine abwechslungsreiche Speisekarte und ausreichend Frischluft war hinreichend gesorgt – das Land war zu einem überaus attraktiven Lebensraum geworden. In den Flachwasserbereichen dagegen hatten sich die Organismen derart in alle möglichen Lebensentwürfe hineinentwickelt, dass es für so ziemlich alles Getier und nahezu jeden Organismus einen hungrigen

Abnehmer gab. Mit anderen Worten: Für unsere bis dahin im Wasser lebenden Ahnen wurde es, wie wir an anderer Stelle schon gehört haben, vermutlich sehr ungemütlich. Unter diesen doch recht stressigen Bedingungen – Biologen sprechen in diesem Zusammenhang von »Fraßdruck« – konnte es nur eine Frage der Zeit sein, bis sich Fische mit kräftigen Flossen daran machen würden, auf eigenen Beinen zu stehen und länger als nur für einen Augenblick über die Wasseroberfläche zu ragen. Und da wir dem Ursprung und den Ursachen der Eroberung des Landes schon auf unserer Hautexpedition etwas genauer nachgegangen sind, sollten wir uns nun vollends von unserem inneren Fisch verabschieden und in Sachen Muskeln und Knochen unserem inneren Lurch an Land folgen.

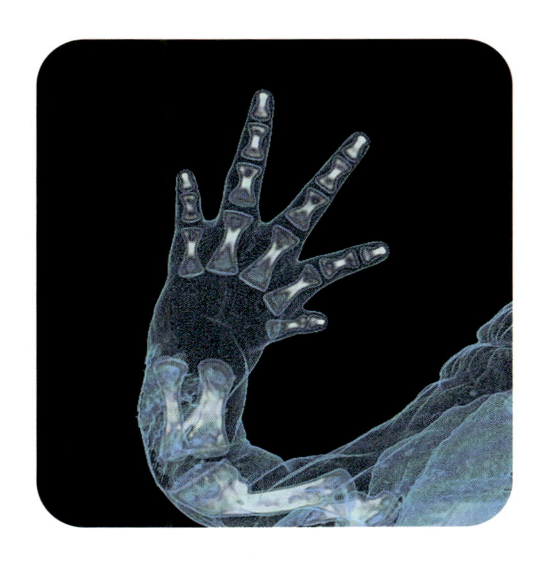

Der Fuß dieses Salamanders zeigt: Fünf Zehen zu besitzen ist bei Wirbeltieren keine Seltenheit.

Give me five!

Neben unserem drehbaren Kopf, der etwa im Primatenzeitalter unserer Entwicklungsgeschichte freilich noch etliche geradezu geniale Anpassungen an seine Beweglichkeit erfuhr, gibt es dementsprechend eine ganze Reihe weiterer Entdeckungen an uns zu machen, die uns unverkennbar als Nachfahren der Amphibien ausweisen. So stoßen wir bereits beim Zählen unserer Finger oder Zehen auf eine Gemeinsamkeit mit einem Salamander. Nicht nur, dass er genau wie wir Hände und Füße besitzt, auch mit seinen fünf Zehen ist er eines von unzähligen Beispielen dafür, dass die pentadaktyle Extremität – auf Deutsch »Fünf-Fingrigkeit« – eine Art Universalpatent unter den Vierfüßern darstellt.

Sieht man sich allerdings nicht nur die Zehen, sondern auch die Finger dieses Schwanzlurchs genauer an, so sind dort nur vier anstatt der eben noch versprochenen fünf Finger zu finden. Doch in tiefen Zweifel über den Wahrheitsgehalt der vorherigen Zeilen müssen wir deswegen nicht geraten. Die vier Finger des Salamanders sind nichts anderes als eine typische Abweichung von der Regel. Die modernen Amphibien haben sich, ähnlich des zuvor betrachteten Goldfischs, von ihren Urahnen wegentwickelt und so im Eifer der Evolution einen Finger verloren. Überhaupt gilt: Kaum ein Körperteil war auf dem Weg zum Menschen so starken Veränderungen unterworfen wie die Hände und Füße.

Als Folge ihrer vielfältigen Aufgaben im Spannungsfeld der verschiedensten Verhaltensweisen zwischen Fortbewegung, Nahrungsaufnahme, Verteidigung bis hin zum Faustkeil oder dem Tippen auf einer Tastatur haben sich je nach Lebensweise zahlreiche anatomische Ver-

Der Greiffuß des Schimpansen ist hervorragend an das Klettern in Bäumen angepasst. An diese Lebensweise unserer Ahnen erinnern uns der große Zeh und der Daumen.

änderungen herausgebildet. Was vielleicht etwas kompliziert klingen mag, lässt sich auch auf den Satz verkürzen: Zeig mir deine Hände und Füße, dann sage ich dir, wie du lebst!

Und was sagen uns die Extremitäten des Menschen über seine Lebensweise in der tierischen Vergangenheit? Beginnen wir mit den Füßen: Ihre Form ist im Grundsatz typisch menschlich. Kein Tier hat unsere Hinterextremitäten, die durch ihre rechtwinklige Abflachung eben an den aufrechten Gang angepasst sind, den kein anderes Wirbeltier so beherrscht wie wir. Und doch steckten unsere Füße nicht immer schon in Schuhen, wie uns besonders einer der fünf Zehen auf Schritt und Tritt verrät.

Er bildete das für einen Greiffuß anatomisch notwendige Gegenlager zu den anderen vier Zehen, genau wie wir es noch heute etwa bei unseren allernächsten Tierverwandten bestaunen dürfen. Nur durch einen kräftigen Großzeh ist es einem Schimpansen möglich, elegant an der Liane hochzuklettern. Und auch unsere Hände – man ahnt es schon – dienten ursprünglich dem Hangeln von Ast zu

Der große Zeh ist ein anatomisches Erinnerungsstück an das Leben unserer Ahnen in den Bäumen Afrikas.

Ast. Erst unser Daumen verleiht der Hand ihren Titel als Greifwerkzeug.

Wir notieren zusammenfassend in unserem Reiseprotokoll: Die Form unserer Hände und Füße stammt von unseren Affenahnen aus den Baumwipfeln Afrikas und geht auf die Extremitäten amphibischer Wirbeltiere zurück, die mit Armen und Beinen, mit Fingern und Zehen den Lebensraum Wasser verließen, nachdem sich ihre Vorfahren als Fische mit Flossen durch das Wasser bewegt hatten.

Knicke im Skelett

Betreten wir nochmals die morastigen Pfade unserer ersten Vierfüßervorfahren, nachdem sie die Ufer der devonischen Gewässer verlassen hatten. Kaum waren sie in den dichten und feuchten Wäldern des Karbon als waschechte Amphibien angekommen, gaben sie ihren alten Zweitwohnsitz – das Wasser – und auch ihren Namen auf, denn unsere Ahnen eroberten das Land erst so richtig als Reptilien. Wir haben davon bereits erfahren. Die wunderbare Leichtigkeit des im Wasser schwebenden Körpers lag somit vollends hinter ihnen. Dieser Schritt hatte für die Fortbewegung weitreichende Folgen. Die Muskulatur der Reptilien musste zeitlebens der irdischen Schwerkraft trotzen können. Nun kam in der Evolution nur weiter, wer stabil stehen und schnell laufen konnte. Doch die frühen Vierfüßer hatten seitlich abgespreizte Extremitäten. Erst später wurden Arme und Beine direkt unter den Körper gestellt. So mussten sich unsere Ahnen nicht mehr in einem permanenten und Kräfte zehrenden Liegestütz mit seitlich abgespreizten Extremitäten fortbewegen. Auch die meisten heutigen Reptilien zeigen noch eine abgeknickte, lurchartige Liegestütz-Armhaltung. Krokodile aber, wenn sie schnell laufen wollen – und das können sie schneller als jeder Mensch –, stellen die Beine senkrecht unter den Körper. Und genau diese »aufgebockte« Fortbewegung wurde bei unseren Urahnen zur Dauereinrichtung. Ermöglicht wurde sie unter anderem durch die Einführung und einen nachfolgenden Umbau der bereits bei Amphibien bestehenden Gelenke der Extremitäten. Wie enorm vorteilhaft diese Einrichtung war, kann jeder Mensch mit einem Blick auf die Knie- und Ellenbogengelenke nachvollziehen. Die Kniegelenke sind so konzipiert, dass wir die Unterschenkel nach hinten abknicken können, die Ellenbogen dagegen ermöglichen nur ein Schwenken der Unterarme nach vorn. Diesem Umstand schenken wir im Alltag freilich keine Beachtung, und doch ist er ein entscheidender Hinweis auf unsere einstige Fortbewegung. Stellen wir uns wie einst unsere Ahnen auf Hände und Füße und versuchen ein paar Schritte, so erschließt sich der Sinn dieses Konstruktionsprinzips: Die Arme –

Ellenbogen und Knie wurden im Zeitalter der Amphibien angelegt. Die unterschiedliche Auslenkungsrichtung dieser Gelenke – mal nach vorn, mal nach hinten – entstand, als unsere Ahnen auf allen vieren die Welt erkundeten.

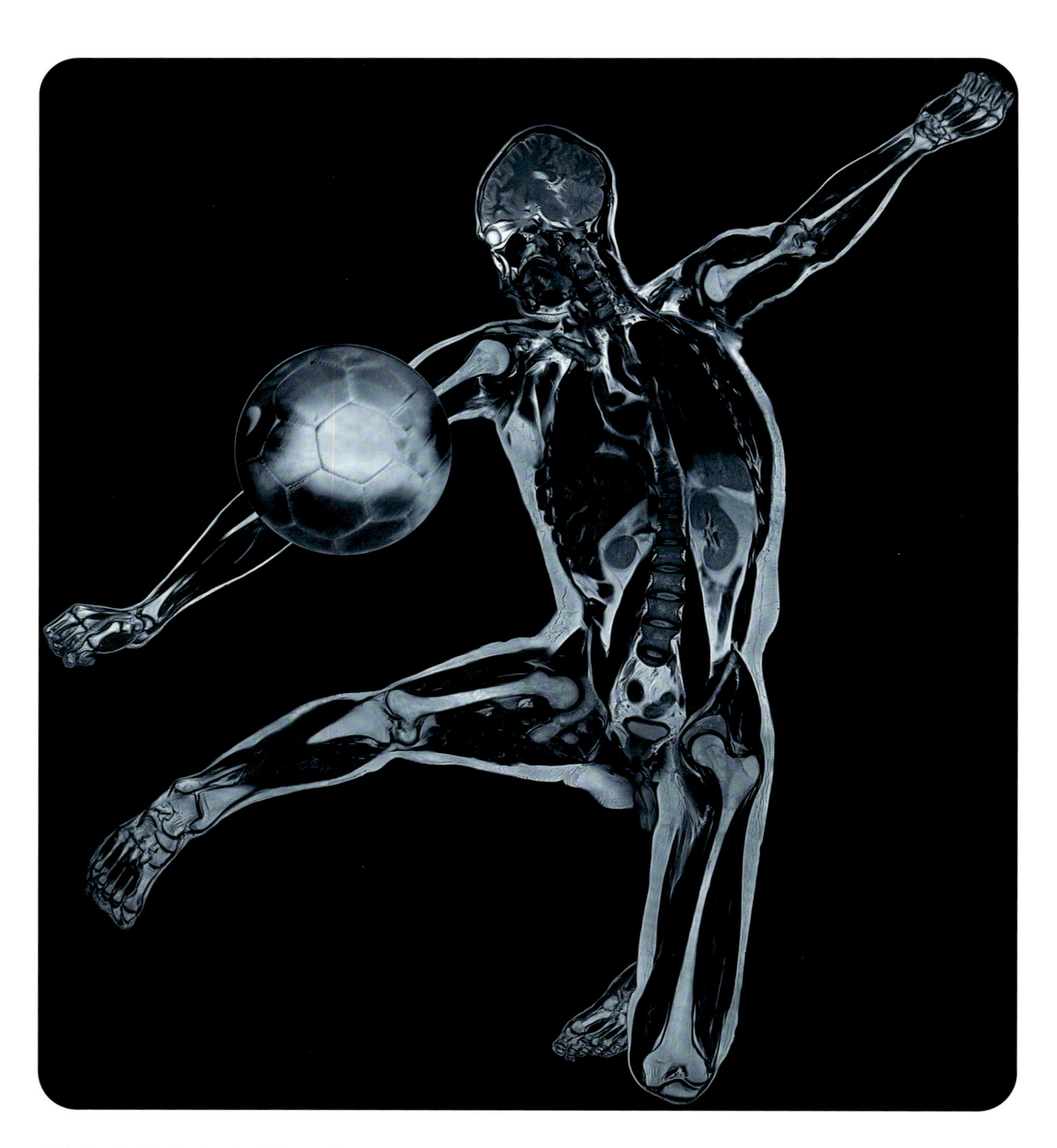

Ob beim Fußball oder im Alltag, die Unterschenkel des Menschen knicken nach hinten ab, die Unterarme nach vorn. Diese unterschiedliche Auslenkungsrichtung ist zu Zeiten entstanden, als sich unsere Vorfahren noch auf vier Beinen fortbewegten. Damit war gewährleistet, dass sich die Extremitäten nicht in die Quere kamen.

jetzt »Vorderbeine« – schwingen mit ihren Unterarmen nach vorn, die »Hinter-Beine« und Unterschenkel knicken nach hinten ab. So kommen sich die Extremitäten einer Körperseite nicht in die Quere.

Ein weiteres Konstruktionsprinzip der Landwirbeltiere lässt sich in einem zweiten Selbstversuch verdeutlichen. Man bewege dazu einfach beide Schultern gleichzeitig nach oben und unten, dann wechselseitig die linke Schulter nach oben und gleichzeitig die rechte nach unten. Anschließend versuche man das Gleiche mit der Hüfte als dem Pendant zu den Schultern. Folgendes wird man bemerken: Während die Schulterübung vermutlich recht leicht machbar sein wird, werden sich die Hüften aber sicher keinen Millimeter gegeneinander verschieben lassen. Kein Wunder, denn der Schultergürtel ist nur über Sehnen und Muskeln mit der Wirbelsäule verbunden und erlaubt den Vorderextremitäten hohe Beweglichkeit. Der Beckengürtel dagegen ist über die Kreuzwirbel fest an der Wirbelsäule verankert. Und genau dieses Erbe stammt aus der Zeit, als wir Amphibien waren, und verbindet unsere Skelettanatomie mit der eines Salamanders. Auch dessen Schultergürtel ist durch eine lockere Verbindung mit der Wirbelsäule frei beweglich, das Becken sitzt fest. Bei allen Landwirbeltieren mit vier Extremitäten findet sich dieses Patent, das gleichzeitig Arme und Beine in ihre Aufgaben trennt. So dienen die Hinterbeine bei den Vierfüßern generell dem Vortrieb und sind deshalb bei den meisten Landwirbeltieren muskulöser als die Vorderbeine oder Arme.

Vom Frosch über das Pferd bis zum Hasen und Menschen kann man dies an unzähligen Beispielen beobachten. Die in aller Regel wesentlich leichter gebauten Vorderextremitäten – man vergleiche nur den Umfang unserer Arme und Beine – unterstützen zwar ebenso die Fortbewegung, dienen aber gleichzeitig der Lenkung des Körpers. Auf der Rennbahn etwa lässt sich dies vortrefflich beobachten: Ein Rennpferd tippelt auf den Vorderbeinen in der Startposition so lange, bis es der Jockey in die richtige Richtung gelenkt hat, um dann im nächsten Moment mit einer enormen Kraftentwicklung aus den Hinterbeinen heraus loszuspurten.

Die Beine des Menschen sind in der Regel wesentlich muskulöser als seine Arme. In der Evolution wurde der »Heckantrieb« zum Standard für die Fortbewegung der Wirbeltiere.

Die Sache mit dem Bauch

Und da wir schon einmal bei der eingehenden Betrachtung unseres Körpers sind, richten wir den Blick abermals auf den Bauch. Egal, ob er die Form eines Waschbretts besitzt oder nicht, der Bauch unterscheidet sich beim Menschen vom restlichen Rumpf durch seine relative Weichheit. Auch der Bauch des tapfersten Asketen lässt sich – zumindest in entspanntem Zustand – eindrücken

Bei unseren Ahnen reduzierten sich im Lauf der Evolution die Lendenrippen. Daher ist der Bauch in keinem Rippenkorsett gebändigt und kann sich nun weiter hervorwölben, als es den meisten von uns lieb ist.

wie kein anderer Bereich des Körpers. Der darüberliegende Brustkorb etwa ist dagegen ein vergleichsweise starres Gebilde, das auch ohne sportliche Ambitionen oder kulinarische Enthaltsamkeit durch die Rippen recht gut in Form bleibt. Und so unvorstellbar es vielleicht klingen mag: Die in unserer Gesellschaft viel besprochene, mitunter geradezu ausufernde Weichheit des Bauches stammt aus jenen Zeiten, als unsere Vorfahren zu vierfüßigen Laufprofis wurden. Die Pointe ist Folgende: Mit zunehmender Agilität unserer tierischen Ahnen stießen die Hinterbeine bei jedem Schritt nach vorn wohl oder übel gegen jene Rippen, die einst neben der Brust auch den Bauch unserer Ahnen umkleideten. Ein Fisch hat in der Regel noch entlang der gesamten Wirbelsäule einen solch durchgehenden Rippenpanzer. Ein Leguan hat vergleichsweise nur noch verkürzte Lendenrippen, damit sie seine Fortbewegung nicht stören. Nun schlugen sich unsere tierischen Verwandten bei ihren ersten Landspaziergängen natürlich nicht die Knie an jenen harten Rippen im Bauchraum blutig, sondern diese reduzierten sich im Laufe der Evolution zum Zwecke einer besseren Fortbewegung immer weiter. Wer einen weniger starren Bauch besaß, möglichst ohne Knochenverkleidung, sprich Rippen, war klar im Vorteil, denn er hatte mehr Beinfreiheit im Bauch-

Das Skelett eines Leguans zeigt noch ausgeprägte Lendenrippen (links). Der Lenden- und Bauchraum des Tupaias (rechts) besitzt dagegen genau wie der des Menschen keine Lendenrippen. Im Laufe der Evolution wurden sie reduziert.

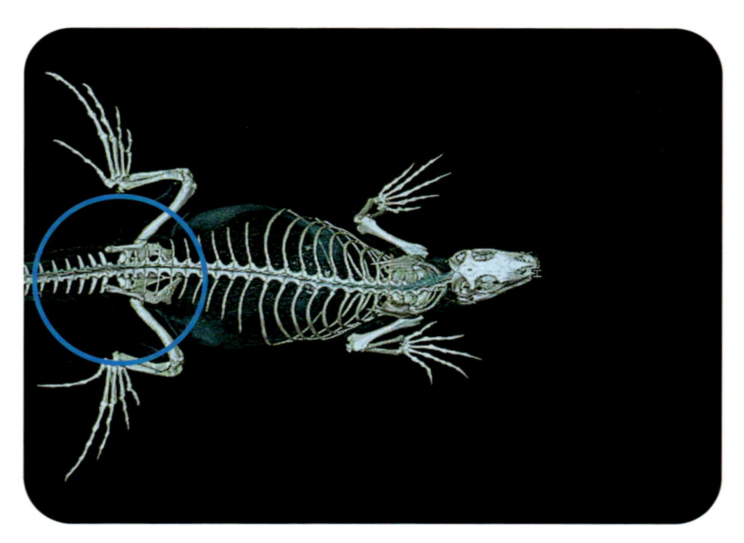

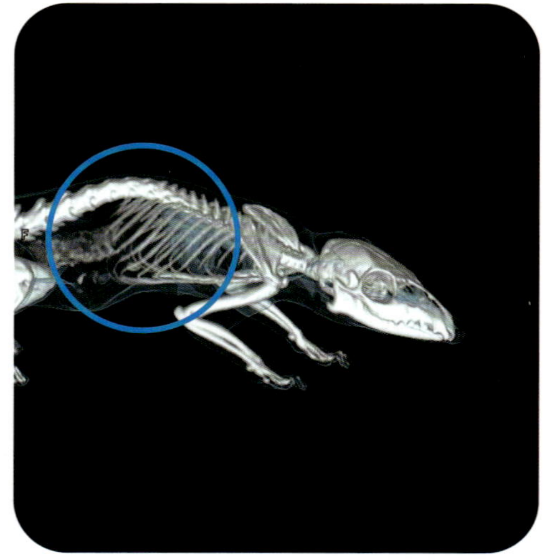

Bauch zu haben kann von Vorteil sein

Wie bei allem, was die Evolution hervorbrachte, zeigen sich auch mit Blick auf den Bauch zwei Seiten einer Medaille. So bietet die Elastizität des Bauchraums gerade für uns als Säugetiere einen großen Vorteil. Wir können unseren Nachwuchs lange im Schutz des Mutterkörpers belassen, anstatt kleine Eier mit ungewisser Zukunft in die Welt setzen zu müssen. Und auch für die »Bauchatmung« ist der ausdehnbare Raum unterhalb der Rippen von großem Vorteil. Sie ist dafür verantwortlich, dass unser Oberkörper beim Lesen dieses Buches ganz ruhig bleibt, während sich der Bauch ganz nebenbei wie ein Blasebalg ausdehnt und wieder flach wird, ausdehnt und wieder flach wird.

raum. So wurde im Auswahlverfahren um die bestmögliche Art der Fortbewegung die Länge der Lendenrippen zu einem entscheidenden Kriterium, um ein Ticket für die nächste Runde im Überlebenskarussell der Evolution zu erhalten.

So elegant diese Maßnahme von Mutter Natur einst auch gewesen sein mag, uns Menschen der Jetztzeit gereicht sie bekanntlich nicht nur zum Vorteil. Dies macht sich neben einer unvorteilhaften Bauchform übrigens auch an der relativ instabilen und schmerzempfindlichen Lendenwirbelsäule bemerkbar, die im Vergleich zum Brustbereich durch das Fehlen von Rippen weniger Führung erfährt. Folgen wir der Wirbelsäule entlang der Lenden weiter nach unten und überspringen dann das Becken, so stoßen wir wiederum auf ein Andenken aus jenen alten Tagen, in denen wir uns als Vierfüßer durchs Leben schlugen.

Oft wird das Steißbein als Rest eines »Affenschwanzes« angesehen, was streng genommen aber falsch ist. Denn zum einen sind Affen zwar unsere lebenden Verwandten, wir stammen aber nicht direkt von ihnen ab, sondern haben nur gemeinsame Wurzeln mit ihnen, und zum anderen liegt der Ursprung unseres Steiß-Schwanzes wesentlich weiter zurück. Denn schon unsere affenähnlichen Ahnen besaßen – genau wie die Menschenaffen heute – gar keinen Schwanz

Das Steißbein – also die letzten vier bis fünf Wirbel des Menschen – ist eine anatomische Erinnerung an die Schwanzwirbelsäule unserer tierischen Ahnen.

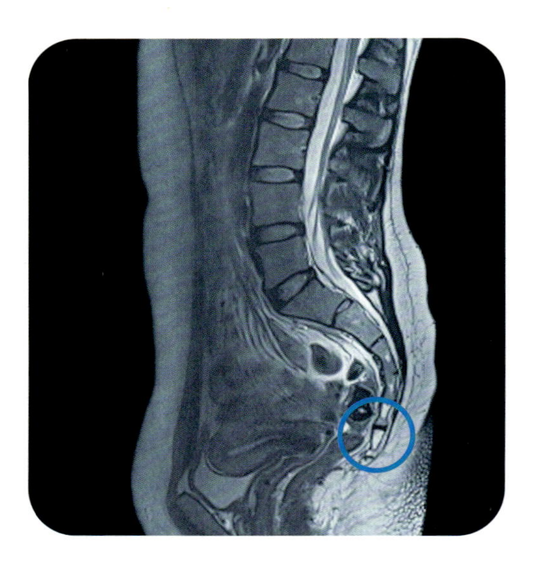

mehr, was der enormen Weiterentwicklung unserer Hände und Füße geschuldet war. Wer keinen Greifschwanz hat, braucht eben umso funktionstüchtigere Extremitäten. Wir sollten also vielmehr davon ausgehen, dass unsere Ahnen als amphibische Schwanzträger vor Urzeiten das Wasser verließen und ihn dann viele Hundert Millionen Jahre mit sich herumtrugen, bis sie schließlich im Körper von Säugetieren den Weg in Richtung schwanzloser Primaten einschlugen. Zeitlich gesehen war also unsere Wirbelsäule länger mit einem Schwanz ausgestattet als mit der relativ modernen Lösung aus verschmolzenen Steißbeinwirbeln.

Ohne Kiemen keine Kiefer

Würden wir nun die Einzelteile aus unserer bisherigen Expedition durch den Bewegungsapparat zusammentragen, so könnten wir allein mit diesen Reiseandenken schon nahezu das komplette Skelett eines Menschen inklusive seiner Muskulatur konstruieren. Doch ein ganz entscheidendes Element, das sogar als absolut richtungsweisend für unsere Entwicklung vom Fisch zum Menschen angesehen wird, würde noch fehlen. Beim lauten Vorlesen dieser Zeilen käme dieses knöcherne Konstrukt unwillkürlich zum Einsatz. Ein weiterer Tipp zur Lösung des Rätsels: Die gesuchten Knochen werden ebenso zum Sprechen wie auch zum Kauen benötigt. Gemeint ist der Kiefer, der das Ergebnis einer wirklich bahnbrechenden anatomischen Veränderung in unserem Stammbaum darstellt. Doch weder die ersten Lautäußerungen noch der erste Bissen, den je ein Wirbeltier auf Erden zu sich nahm, würden uns zum tierischen Ursprung des Kiefers führen. Vielmehr entstand er durch die Atmung unserer fernen Fischverwandten des Silur.

Das mag vielleicht seltsam klingen, ist aber so. Ohne Kiemen kein Kiefer, so lässt sich das Ergebnis jener epochalen Entwicklung beschreiben, die irgendwann beim Übergang des Ordovizium zum Silur vor ungefähr 450 Millionen Jahren ihren Anfang nahm.

Im Laufe von Millionen Jahren wanderten die knöchernen Kiemenbögen unserer Fischahnen immer weiter in Richtung Kopf, bis schließlich der vorderste von ihnen als stabile Umrandung des bis dahin recht weichen Fischmauls treue Dienste leistete. Doch damit war die Kieferentwicklung keinesfalls abgeschlossen, sie nahm im Gegenteil erst so richtig Fahrt auf und führte zu jener bei uns auf den Bruchteil eines Millimeters abgestimmten Präzisionsarbeit des Zusammenspiels von Ober- und Unterkiefer. Diese Entwicklung des Kiefers als Portionierungswerkzeug für das Meeresfrüchteangebot im Silur bis zum Allzweckbesteck eines Fastfood-Restaurants der Gegenwart lässt sich auf wirklich faszinierende Weise an der Evolution unserer Wirbeltierahnen ablesen. Von unseren Fischahnen über Amphibien und Reptilien bis zu den Säugetieren und schließlich zu uns Menschen zeigt sich eine Reduzierung und Verschmelzung der am Kiefer beteiligten Knochenbe-

Die Kieferknochen des Menschen gehen auf Kiemenspangen unserer Fischahnen zurück.

standteile. Der Kiefer eines Fisches besteht aus vielen Einzelteilen, der Unterkiefer des Menschen nur noch aus einem Stück, und der Oberkiefer ist fest mit dem Schädel verwachsen.

Doch der Kiefer des Menschen ist nicht etwa nur das zusammengeschmolzene Pendant zu den vielen Kieferknochen eines Fisches. Vielmehr wurden die ursprünglichen Kieferbestandteile auf ihrem Weg zum Menschen völlig umfunktioniert, immer weiter verstärkt und übernahmen in unserem Schädel sogar Aufgaben, die vollkommen jenseits der Nahrungsaufnahme oder Lautäußerung standen.

Warum, wie und wofür der Kiefer umgebaut wurde, wird klar, wenn wir uns noch einmal die Lebenssituation der ersten Landwirbeltiere vor Augen führen. Ihre Anatomie – soviel haben wir bisher auf unserer Expedition erfahren – basierte mehr oder minder auf den Körpern von Fischen mit besonders starken Flossen. Dies war ein grundsätzlich guter Start für das Leben an Land. Anders sah es mit den fünf Sinnen aus. Auf dem Trockenen stieß die Sinneswahrnehmung der Fische schnell an ihre Grenzen. Augen, Riechorgan und Tastsinn hatten sich zwar im Urmeer gebildet, doch nun mussten sie an die Lebensbedingungen außerhalb des Wassers angepasst und vollkommen verändert werden. Die in unserem ersten Reisekapitel beschriebene Entwicklung von Augenlidern als Verdunstungsschutz ist nur eines von unzähligen Beispielen, die zeigen, wel-

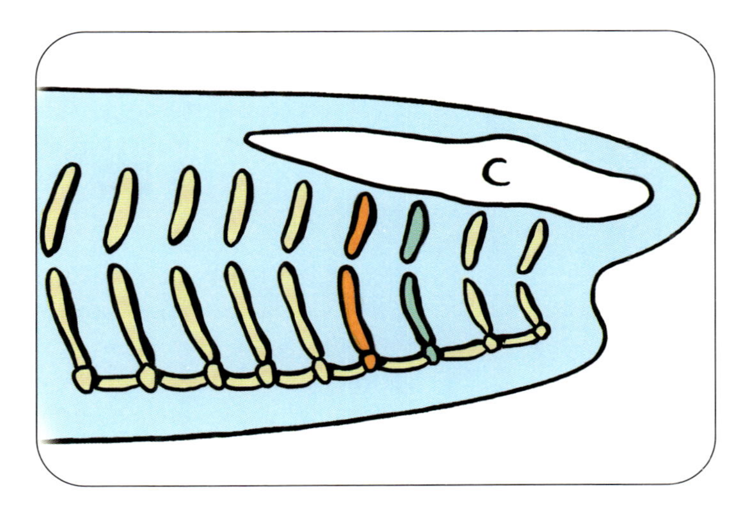

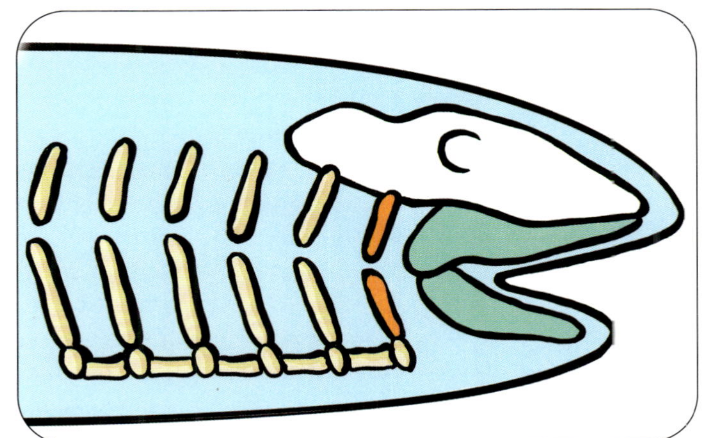

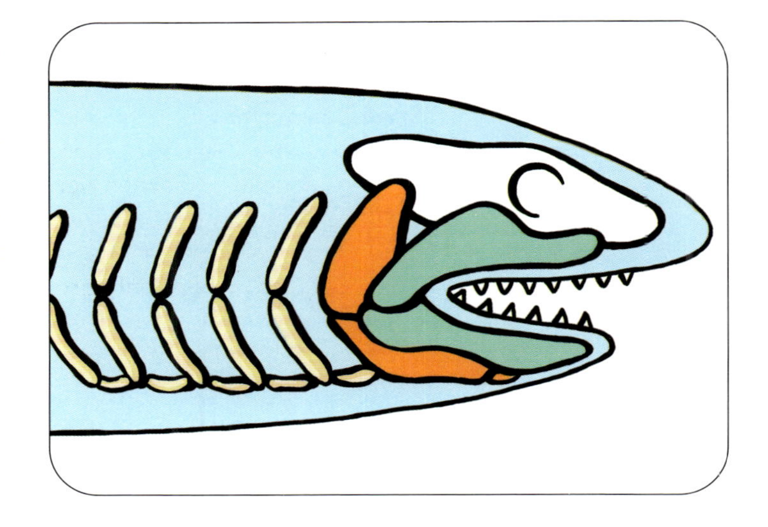

Im Laufe der Evolution entwickelten sich aus Skelettspangen der Kiemenbögen die kräftigen Kiefer unserer Fischahnen.

che Umbauten nötig waren, um die im Wasser entstandenen Sinne nun auch als Ex-Fisch an Land nutzen zu können. Die vehementeste Anpassung einer Sinnesleistung stand jedoch der Wahrnehmung von Druckwellen – dem Hören – bevor. Im Wasser hatte das Seitenlinienorgan – wir erinnern uns an unsere Hautreise – unschätzbare Dienste geleistet. Über der Wasseroberfläche war diese Einrichtung jedoch zunächst nutzlos, da die Energieübertragung an Land über die Luft geschieht. Diese unverrückbare physikalische Gesetzmäßigkeit stellte unsere Ahnen vor ein Problem: Sie hätten die über das weniger dichte Medium »Luft« transportierten Schallwellen mit dem Seitenlinienorgan nicht wahrnehmen können. Die Evolution musste sich also mal wieder etwas einfallen lassen. Und genau hier war ausgerechnet die Entstehung des Kiefers eine segensreiche Erfindung.

Der ehemalige zweite Kiemenbogen (orange) stützt hier den Kiefer, beim Menschen entwickelte sich aus einem dieser Elemente ein Teil des Mittelohrs.

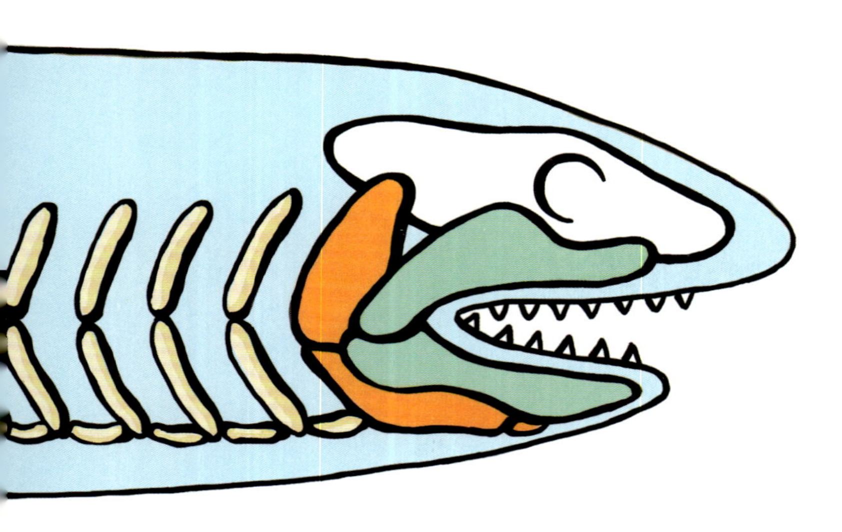

Ohne Kiefer keine Ohren

Die Ohren der Säugetiere gehören mit zu den besten Instrumenten der Geräuschwahrnehmung im gesamten Tierreich. Verantwortlich dafür sind drei winzige, für Säugetiere wie den Menschen typische Gehörknöchelchen, die ihrer Form entsprechend Hammer, Amboss und Steigbügel genannt werden. Diese Knochen übertragen wie ein Miniaturgelenk die Schallwellen der Umgebung von der Außenwelt über das Trommelfell auf die mit Flüssigkeit gefüllten Bogengänge und ihre Haarzellen im Innenohr, die wir bei unserer Hautreise als Pendant des Seitenlinienorgans der Fische genauer betrachtet haben. Erst dieses Zusammenspiel der Gehörknochen des Mittelohrs mit dem Innenohr befähigt uns zu unseren säugetiertypischen Hörleistungen. Woher aber stammen nun die drei Knochen unseres Mittelohrs? Wie schon so häufig während unserer Reise hilft uns zunächst eine kurze Antwort auf diese spannende Frage: Hammer, Amboss und Steigbügel stammen wie auch der Kiefer aus den Kiemenbögen unserer Fischahnen.

Wie das? Stellen wir uns vor, wir wären mit einem Röntgenblick ausgestattet, säßen in einer Zeitmaschine und könnten mit einem Augenblick die Hunderte von Millionen Jahren währende Verwandlung der Skelettform unserer Verwandten vom Fisch zum Säugetier beobachten. Konzentrieren wir uns dabei nur auf die ersten beiden Kiemenbögen unserer Fischahnen. Der erste Kiemenbogen tritt den langen Weg zu unserem Kiefer an. Wir hörten davon bereits. Ihn werden wir gleich noch genauer betrachten. Auch der zweite Kiemenbogen rückt

Womit er zuschnappt, können wir hören: Ein spezielles Skelettelement namens *Hyomandibulare* ermöglicht dem Hai, seinen Kiefer weit aufzureißen. Auch die Fischvorfahren des Menschen besaßen diese Struktur. Bei uns wurde sie zum winzigen Steigbügelknochen des Mittelohrs.

im Kopf unserer Fischahnen immer weiter nach vorn und wird dabei ebenso zum Bestandteil des Kiefers. Dort bewirkt ein Teil von ihm unter der Bezeichnung *Hyomandibulare* bei vielen Fischen noch heute, dass diese ihren Kiefer in für sie charakteristischerweise nach vorn stülpen können. So sorgt das *Hyomandibulare* etwa bei den Haien dafür, dass sie ihr Furcht erregendes Maul in Richtung ihrer Beute besonders weit aufreißen können.

Wenn wir nun unseren Zeitrafferblick wieder auf den Stammbaum unserer Verwandtschaft richten – der Hai ist schließlich kein direkter Vorfahr des Menschen –, so wird das *Hyomandibulare* immer kleiner und kleiner, bis es sich schließlich vom Kiefer löst. Und ungefähr zu jener Zeit, als dann unsere Verwandten das Wasser verlassen, passiert etwas Sonderbares: Das winzige Element wird zu einer stabförmigen Verbindung der Schädelkapsel mit einer spezialisierten Stelle der Außenhaut – dem Trommelfell. Bis heute überträgt es bei Amphibien, Reptilien und Vögeln Geräusche und Töne, die von außen über das Trommelfell an das Ohr dringen. Mit dieser neuen Funktion verliert die *Hyomandibulare* ihren Namen und bleibt als sogenannter *Stapes* der einzige Gehörknochen bei den Nicht-Säugern unter den Landwirbeltieren. Nur bei uns, sprich den Säugetieren, verwandelte der *Stapes* sich wiederum und bildet nun den Steigbügel im Ohr und damit zugleich den kleinsten Knochen des menschlichen Körpers.

Diese zugegeben etwas rasante Blitzfahrt durch die Details der Evolution unserer Gehörknochen lässt sich zumindest im Fall des zweiten Kiemenbogens der Fische auf einfache Weise mit dem Merksatz verkürzen: Ein Knochen, mit dem der Hai kraftvoll zubeißt, ermöglicht uns zu hören!

Nun zu Hammer und Amboss. Ihre Verwandlung ist mit der des Steigbügels zu vergleichen, doch die beiden Knochen bleiben wesentlich länger in der Evolution Teil des Kiefers.

Blicken wir im Zeitraffermodus auf die Entwicklung vom Reptil zum Säugetier, so sehen wir, dass auch Hammer und Amboss wie bereits der Steigbügel im Laufe vieler Generationen immer kleiner werden, sich vom Kiefer ablösen und dabei in Richtung Schädel wandern, bis sie bei den Säugetieren schließlich auf den Steigbügel treffen und mit ihm die gemeinsame Arbeit in Form unserer drei Mittelohrknochen aufnehmen.

An dieser abenteuerlichen Reise der drei winzigen Knochen lässt sich ableiten, dass die Bedeutung des Gehörs in unserem Stammbaum immer weiter zugenommen haben muss. In aller Regel diente es der akustischen Orientierung im Dienste des Überlebens, also dem Verorten von Gefahren oder Beute. Bei den Säugetieren schließlich wurde das Gehör ein wesentliches Instrument der Kommunikation vom Babyschrei bis zur wohlklingenden Arie – ohne Evolution keine Kultur.

Dass, abgesehen von der Geräuschwahrnehmung auch bei der Bildung von Geräuschen, die Kiemenbögen eine tragende Rolle einnehmen, können wir an unserem Kehlkopf ablesen, dem wichtigen Partner unserer Lauterzeugung. Sein Baumaterial bildete sich aus den hinteren Kiemenbögen – vermutlich dem dritten bis fünften – und diente also einstmals der Atmung von Fischen. Somit liegt auch ein wesentlicher Teil des Fundaments unserer Sprachentwicklung unter der Oberfläche des Urmeers.

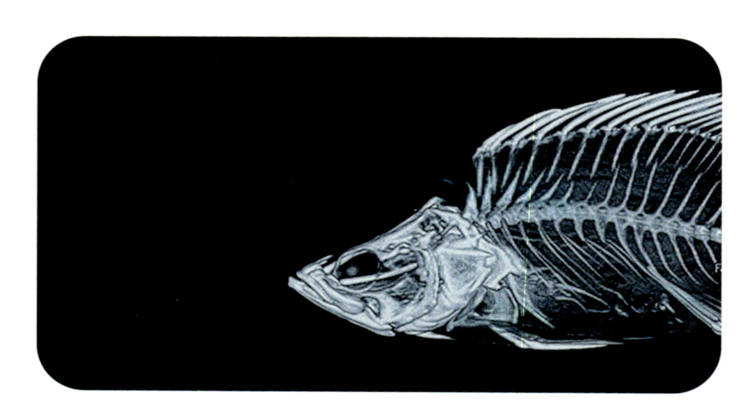

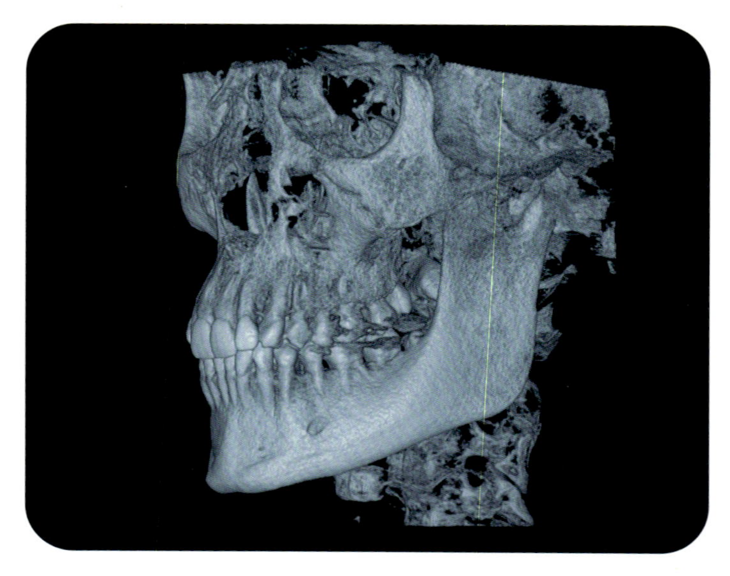

Vorsicht, bissig!

Das härteste Material in unserem Körper, wie auch im gesamten Tierreich, ist der Zahnschmelz. Verantwortlich dafür

Beim Barsch (oben) setzt sich der Kiefer wie einst bei unseren Fischahnen aus mehreren Knochen zusammen. Der Unterkiefer des Menschen (unten) besteht wie bei allen Säugetieren nur noch aus einem Knochen. Er gehört zu den stabilsten Knochen des Skeletts.

Verwandlung schafft Neues

Der erstaunliche Funktionswandel der Kiemenbögen ist unter Forschern eines der berühmtesten und einprägsamsten Beispiele dafür, dass anatomische Veränderungen in der Erdgeschichte nur selten aus Neuerfindungen entstehen, wie etwa dem plötzlichen Einbau von Kalziumphosphat in das Skelett, sondern meist auf bestehenden Patenten aufbauen.
Auf die Knochen bezogen heißt das: Aus Kiemenbögen, die der Wasseratmung dienten, wurden Gehörknochen und Kehlkopf, aus Flossen wurden Hände und aus knöchernen Verstärkungen der Haut wurden unsere Zähne.

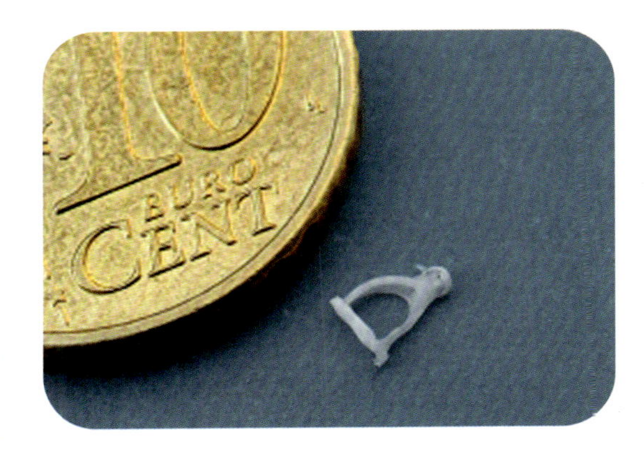

Der Steigbügel im Mittelohr ist der kleinste Knochen unseres Körpers. Hervorgegangen ist er aus einem Teil des Kiefers unserer Fischahnen, dem *Hyomandibulare*.

Vom Beißen zum Hören: Aus Kieferelementen der Fische entstanden einst über die Entwicklungslinie der Reptilien die Knochen im Mittelohr der Säugetiere.

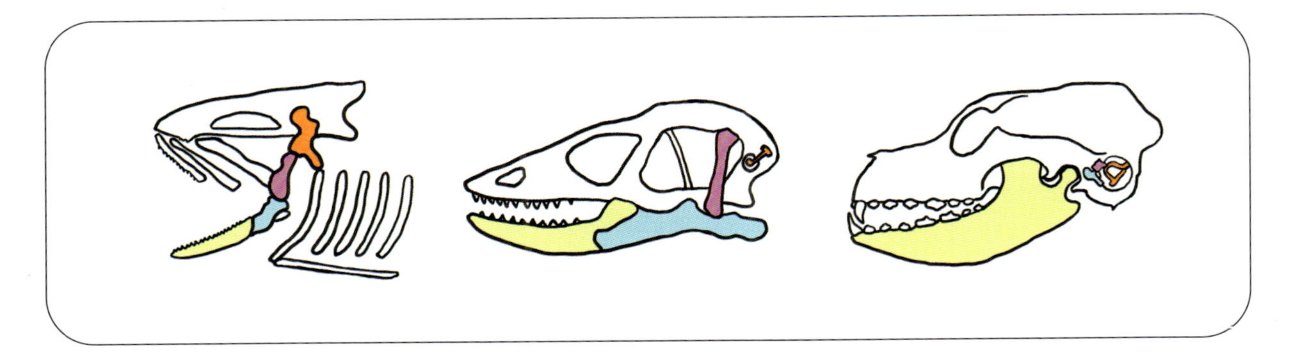

ist die chemische Verbindung *Hydroxylapatit*. Während Knochen nur zu rund der Hälfte aus diesem Mineral bestehen, ist die Oberfläche unserer Zähne zu 95 Prozent nichts anderes als diese enorm stabile Verbindung von Kalzium und Phosphat. Und auch im Zahnbein oder Dentin, das direkt unter dem Schmelz liegt, sind über zwei Drittel *Hydroxylapatit* enthalten. Aufgrund dieser wirk-

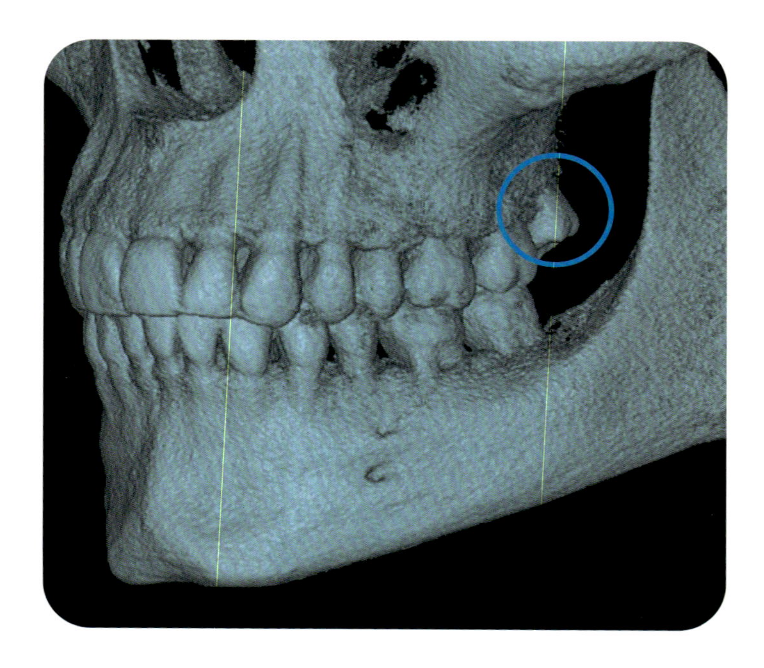

Die tierischen Vorfahren des Menschen besaßen mehr Zähne als wir heute. Der Weisheitszahn ist ein anatomisches Relikt aus dieser Zeit. Durch die Verkürzung des Schädels bei unseren Primatenvorfahren findet er heute kaum noch Platz im Kiefer.

Im kurzen Kieferknochen des Menschen müssen ebenso viele Zähne Platz finden wie einst bei unseren Säugetierahnen, deren Kiefer wesentlich länger waren. Zahnspangen können dieses Evolutionsproblem nur bedingt lösen.

lich unschlagbaren Stabilität haben sich Zähne, seit es sie gibt, überall auf der Welt als Fossilien erhalten. Das Studium von Zahnformen bietet daher eine ideale Möglichkeit, in die vergangenen 500 Millionen Jahre zu blicken. Jeder einzelne Zahn verrät, zu welchem Zweck er dient oder eben einstmals diente. Auch unser Gebiss spiegelt die verschiedensten Nahrungsvorlieben unserer Ahnen wider. So brachte die Gebissform des Menschen ihm den Ruf eines »Allesfressers« ein, der sich sowohl von tierischer als auch von pflanzlicher Kost ernährt.

Wenn wir unsere Zähne nun genauer anschauen, so fällt ins Auge, dass ihre Größen und Formen recht unterschiedlich sind, was den Menschen eindeutig als Säugetier entlarvt. Dass unser Gebiss heute aussieht, wie es aussieht, ist das Ergebnis einer Unzahl von Anpassungen an all jene Aufgaben, denen sich die Zähne unserer Ahnen stellen mussten – ein Relikt aus den unterschiedlichsten Epochen der Evolution. Beginnen wir unsere Betrachtungen mit den Backenzähnen, auch *Molaren* genannt. Ihre breite, mit Höckern versehene Kaufläche ist ideal dazu geeignet, sowohl zähes Fleisch weich zu kneten als auch faserige Pflanzenteile zu zerkleinern. Ein bestimmter Typus unserer Backenzähne erinnert – mitunter auf recht schmerzhafte Weise – an unsere tierische Herkunft; gemeint ist der Weisheitszahn, der in unserem kurzen Kiefer nicht mehr so viel Platz findet wie einstmals in den viel längeren Kieferästen unserer Säugerahnen. Doch als ob die Evolution ein unverwüstliches Erinnerungsstück in uns hinterlassen wollte, wird der Weisheitszahn bei vielen Menschen noch immer in allen vier Kieferästen angelegt: oben und unten, jeweils links und rechts. Wenn es gut läuft, findet er als letzter Backenzahn noch geradeso Platz, oder aber er macht Ärger und schiebt seine anderen Zahngenossen nach vorn, was gar nicht selten zu unschönen Schiefständen im vorderen Gebissteil führt.

Doch selbst wenn die Weisheitszähne nicht ausgebildet werden, sorgt die Evolution unseres Gesichtsschädels für volle Auftragsbücher der Kieferorthopäden und die millionenfache Verschreibung von Zahnspangen. Denn leider stehen bei uns die Zähne nur noch selten so schön in Reih und Glied wie bei unseren Säugetierverwandten mit ihren relativ langen Gesichtsschädeln und dem entsprechenden Platzangebot für viele Zähne, wie man es etwa bei Mäusen, Hunden oder sämtlichen Pflanzenfressern sehen kann.

Verfolgen wir die Zahnreihe von den Backenzähnen aus weiter in Richtung Mundöffnung, so stoßen wir pro Kieferast auf zwei typisch quer geteilte Zähne, die *Prämolaren*, mit denen sich vortrefflich harte Nahrung zerbeißen lässt. Wir müssen wohl davon ausgehen, dass dieser Zahntypus auch ein ideales Werkzeug war, um etwa Knochen durchzubeißen. Ganz instinktiv nutzen wir diese Zähne übrigens mitunter noch genauso wie unsere Ahnen: Wenn wir ausnahmsweise eine Nuss mit den Zähnen knacken oder ähnlich harte Kost aufbeißen, benutzen wir dazu, ohne groß darüber nachzudenken, die Zange der *Prämolaren*.

Wandern wir mit der Zunge weiter nach vorn, so stoßen wir an den markanten Eckzahn oder *Caninus*, der in aller Regel etwas länger ist als die anderen Zähne. Er ist der »Oldtimer« unter den Zähnen, denn die Entstehungsgeschichte seiner Form beginnt noch vor der Entwicklung zum Säugetiergebiss. Er ziert seit jenen Tagen die Kiefer, als unsere Ahnen in der Gestalt von säugetierähnlichen Reptilien wie etwa dem *Dimetrodon* umherstreiften, einem der Raubtier-Hauptdarsteller des Perm mit einem einprägsamen Segel auf dem Rücken. Auch sein Gebiss weist in jedem Kieferast neben den für Reptilien typisch gleichförmigen Dolchzähnen einen Zahn auf, der länger ist als alle anderen. Es bestehen kaum Zweifel darüber, dass er wie auch unsere Ahnen damit Beute besser festhalten konnte.

Der Eckzahn: ein Patent, das sich bis heute als eine Erinnerung an die räuberischen Zeiten der säugetierähnlichen Reptilien erhalten hat – auch wenn ein Hotdog nicht weglaufen kann.

Mit der Besiedelung des Festlands durch unsere säugetierähnlichen urverwandten Zeitgenossen in der Epoche des Perm nahm die Aufspaltung in die verschiedenen Funktionen der Zähne ihren Anfang. Die Ursache für die Entwicklung des als *heterodont* bezeichneten Gebisses der späteren Säugetiere, was sich als »verschiedenzähnig« übersetzen lässt, liegt auf der Hand: Es ermöglichte unseren Urverwandten neben dem Einsatz der Zähne als schreckliche Waffen

Dimetrodon zählt zur ausgestorbenen Gruppe der säugetierähnlichen Reptilien, aus der auch der Mensch hervorging. Sein Name bedeutet »zwei Arten von Zähnen« – ein Hinweis auf die ursprüngliche Entstehung spezialisierter Zahntypen wie unsere Eckzähne.

die fachgerechte Zerlegung von Beute mit dentaler Spezialausrüstung. Ein Garant dafür, aus der Umwelt so viel wie zahntechnisch möglich als Nahrung aufzunehmen.

Für gutes Kauen waren unsere Backenzähne zuständig, die *Prämolaren* knackten Knochen. Der Eckzahn sorgte dafür, dass uns nichts mehr entwischte. Ganz vorn an der Mundöffnung begegnen wir schließlich den Schneidezähnen oder auch *Incisivi*, deren wichtigste Funktion es war, unseren Ahnen die fachgerechte Abtrennung fleischlicher oder pflanzlicher Nahrung zu ermöglichen. Mithilfe dieser Funktionstrennung innerhalb des Gebisses erschloss sich den Säugetieren und folglich auch dem Menschen ein unvergleichlich großes Nahrungsspektrum.

Diese kleine Exkursion in die Entwicklungsgeschichte des Gebisses lässt vermuten, dass sich Zähne unmittelbar mit der Entstehung des Kiefers bildeten. Doch dies ist nur die halbe Wahrheit: Das Modell »Zahn« ist nämlich viel älter als die Wirbeltiere selbst. Lange bevor das *Hxdroxylapatit* in den unzähligen Mundhöhlen der Tierwelt seinen Dienst antrat, zierte es die Hautoberfläche in Form von Schuppen bestimmter kieferloser Fische, die das Urmeer des Devon durchschwammen. Ihre Hautzähne, wie sie heute noch als Placoidschuppen bei Knorpelfischen wie den Haien vorkommen, gelten als die Vorformen unserer Zähne, die sich genau wie unsere Haare oder die Federn der Vögel aus Hautzellen gebildet haben, auch wenn sie aus einem ganz anderen Material bestehen. Wie unsere Zähne tatsächlich ursprünglich aus Schuppen unserer Fischahnen entstanden sein könnten, zeigt auf eindringliche Weise das mit unzähligen Zähnen bewaffnete Maul eines Hais. Ihre Poleposition in der marinen Nahrungskette verdankt diese ursprüngliche Fischgruppe einem »Revolvergebiss«. Dort werden aus dem Innenraum des Mauls zeitlebens winzige Zähne wie Patronen in eine Schusswaffe »nachgeladen«. So stehen die Zähne in vielen Reihen hintereinander, am Kieferrand die größten, im Inneren des Mauls die kleinsten Exemplare. Sie dringen immer weiter nach vorn, lösen also ihren größeren »Vordermann« ab, bis sie in erster Frontlinie und maximaler Größe das Image des Hais als Schrecken der Meere tatkräftig unterstützen. Bricht ein Frontzahn heraus, wird er innerhalb weniger

Tage durch seinen Nachfolger hinter ihm ersetzt. Ein mörderisch geniales Patent, das Zähneputzen überflüssig macht. Was das mit uns zu tun hat? Leider haben wir freilich kein Revolvergebiss aus nachwachsenden Zahnbatterien, und der Hai ist nur ein sehr entfernter Verwandter des Menschen. Und doch ist auch in unserem Mundraum das ursprüngliche Prinzip »Zahnwechsel« generell erhalten geblieben. Einmal im Leben wird auch bei uns Menschen der »Revolver« nachgeladen, nämlich in dem Moment, wenn die »Munition« namens Milchzähne verbraucht ist.

Doch die Suche nach dem Ursprung unserer Zähne durch den Vergleich mit dem Hai geht noch weiter. Bei ihm ist die gesamte Oberfläche der Haut mit zahnförmigen Schuppen besetzt, weshalb vor allem in früheren Zeiten getrocknete Haihaut auch als Schmirgelpapier genutzt wurde. Am lebenden Tier bilden diese Zahnschuppen ein wirklich sehr effektives Außenkleid – fast möchte man sagen Exo-Skelett –, das als Schutz den relativ weichen Knorpel im Körperinneren des Haifischs kompensiert. Nun wieder zu uns und unseren Ahnen: Ähnlich wie diese Haischuppen könnten auch die Placoidschuppen unserer Urverwandten ausgesehen haben, die lange, bevor es Kiefer gab, den Körper schützten. Erst später wurden sie zum Beißen eingesetzt und traten als Zähne den langen und formenreichen Weg bis in unser Gebiss an.

Umbauten, Zwischenstufen und Spezialisierungen als Anpassungen an die jeweilige Umwelt unserer Ahnen formten in Hunderten von Millionen Jahren unterschiedlichste Zahnformen, die schließlich bei uns in die vier Grundtypen

Auf diesen Placoidschuppen eines Grönlandhais ist deutlich die glänzende zahnschmelzartige Struktur zu erkennen. Der Aufbau ist dem unserer Zähne sehr ähnlich. Diese entstanden in der Evolution aus ursprünglichen Schuppen.

vom Backen- bis zum Schneidezahn mündeten. Mit diesen Erkenntnissen über die spannende Vergangenheit der härtesten Substanz des menschlichen Körpers geht unsere Expedition durch den Bewegungsapparat und seine Mitspieler zu Ende. Doch auch auf unserer nächsten Reise durch die inneren Organe spielen Knochen und Muskeln zumindest indirekt wieder eine wesentliche Rolle. So reifen in unseren Knochen ununterbrochen Millionen Blutzellen heran.

Das Knochenmark ist das wichtigste Element der Blutbildung. Und was die Muskulatur angeht, so sorgt sie etwa durch das Herz, den einzigartigen Muskel, für eine permanente Zirkulation des Blutes im Körper.

Verbinden wir also mit der Hand auf dem Herzen beide Kapitel und machen uns auf zur letzten Etappe unserer Körperreise, die sich der Geschichte des menschlichen Kreislaufs und seines Stoffwechsels widmet.

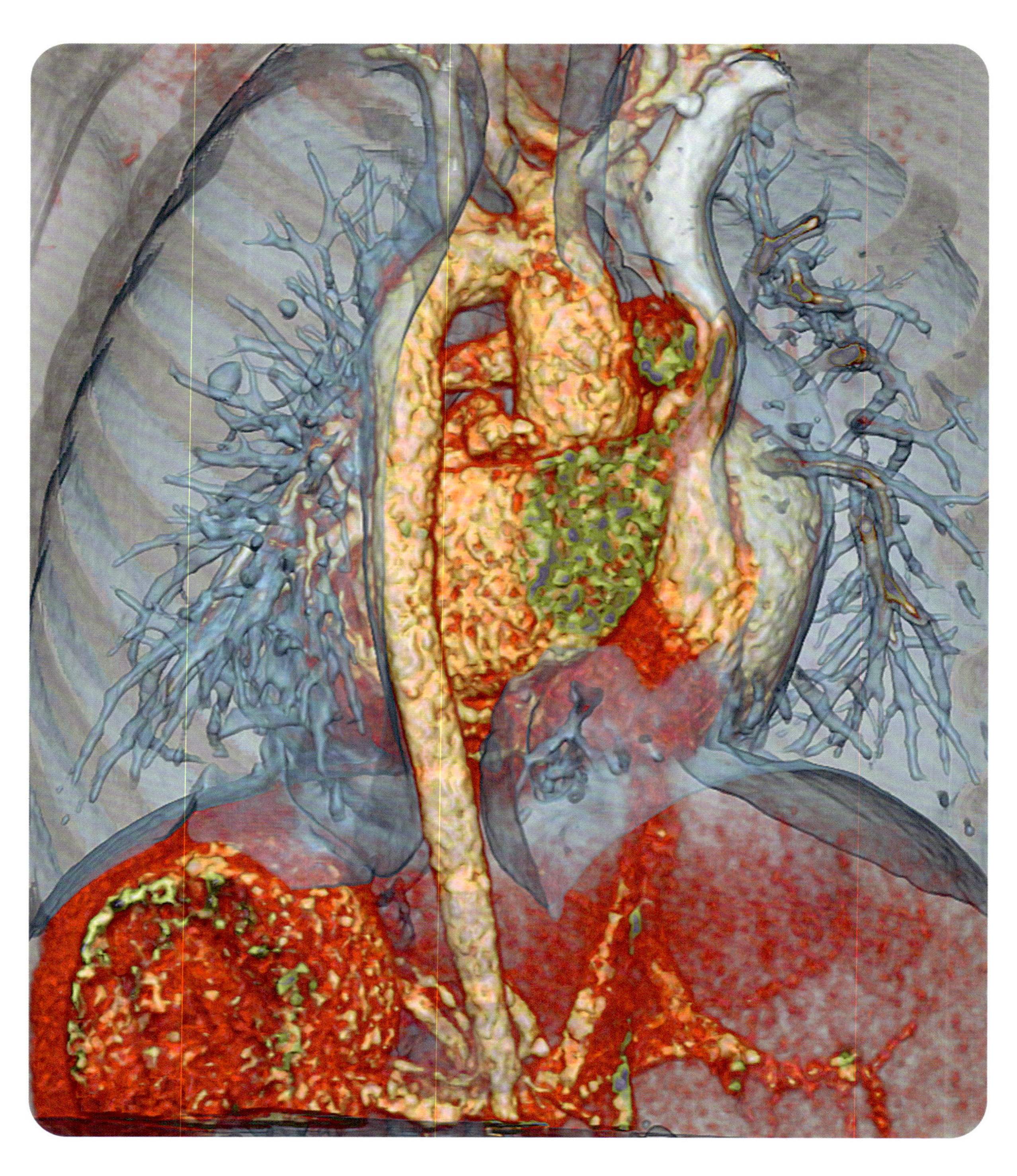

Gleich einer für unsere Augen unsichtbaren Fabrik erfüllen die inneren Organe lebenswichtige Aufgaben in unserem Körper.

Stoffe wechseln

Das Tier in den Organen

Jede Erste-Hilfe-Maßnahme beginnt mit einer Messung des Pulses und damit dem deutlichsten Gradmesser unserer Vitalität. Der Herzschlag ist ein sicheres Zeichen dafür, dass wir leben, und unser Herz selbst bildet als Ausgangspunkt des Stoffwechsels das unverzichtbare Zentrum des Körpers. Doch sein ununterbrochenes Pochen verbindet uns in gewisser Hinsicht auch mit der bis in die Tierwelt reichenden Galerie unserer Ahnen. Blicken wir zurück: Wie ein akustisches Staffelholz nahm der faustgroße Muskel in unserer Brust – noch bevor wir geboren wurden – unter dem Herzen unserer Mutter seine Arbeit auf, so wie ihr Herz in unserer Großmutter zu schlagen begann – ein ununterbrochener Rhythmus von Milliarden Herzschlägen, der bis in das Urmeer zurückreicht.

Diese vielleicht etwas pathetisch anmutende Beschreibung soll uns als kleine Einstimmung für die letzte unserer Exkursionen dienen und zeigen, dass die Entwicklungsgeschichte des Menschen einfach nicht ohne Herz auskommt. Ob wir nun also auf ein einzelnes Lebewesen oder auf die gesamte Evolution blicken – das Herz ist und war ein wirklich äußerst wichtiges Organ.

Seine Geschichte beginnt in den bewegten Zeiten des Kambrium, und zwar mit einem einfach gebauten, eher an einen Darm als an ein Herz erinnernden Schlauch eines uns nicht näher bekannten Urverwandten. Ein verhältnismäßig simpler Muskel war das, der den Kreislauf in Gang hielt. Er zog sich zusammen, um sich im nächsten Augenblick gleich

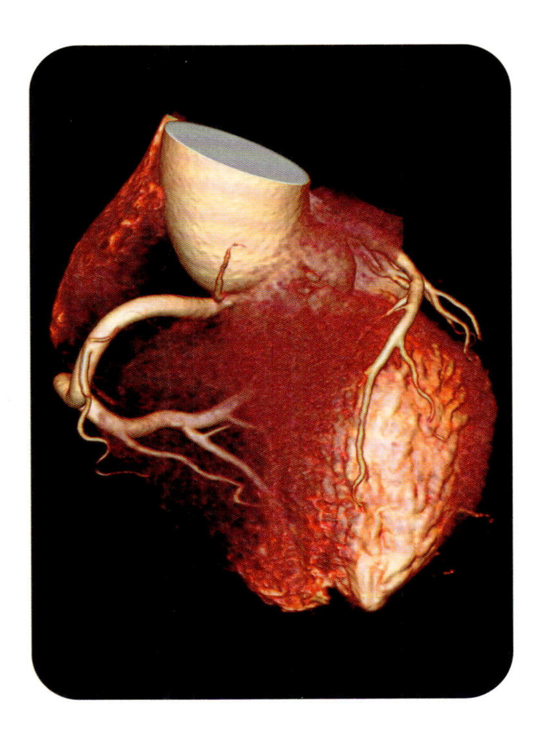

Unser Herz hat eine lange Geschichte hinter sich, die im Urmeer begann.

Wie ein akustisches Staffelholz verbindet uns der Herzschlag mit den Verwandten der Urzeit.

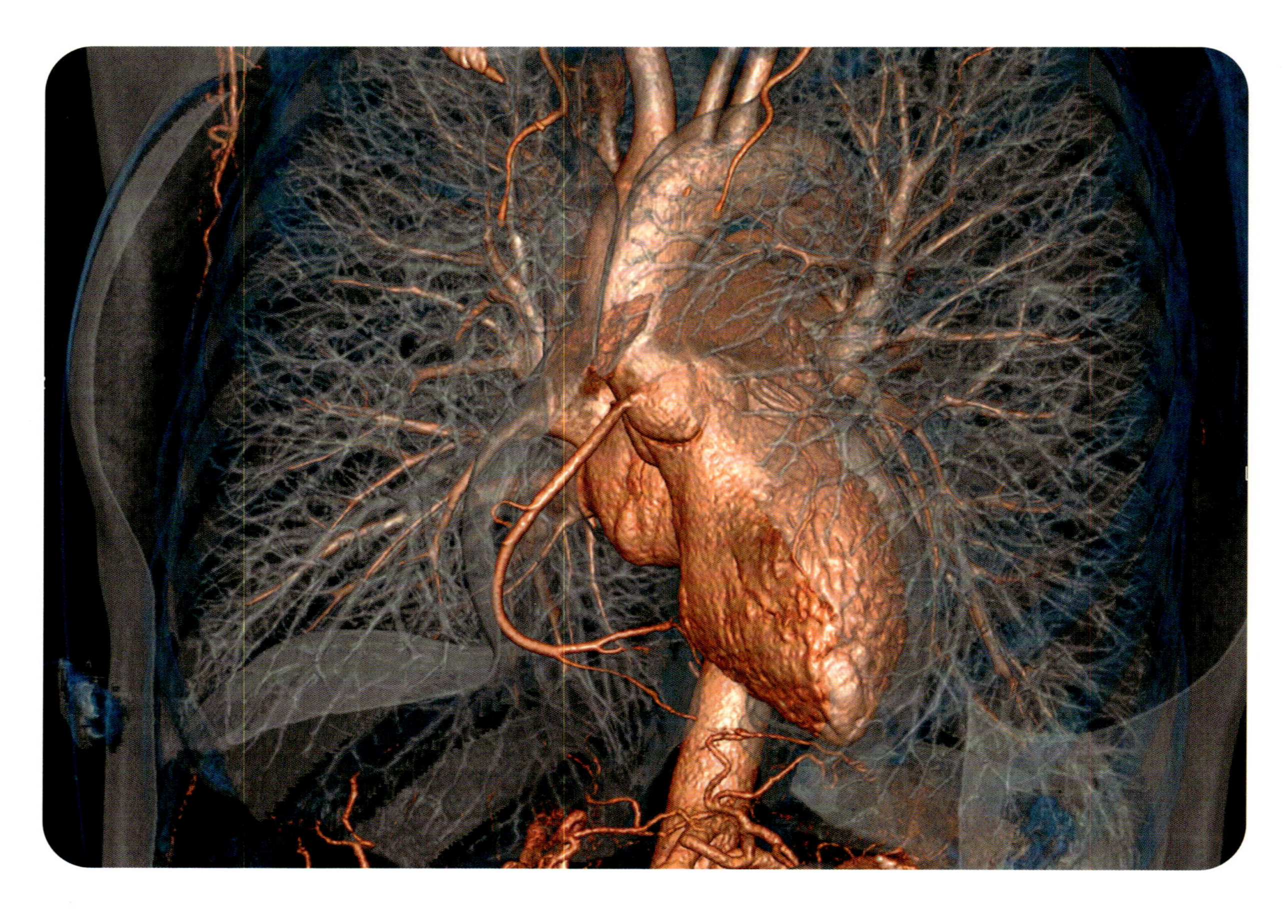

Herz und Lunge bilden beim Menschen ein untrennbares Duo, das sich im Lauf der Evolution immer weiter aufeinander abstimmte.

wieder zu entspannen. Dieses Prinzip können wir noch heute bei zahlreichen ursprünglicheren Organismen wie etwa bei Würmern beobachten. Aber auch im hoch entwickelten Herz des Menschen ist dieser Mechanismus immer noch aktiv.

Der nächste Entwicklungsschritt hin zu unserem Herz war dann die Bildung eines verdickten Muskelknotens aus zwei hintereinanderliegenden Kammern, ähnlich dem Herz heutiger Fische. Mit diesem Grundtypus des Wirbeltierherzes konnten die verschiedenen Regionen und Gewebe des Körpers schon recht gut mit Blut versorgt werden. Bei unseren Fischahnen kam dann die direkte Anbindung des Blutkreislaufs mit einer effizienten Zufuhr von Sauerstoff über die Kiemen hinzu. Somit war ein weiterer wichtiger Grundstein für unser Herz und unsere spätere Lungenatmung gelegt, denn die Gefäßversorgung unserer Lungen leitet sich von ehemaligen Kiemengefäßen ab. Herz und Lunge wurden schließlich untrennbare Partner. Zu jenen Zeiten, als unsere Fischvorfahren das Urmeer schließlich verließen, entstand dann ein Pumporgan mit mehreren Kammern. Dieses versorgte über ein schon wesentlich komplexeres Netz von Gefäßen den gesamten Körper mit Blut und transportierte gleichzeitig – in einem zweiten Kreislauf – Blut von den Lungen heran; allerdings geschah dies unter teilweiser Durchmischung von sauerstoffreichem mit sauerstoffarmem Blut in der Herzkammer, wie es bei Amphibien und Reptilien noch heute der Fall ist.

Der letzte entscheidende Schritt war dann die Entwicklung zweier gegeneinander abgeschlossener Pumpsysteme in einem Herz – dem Säugetierherz, das auch in unserer Brust schlägt. Eine dieser beiden Herzpumpen steht in Verbindung mit der Lunge und sorgt für die Anreicherung des Blutes mit Sauerstoff. Die andere transportiert dieses Blut in den Körper, von wo aus es, sobald es den Sauerstoff an das Gewebe abgegeben hat, zurückströmt, um dem Lungenkreislauf zugeführt zu werden. Das Herz erfuhr also bei uns Säugetieren ein wichtiges biologisches Upgrade: Das von der Lunge kommende sauerstoffreiche Blut unseres Herzes wird nicht wie bei Fischen, Amphibien und Reptilien mit dem sauerstoffarmen Blut aus dem Körper gemischt, sondern die Sauerstoffversorgung läuft getrennt vom Körperkreislauf ab.

Soweit im Schnelldurchgang. In Wirklichkeit dauerte diese Entwicklung unzählige Generationen sehr verschiedener Organismen lang und führte zu jenem wirklich höchst effektiven Organ, an dem letztlich unser aller Leben hängt.

Innerhalb der kurzen Zeit, die das Lesen dieses Kapitels nun bereits beansprucht hat, pumpte unser Herz die Blutmenge des Körpers bereits dreimal durch das gesamte Gefäßsystem von rund 100 000 Kilometern Länge. Im Laufe eines einzigen Tages wird die beförderte Blutmenge rund 7000 Liter betragen und somit der Füllung von 50 Badewannen entsprechen. Am Ende des Lebens wird es ein gigantischer Strom von 250 Millionen Litern Blut sein, der mit rund drei Milliarden Herzschlägen durch den Körper gepumpt wurde. Mit dieser unvergleichlich enormen Arbeit erfüllt das Herz zwei ganz wesentliche Aufgaben: Zum einen versorgt es, wie wir gesehen haben, den Körper mit Sauerstoff, wobei wir nicht vergessen sollten, dass zugleich Kohlendioxid als Abfallprodukt aus dem Zellstoffwechsel abtransportiert wird. Zum anderen gelangen über die Herzpumpe Nährstoffe wie Eiweiße, Zucker oder Fette in den Körper, die über die Darmschleimhaut aufgenommen und als Bestandteil des Blutes an den Ort ihrer Bestimmung transportiert werden. Diese Nahrungsversorgung der Zellen ist übrigens die älteste Aufgabe des Herzes und somit auch des Blutes,

Effektivität mal zwei

Die Entwicklung zweier getrennter Pumpsysteme in einem Herzen wurde übrigens – wohl weil das Prinzip so erstaunlich effizient ist – in ganz ähnlicher Form und getrennt von unserer Entwicklung noch einmal bei den Vögeln angelegt, deren Muskeln ganz ähnlich wie bei uns Menschen auf eine bestmögliche Versorgung mit Sauerstoff angewiesen sind.

Die agile Lebensweise unserer Fischahnen machte es notwendig, ein effektives System zu besitzen, das den Sauerstoff direkt in die Zellen des Körpers transportierte.

oder sagen wir besser: seiner Vorläufer-Flüssigkeit aus dem Tierreich, der *Hämolymphe*. Die für unser Blut typischen Blutzellen bildeten sich erst viel später. Die besonders zur Aufnahme von Sauerstoff notwendigen *Erythrozyten* oder roten Blutkörperchen etwa strömten erst, als sich die Wirbeltiere entwickelten, in den langen Fluss der Evolution – eine wichtige Neuerung. Unsere Muskulatur etwa wäre ohne die permanente Versorgung mit Sauerstoff überhaupt nicht leistungsfähig.

Auch die *Leukozyten* oder weißen Blutkörperchen sind aus unserem Blut nicht wegzudenken. Sie sind die Wächter des Immunsystems und patrouillieren ständig durch die Gefäße, um ungebetene Gäste wie Bakterien oder Viren aus unserem Körper zu verbannen. Bestimmte *Leukozyten* schwimmen nicht nur passiv im Blutstrom, sondern bewegen sich ähnlich einer Amöbe aus dem Blut einem unbarmherzigen Kampf mit unsichtbaren Krankheitserregern, den wir etwa im Fall von Aids längst nicht für uns entschieden haben.

Neben der Trennung des Herzes in separate Kammern bahnten also die kleinen weißen und roten Blutzellen die weiteren großen Entwicklungsschritte auf dem Weg zum Warmblüter. Diesem Begriff sind wir im Zusammenhang mit unserer Körpertemperatur schon auf unserer Hautreise begegnet. Erst die schnelle und effektive Zirkulation des Blutes in all unseren Körperteilen macht uns Säuger im Vergleich zu anderen Wirbeltieren relativ unabhängig von der Außentemperatur. Denn nur so wird sichergestellt, dass die Körperzellen, genauer die in ihnen liegenden *Mitochondrien*, mit ausreichend Sauerstoff versorgt werden. Durch ihre Aktivität wird viel Wärme frei – die Grundlage unserer hohen Körpertemperatur.

In unserer Brust schlägt das Herz eines Warmblüters.

direkt in die Gewebe hinein. Im Lauf der Evolution hat sich unser Immunsystem immer weiter und weiter entwickelt und sorgte somit von Beginn an dafür, dass wir gegen die allermeisten Angreifer aus dem Mikrokosmos gewappnet waren und sind. Das ist überlebenswichtig, denn schließlich befinden sich unsere Körper genau wie die der Ahnen des Menschen seit Millionen von Jahren in

Herz aus Schwein

Bei körperlicher Anstrengung oder emotionaler Erregung steigt bekanntlich die Herzfrequenz. Vor allem körperliche Beanspruchung, aber auch psychische Belastungen gehen in der Regel mit einer Änderung der Pulsfrequenz einher. Das Herz ist in jeder Hinsicht der Taktgeber unseres Lebens. Von daher ist es kaum verwunderlich, dass dieses Organ neben seiner enormen Bedeutung für unsere Evolution auch in der Kunst- und Kulturgeschichte des Menschen einen absoluten Sonderstatus einnimmt. Dieser rührt sicherlich nicht zuletzt daher, dass das Herz bezüglich seines Rhythmus ein regelrechtes Eigenleben führt, weshalb es auch lange Zeit als Sitz der Seele und Zentrum unserer Gefühlswelt galt und – sofern man unserer Sprache und der Werbung glauben darf – noch immer gilt. Spätestens seit unserer Gehirn-Exkursion wissen wir es etwas besser. Aber selbst in unseren aufgeklärten Zeiten ist es noch immer absolut erstaunlich zu sehen, dass etwa ein aus dem Körper entnommenes Herz noch einige Zeit weiter pulsieren und sogar in einem anderen Körper noch Jahrzehnte weiterschlagen kann. Und doch sollte uns klar sein: Obwohl wir dem Herz so viel Bedeutung schenken, ihm gar eine Individualität zuschreiben und es, wenn nicht zum Zentrum, dann doch zumindest zum Symbol der einzigartigen Gefühlswelt des Menschen erkoren haben, unterscheidet sich das menschliche Herz an sich kaum von dem eines anderen Säugetiers.

Unter Medizinern macht sich zunehmend die Hoffnung breit, schon bald Herzen von Schweinen als Implantate bei Patienten verwenden zu können, deren eigene Herzen ihren Dienst versagen. Das Hauptproblem einer solchen »Xeno-Transplantation«, also der Übertragung

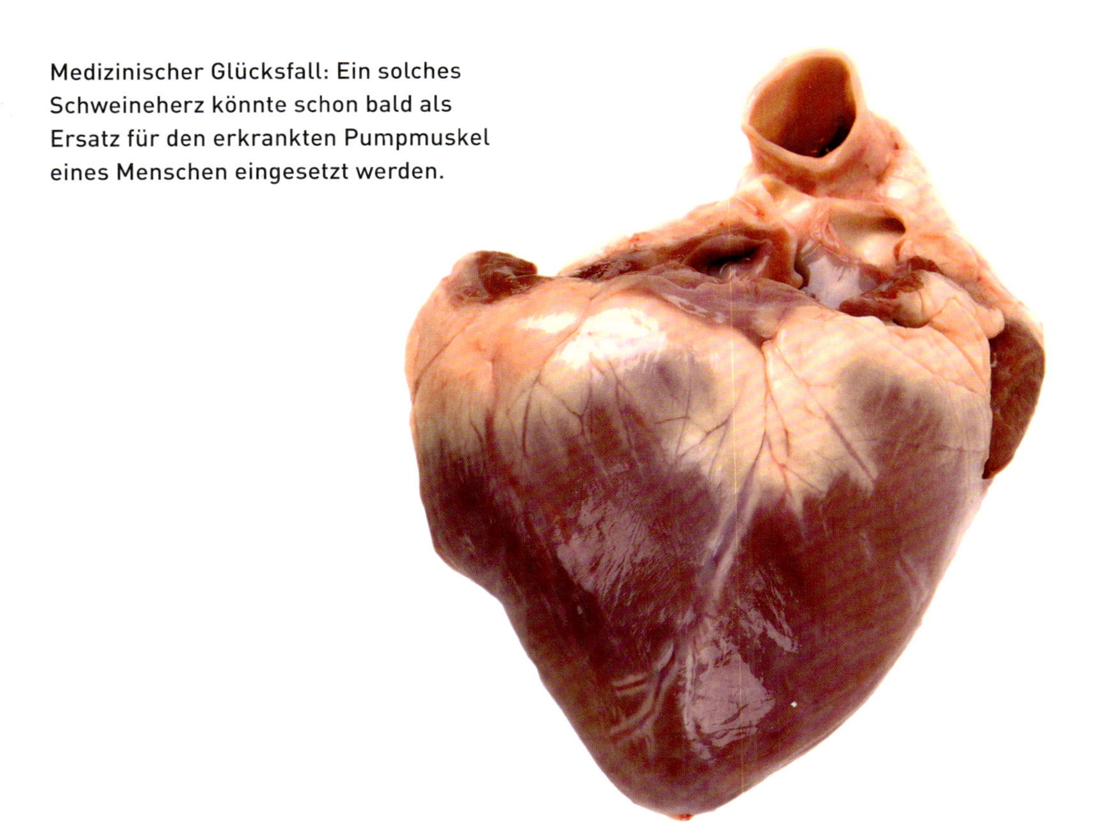

Medizinischer Glücksfall: Ein solches Schweineherz könnte schon bald als Ersatz für den erkrankten Pumpmuskel eines Menschen eingesetzt werden.

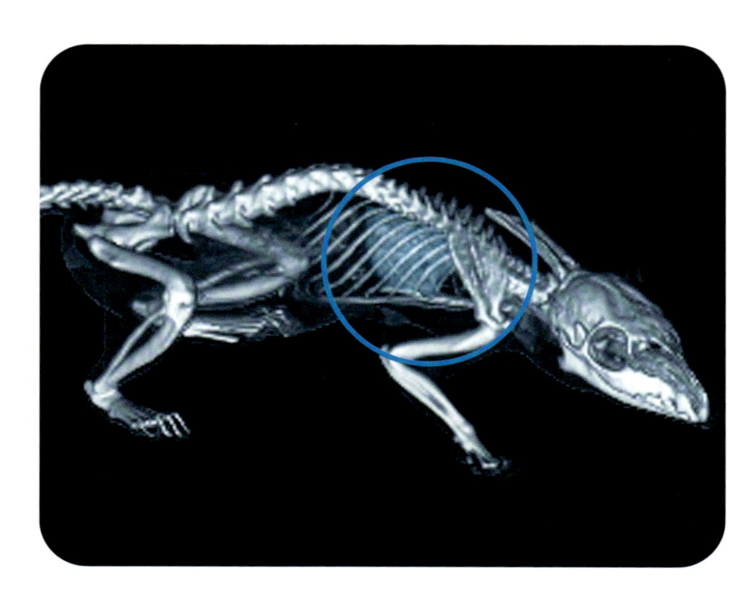

Der Gasaustauscher namens Lunge nimmt bei uns und unseren Säugetierverwandten viel Platz ein, wie diese CT-Darstellung eines Tupaias zeigt.

eines Organs vom Tier auf den Menschen, ist nicht etwa der anatomische Unterschied, sondern die Abstoßungsreaktion durch unser Immunsystem, die auch eine Übertragung von Mensch zu Mensch erschwert. Und doch stehen nach Ansicht der Forscher die Zeichen gut, dass der Titel dieses Buches in Bezug auf das Herz schon in wenigen Jahren eine ganz eigene Bedeutung erlangen könnte.

Lungen, Luft und Lebenselixier

Genauso wie unsere muskulöse Blutpumpe führt auch die Lunge, dieser höchst erstaunliche Blasebalg in unserer Brust, seit unzähligen Generationen und weit in unsere tierische Ahnengalerie hinein ein ziemlich selbstständiges Leben. Unsere Atmung beeinflussen wir ebenso wie den Puls unseres Herzes in der Regel nicht bewusst – sofern wir nicht gerade die Luft anhalten. Benötigt der Körper mehr Sauerstoff, steigen die Tiefe und Frequenz der Atemzüge »automatisch« an. Nachts dagegen atmen wir langsamer – aber wir atmen, obwohl wir schlafen, genau wie ein Hund, die Katze des Nachbarn oder der Leguan in seinem Terrarium, gesteuert durch einen Hunderte von Millionen Jahre alten »Autopiloten« der Atmung. Wie auch das Herz kennt die Wirbeltierlunge des Menschen weder Rast noch Ruh – eine Tatsache, die man sich im Alltag wohl kaum bewusst macht.

In den letzten fünf Minuten, die wir mit dem Lesen dieses Textes zugebracht haben, wurden rund 30 Liter Luft durch unsere Lungen befördert, das sind immerhin drei Eimer voll. Ein Wert, der zum einen für das enorme Leistungsvermögen der Lunge steht und uns zum anderen vor Augen führt, dass die Lunge ebenso wie das Herz ein Organ ist, ohne das wir nur wenige Augenblicke lebensfähig sind. Überhaupt ist der Gasaustausch mit der Umgebung von Tag eins der Evolution an eines ihrer ganz großen Themen, angefangen bei den Einzellern. Schon in der Welt der Mikroorganismen und noch lange, bevor es Lungen gab, entwickelten sich zahlreiche Atmungsstrategien und deren Variationen. Allerdings führte nur eine einzige davon zu uns Menschen.

Während bestimmte Bakterien in der Lage sind, Schwefel oder auch Stickstoff zu atmen, so war und ist in unserem Stammbaum der Sauerstoff das Elixier des Lebens.

Auf die Zufuhr von Sauerstoff sind alle Reaktionen in unserem Körper ausgerichtet. Das Luftgemisch, das wir einatmen, besteht zu etwa 21 Prozent aus diesem lebenswichtigen Gas. Interessanterweise ist dieses gleichzeitig dafür verantwortlich, dass wir irgendwann sterben: Vor allem aggressive Sauerstoffverbindungen sind es, die unsere Zellen unaufhaltsam altern lassen. Dieser »saure« Stoff ist also von Beginn der Evolution an Lebensspender und Todesengel zugleich. Aber was haben diese Betrachtungen eigentlich mit dem Tier in unserer Lunge zu tun? Ganz einfach: Die Lungen unserer Verwandten – vom Salamander bis zum Schimpansen – sind an dieselben physikalischen und chemischen Rahmenbedingungen des Landlebens angepasst und auf diese angewiesen. Mit anderen Worten und in der Sprache eines Ingenieurs: Das Funktions- und Bauprinzip unserer Lunge verdanken wir denjenigen Umweltbedingungen, unter denen unsere Ahnen als Amphibien dem Urmeer entstiegen. Doch auch deren Lungen fielen nicht vom Himmel, sondern gehen wiederum auf besondere Atmungsorgane von Fischen zurück. Tauchen wir nochmals in die Küstengewässer des Erdaltertums ein, um zu ergründen, wodurch es möglich ist, dass sich unsere Lunge beim Lesen dieses Kapitels vom Beginn bis hierher bereits über einhundert Mal mit Luft gefüllt hat.

Heute Lunge, gestern noch Darm

Im Zeitalter des Devon sind zahlreiche Flachwassergebiete entstanden, in denen unsere Fischahnen vermutlich Schutz vor den Räubern der offenen See suchten. Gleichzeitig bot dieser Lebensraum ein reichhaltiges Nahrungsangebot, das durch an Land lebende Organismen wie Insekten und Würmer bereichert wurde, die nichtsahnend in der Uferregion dieser Gewässer ihren Tag verbrachten. Für unsere Ahnen war es nun, sofern sie sich keine Leckerei entgehen lassen wollten – wie wir an anderer Stelle schon gehört haben –, sehr sinnvoll, sich auf Flossen abstützen zu können, wenn nicht sogar mit diesen auf dem Land gleich eines Schlammspringers fortzubewegen, um auf Futtersuche zu gehen – eine Umwidmung der Paddel, die letztlich auch zu unseren Armen und Beinen führte. An sich – so könnte man zumindest glauben – müsste das fischartig-amphibische Leben in und an diesen wohltemperierten Buchten und Badetümpeln doch recht angenehm gewesen sein, zumal sich das Wasser dort unter dem direkten Einfluss der Sonnenstrahlen schneller erwärmte als in der Heimat des tiefen Urmeers. Leider aber barg gerade die vergleichsweise höhere Temperatur und geringe Wasserbewegung der Küstenbereiche eine äußerst unschöne Komponente. Denn in warmem, wenig bewegtem Wasser ist der Sauerstoffgehalt relativ gering. Das Atmen mit Kiemen als der Standardausrüstung eines Fisches war also dort erschwert. Dieses grundsätzliche physikalische Problem lösen heute viele Fischarten, indem sie in sauerstoffarmen Gewässern die Wasseroberfläche kurz durchstoßen und unter freiem Himmel nach einer Extraportion Sauerstoff schnappen, auch wenn sie eigentlich gar keine Lungen besitzen. Die gut durchblutete Schleimhaut ihrer Mundhöhle kann nämlich einen Teil des atmosphärischen Sauerstoffs aufnehmen. Möglicherweise waren auch unsere Ahnen solche Luftschnapper. Doch beim Schnappen blieb es nicht. Bereits sehr

Lunge oder Schwimmblase?

Bei den Vorfahren der meisten heute lebenden Fische, den Strahlenflossern, entstand aus Aussackungen des Vorderdarms die sogenannte Schwimmblase, jenes Organ also, das etwa einen Goldfisch wohl austariert in der Wassersäule schweben lässt. Die Entwicklung der Darmausstülpungen unserer Fischverwandten in den Flachwasserbereichen des Devon hingegen schlug einen anderen Weg ein, aus ihnen bildete sich unsere Lunge.

Mechanismen gespeichert, die in der Erdgeschichte vom Darm zur Lunge führten.

Wie wir uns nun eigentlich das Leben und Aussehen unserer Fischvorfahren vorstellen müssen, die erstmals in der Erdgeschichte Luft atmeten, lässt sich recht gut an Lungenfischen nachvollziehen. Ein Großteil ihrer Biologie ist nämlich gar nicht weit von der unserer Fischahnen entfernt, bevor diese das Land betraten.

Die wissenschaftliche Bezeichnung der Lungenfische lautet *Dipnoi*, was soviel bedeutet wie »Doppelatmer«. Ihren

Unsere Lunge ist nicht an Land, sondern als eine Anpassung an den geringen Sauerstoffgehalt im Wasser entstanden.

früh in der Evolution der Knochenfische entwickelte sich im sogenannten Vorderdarm, also dem Bereich zwischen Mundhöhle und Magen, eine Aussackung, die auf die Aufnahme von Luftsauerstoff spezialisiert war. Dies war die Geburtsstunde unserer Lunge.

Wie die Lungen unserer Urahnen entstanden, lässt sich noch heute an jedem Menschen ablesen. Denn die Entwicklung des menschlichen Embryos zeichnet, wie schon so oft während unserer Körperreise, auch in Bezug auf die Lunge nach, was in der Evolution Millionen Jahre dauerte. Aus einer zunächst winzigen Ausbuchtung des Vorderdarms entsteht nämlich ungefähr am 30. Tag des Lebens eine Lunge, um sich dann abzuschnüren und immer weiter zu unserem höchst spezialisierten und zweigeteilten Atmungsorgan auszuwachsen. In jedem von uns sind also noch jene

Namen verdanken diese Fische ihrer anatomischen Ausstattung: Sie besitzen sowohl Lungen als auch Kiemen. Letztere nutzt ein Lungenfisch allerdings nur zur Abgabe des Abfallprodukts Kohlendioxid an das Wasser. Die Aufnahme von Sauerstoff hingegen erfolgt über die Lunge. Mehrfach über den Tag verteilt taucht ein Afrikanischer Lungenfisch an die Wasseroberfläche und atmet Luft. Wird er daran gehindert, so muss er ertrinken – und das, obwohl er ein Fisch ist.

Oben: So wie dieser Afrikanische Lungenfisch schnappten auch unsere Fischverwandten einst nach Luft.

Unten: Die CT-Röntgenaufnahme eines Lungenfischs deutet die Position seines Atmungsorgans an, das er ein- bis zweimal in der Stunde mit Luft füllt.

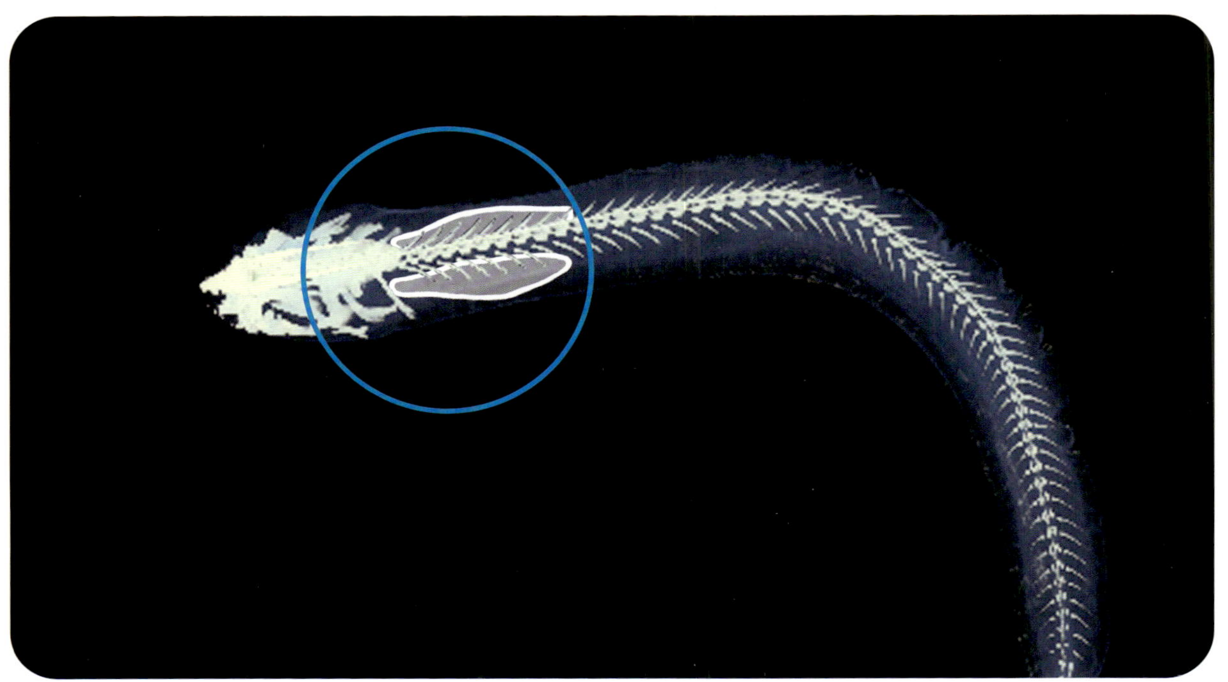

Kostbarer Kot

Die tierische Vergangenheit von Lunge und Herz haben wir nun schon ein wenig kennengelernt. Wenden wir uns jetzt weiteren Organen zu, deren Aufgabe es ist, Stoffe zu wechseln. Doch vorher sollten wir uns mit einer unumgänglichen Tatsache vertraut machen. Diese letzte unserer Exkursionen in die tierische Vergangenheit des menschlichen Körpers wird durch ein Problem besonders erschwert, das uns bereits mehrfach begegnet ist. Innere Organe wie Herz, Lunge und Co. versteinern so gut wie nie. Daher treten die Kreislauf-, aber auch die Verdauungsorgane wie der Magen nur sehr selten als Fossilien ans Tageslicht, um so Zeugnis von ihrer einstigen Entwicklung geben zu können. Und besonders dünnwandige Organe wie etwa der Darm werden oftmals durch Mikroorganismen zersetzt, noch bevor sie von Sedimenten überhaupt bedeckt werden konnten, um zu mineralisieren, was, wie wir von unserer Reise wissen, die Grundvoraussetzung aller Versteinerungsprozesse ist.

Etwas anders dagegen sieht es zum Glück mit den täglichen Hinterlassenschaften unserer Urverwandten aus. Sogenannte *Koprolithen* – hinter diesem Begriff verstecken sich die versteinerten Exkremente unserer tierischen Ahnen – sind zwar in aller Regel weniger ansehnlich als ein waschechtes Körperfossil, doch ihre Zusammensetzung hilft zumindest zu verstehen, was und wie etwas verdaut wurde. So dienen Kotballen von Fischen, Reptilien oder Säugetieren aus der Vergangenheit den exakten Analysen des Nahrungsspektrums und in einem weiteren Schritt der daraus resultierenden Anatomie-Rekonstruktion der entsprechenden Organe und ihres Besitzers. Auf eine einfache Formel gebracht: Zeig mir deinen Kot und ich sage dir, was du isst, wie du lebst und wer du bist.

Doch nicht nur die versteinerten Resultate, also das Ende der Verdauung, liefern uns mitunter ganz sachdienliche Hinweise auf die tierische Vergangenheit unserer inneren Organe. Auch der Blick auf den Anfang jeder Nahrungsaufnahme kann äußerst lehrreich sein. So wissen wir bereits, dass unser Gebiss dem eines *Omnivoren*, sprich eines nahezu allesfressenden Säugetiers entspricht. Wo aber liegen nun eigentlich die Wurzeln dieser Ernährungsweise?

Diese Versteinerung ist der 185 Millionen Jahre alte Kothaufen eines Meeressauriers – ein sogenannter *Koprolith*. Solche versteinerten Ausscheidungen geben wertvolle Hinweise auf die Ernährungsweise und Verbreitung ausgestorbener Arten.

Der Mensch als Rohr

Zunächst lässt sich einmal festhalten, dass sich das Prinzip der Nahrungsverwertung seit den Zeiten des Kambrium vor einer halben Milliarde Jahren kaum

Versteinerte Kotreste – im Fachjargon *Koprolithen* genannt – verraten, was genau unsere Ahnen vor Millionen Jahren verzehrt haben.

verändert hat und im Grunde nach einem, von außen betrachtet, recht einfachen uralten Modell konzipiert ist. Aus Sicht der Nahrung sind wir nämlich vom Mund bis zum Darmausgang zunächst einmal nicht wesentlich mehr als ein Rohr. Bei uns Menschen misst dieses Rohr die stattliche Länge von rund acht Metern, weshalb es in unserem Bauchraum in engen Windungen und dicht gepackten Schlingen verstaut ist. Warum es so lang ist, werden wir noch erfahren. Der Darm ist zugleich die größte Kontaktfläche mit der Außenwelt in Form unserer aufgenommenen Nahrung. Dieses Grundschema unterscheidet uns generell kaum vom Lanzettfischchen *Branchiostoma* als dem ältesten lebenden Modell der Wirbeltiervorfahren. So lapidar es klingen mag, aber von der Mundöffnung bis zum After befindet sich bei ihm wie bei uns ein langer Hohlraum, der mit dem gefüllt ist, was wir zum Zweck der Energieversorgung aufnehmen, verdauen und wieder ausscheiden, ob nun am Grund des Meeres oder im gutbürgerlichen Restaurant.

Diese ebenso alte wie einfache Nahrungsverarbeitung nach dem Motto »vorne rein, hinten raus« mag uns lapidar erscheinen, in Wirklichkeit aber war sie für die Evolution eine Riesensache. Denn das beschriebene ernährungsbiologische Modell einer Einbahnstraße wurde erst durch eine Art Neuerfindung ermöglicht, die uns heute verwandtschaftlich mit dem Lanzettfischchen und vielen anderen Tierarten unter dem Begriff *Deuterostomier* oder auch »Neumünder« eint. »Neu« an uns ist, dass der ehemalige Mund unserer Vorfahren zum After wurde und der Mund, so wie wir ihn kennen, »neu« durchbrach. Das Resultat waren – von außen betrachtet – zwei örtlich getrennte Löcher, die sich im Inneren rohrartig miteinander ver-

Das Lanzettfischchen *Branchiostoma* besitzt einen recht ursprünglichen Darm, der das ganze Tier durchzieht und noch nicht wie bei den Wirbeltieren gewunden ist.

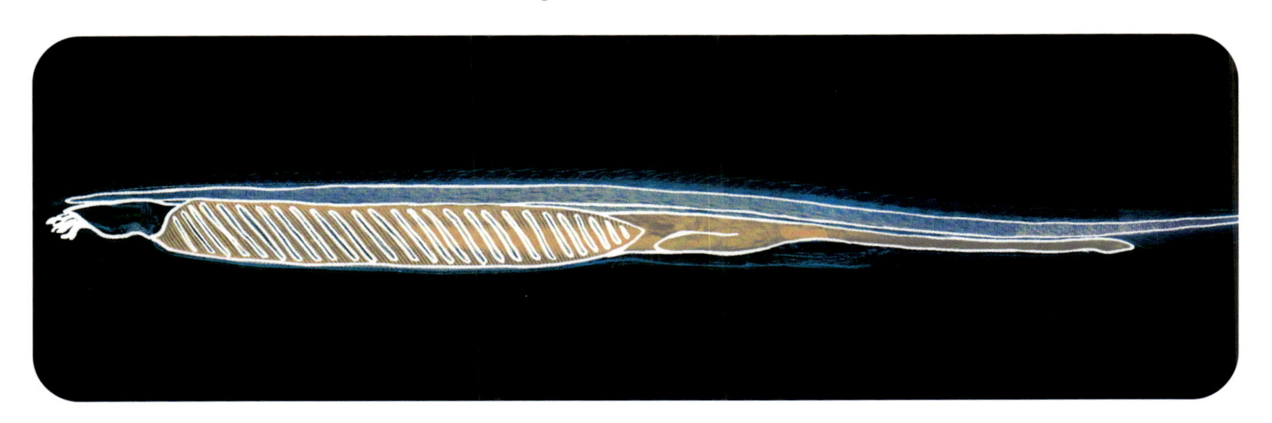

binden. Eine dieser Öffnungen ermöglicht uns neben der Nahrungsaufnahme etwa das Sprechen – mit der zweiten Öffnung sind wir auf der Toilette beschäftigt (siehe hierzu »Die Qualle im Menschen«, rechte Seite).

Es ist fast unglaublich zu sehen, wie ähnlich wir Menschen in frühen Entwicklungsstadien noch unseren tierischen Verwandten bis hin zum Lanzettfischchen sind. Und was unsere Wirbeltierverwandten angeht, Fische, Amphibien, Reptilien, Vögel und Säugetiere, so gleichen wir ihnen auch nach der Entwicklung zum Rohr noch viele weitere Tage in der Embryonalentwicklung wie ein Ei dem anderen. Nur Experten sind in der Lage zu unterscheiden, ob ein Embryo später einmal von seinen Flossen getragen, durch die Lüfte gleiten oder sich mit dem Durchblättern eines Buches beschäftigen wird. Genetisch betrachtet ist dies kein Wunder, denn unsere Entwicklung folgt dem Standardprogramm Wirbeltier. Der gesamte Körper inklusive des röhrenförmigen Verdauungsapparats streckt sich und durchläuft dann, was die inneren Organe betrifft, eine Aufteilung in die uns bekannten Bereiche wie Speiseröhre, Magen, Dünn- und Dickdarm inklusive der Leber als zentralem Stoffwechselorgan und größter Drüse des Körpers. Weitere Drüsen, Milz oder Pankreas gesellen sich hinzu, und auch die Nieren bilden sich als wichtige Filterorgane für Schadstoffe.

Betrachten wir sie näher: Täglich filtern unsere Nieren unglaubliche 1500 Liter Blut und befördern Schadstoffe und Abbauprodukte des Stoffwechsels als Konzentrat von rund eineinhalb Litern Urin aus dem Körper. Auch ihr Ursprung lässt sich bis zum Lebensmodell Lanzettfischchen rekonstruieren, das bereits Vorläufer von Nieren besitzt. Zu welchem Zweck entstanden aber eigentlich diese Blutwaschanlagen im Körper? Wir dürfen davon ausgehen, dass auch sie – wie könnte es anders sein – auf unsere Vergangenheit im Urmeer zurückgehen. Das bedeutet mit Blick auf unsere Fischahnen und deren heutige Fischverwandten, dass auch Fische Nieren haben und demnach »müssen« müssten. Und tatsächlich verfügen Fische über die Möglichkeit zur Ausscheidung flüssiger Stoffwechselprodukte: Sie pinkeln. Und von ebensolchen pinkelnden Fischen haben wir unsere Nieren geerbt. Warum sie sich gebildet haben, liegt in der hohen Salzkonzentration des Meerwassers begründet. Diese ist nämlich dafür verantwortlich, dass dem Körper des Fisches permanent Wasser entzogen wird, denn ihre Gewebe enthalten weniger Salze als das Meer. Um diesem durch das Salzwasser verursachten Wasserentzug entgegenzuwirken, müssen Fische jede Menge trinken. Doch dazu steht ihnen ja nur Salzwasser zur Verfügung. Um das Salz wieder loszuwerden, muss es herausgefiltert werden. Und genau dies geschieht mithilfe der Nieren. Darüber hinaus nutzen Fische übrigens auch ihre Kiemen, um den Salzhaushalt zu regulieren – ein Weg, der uns freilich nicht mehr offensteht.

Im Laufe der Zeit wurden die Nieren viel komplexer und übernahmen etliche weitere Aufgaben wie die Produktion von Hormonen, die Regulation des Blutdrucks oder die Steuerung des Zuckerstoffwechsels. Doch ihren Hauptjob, das Blut zu filtern, Abfallstoffe zu entsorgen und den Wasserhaushalt zu regulieren,

Die Qualle im Menschen

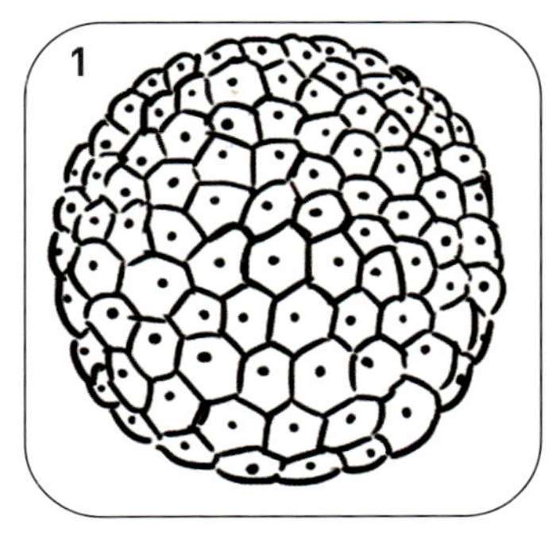

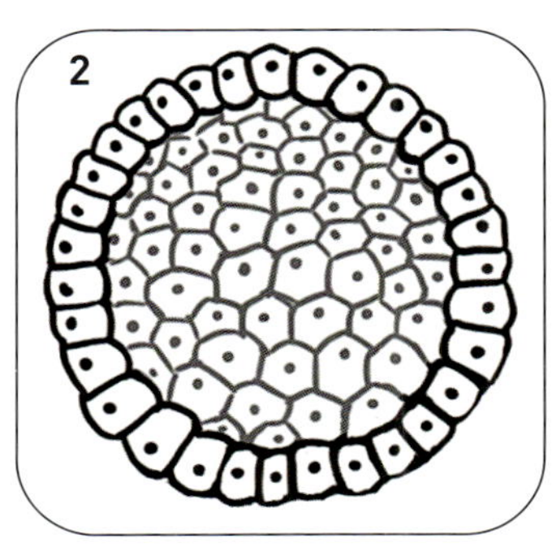

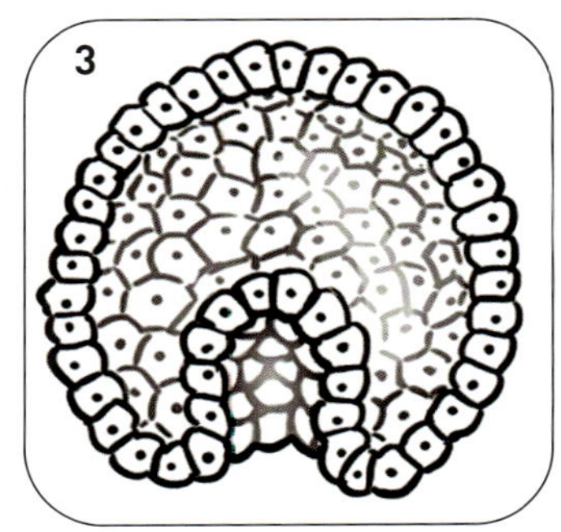

Der enorme Umbau in den Konstruktionsplänen der *Deuterostomier* mag uns abstrakt und weit vergangen erscheinen, und doch läuft er bei jedem Menschen im Mutterleib genauso wie einst in den längst vergangenen Tagen unserer Entwicklung im Urmeer ab. Stellen wir uns dazu eine Zellkugel vor (1), die innen hohl ist (2). Nicht wesentlich anders sieht jeder Mensch zu Beginn seiner Entwicklung aus (A und B). Bald darauf dellt sich diese Hohlkugel ein und ähnelt einer umgedrehten Kugelvase (3), die von der Wissenschaft *Gastrula* getauft wurde (C). *Gaster* bedeutet im Griechischen Magen. In diesem Stadium der Entwicklung verbleiben viele ursprüngliche Tierarten ihr Leben lang. Sie haben wie einst unsere Ahnen nur eine Körperöffnung (C.a), die der Aufnahme von Nahrung, der Verdauung und gleichzeitig der Entsorgung nicht verwerteter Bestandteile dient. Man denke etwa an eine Qualle. Beim Menschen und vielen anderen Tierarten jedoch entwickelt sich daraufhin ein dieser Öffnung gegenüberliegendes zweites Loch (C.b), der spätere Mund. So entsteht am Ende ein rohrartiger Körper und damit die Grundlage unseres Verdauungsapparats.

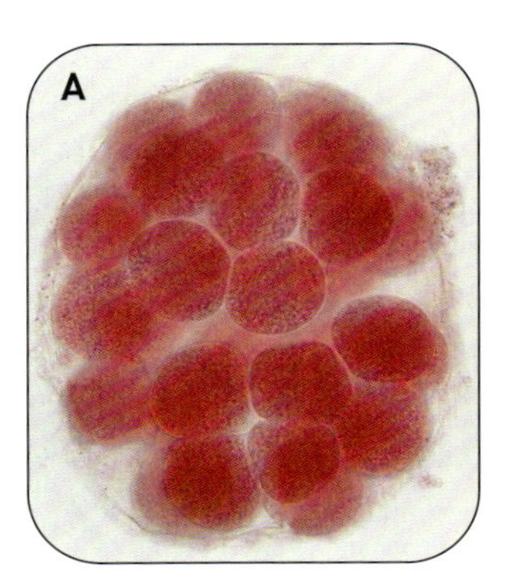

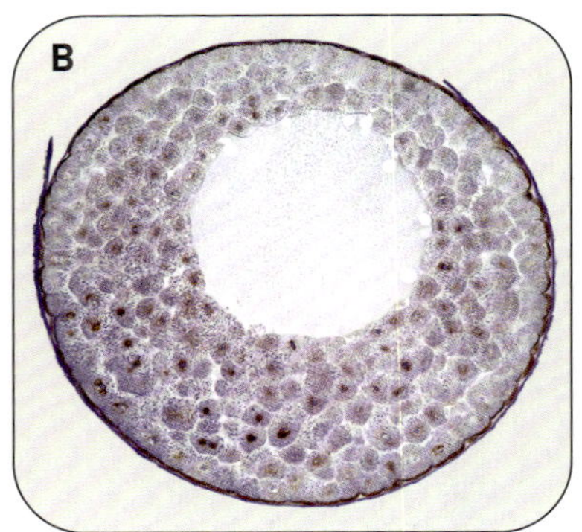

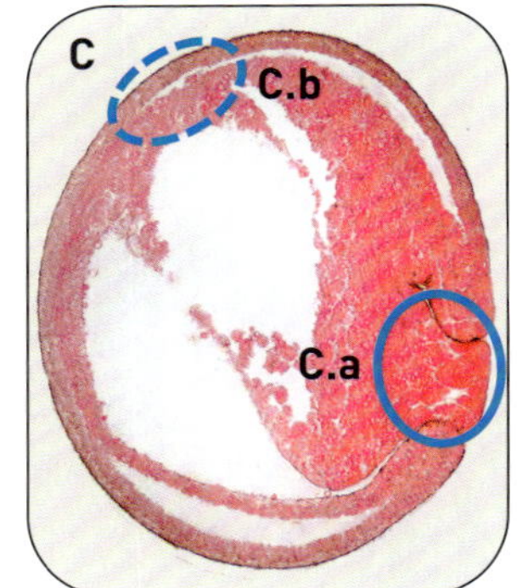

Die Nieren sind im Urmeer als Ausgleichsorgan der Salzkonzentration zwischen Körper und Umwelt entstanden.

haben sie seit etwa 400 Millionen Jahren unverändert beibehalten. In den vergangenen rund zwei Minuten, die das Lesen über den tierischen Ursprung unserer Nieren gedauert hat, wurden von ihnen übrigens gut zweieinhalb Liter unseres Blutes von Salzen und anderen Stoffen gereinigt: Ist das nicht nahezu unglaublich?

Verfolgen wir den Weg des Harns weiter in Richtung Körperausgang, so kommen wir zu jenem Sammelbehälter, dessen Füllstand wir an unserem Bedürfnis ablesen können, die Toilette aufzusuchen. Die Harnblase ist seit der Zeit der Amphibien ein wichtiges Organ, das uns ermöglicht, Urin in wohldosierten Portionen abzugeben. Zu Beginn des Landgangs war sie vermutlich eine Art Wasserreservoir, ebenso wie noch heute bei einigen Fröschen. Auf diese Weise können sie an Land ihrem Körper Feuchtigkeit zurückgeben und sich so vor Austrocknung schützen. Diese Resorptionsfähigkeit aus Amphibientagen besitzt unsere Blase allerdings nicht mehr. Aber auch jenseits der Funktion als Wassertank ist es schließlich ganz praktisch, durch die Aufnahmefähigkeit der Blase innerhalb gewisser zeitlicher Grenzen selbst bestimmen zu können, wann man müssen muss.

Der Blick auf Nieren, Darm und deren Begleit- und Nachbarorgane im Bauchraum des Menschen zeigt, wie komplex und vielschichtig die Verwertung der Nahrung bei genauerem Hinsehen letzthin im Reich der Wirbeltiere ist. Und das ist auch kaum verwunderlich. Schließlich wurden wir doch bei vielen Beobachtungen auf unserer gesamten Reise durch die Entwicklungsgeschichte des Menschen von dem Slogan »Fressen

Die Harnblase fängt den von den Nieren permanent gebildeten Harn auf. So kann er im passenden Moment ausgeschieden werden.

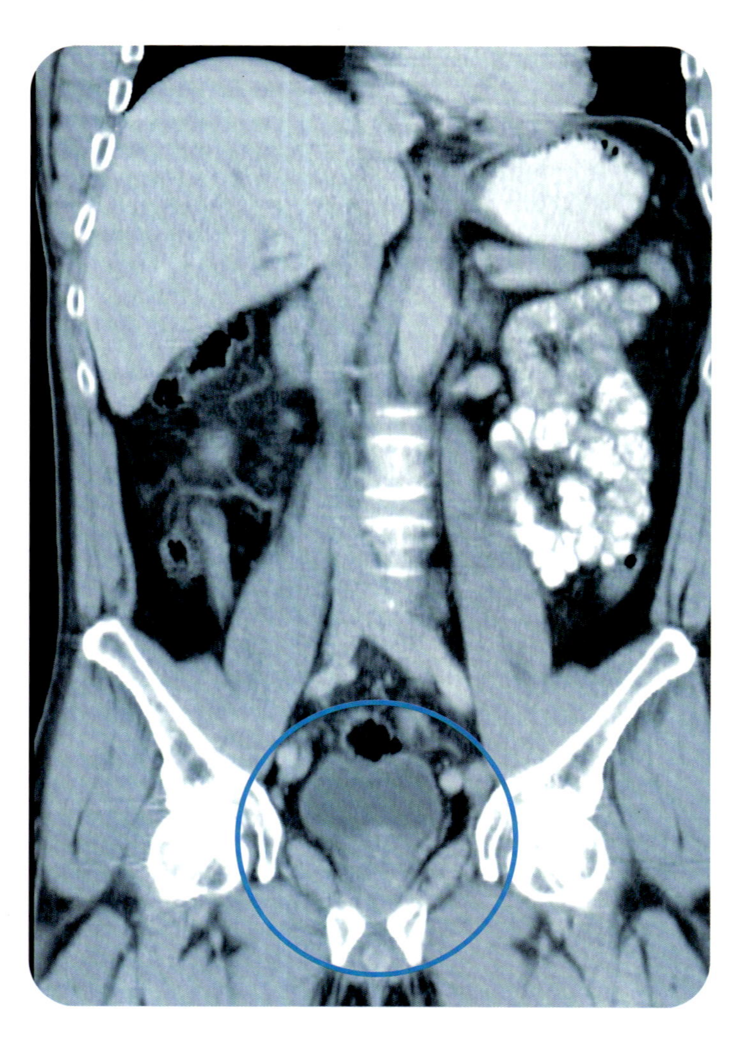

Dosierungskammer Harnblase

Die Kontrolle über die Blase ist nicht nur in menschlicher Gesellschaft von gewisser Bedeutung. Viele Säugetiere markieren ihre Umgebung gezielt mit Urin, setzen ihn also als soziales Kommunikationsmittel ein. Hundebesitzer kennen diese mitunter recht nervtötende Begleiterscheinung jedes Spaziergangs. Für einen Hund ist der Urin aus der vierbeinigen Nachbarschaft so etwas wie eine attraktive Annoncenzeitung an der Straßenecke, aus der er mit der Nase herauslesen kann, wer etwa sein Grundstück, sprich Revier, erweitert hat oder ob in der Gegend gerade eine Hundedame auf der Suche nach einem Abenteuer ist. Und mithilfe der Harnblase und ihrer individuellen »Schreibtinte« kann er seinerseits wiederum wohldosierte Nachrichten hinterlassen. Eine ganz ähnliche Bedeutung als Quelle unterschiedlichster Informationen dürfen wir sicher auch dem Urin unserer Ahnen unterstellen.

und gefressen werden« als einem der zentralen Leitmotive der Evolution begleitet. Nun aber ist es höchste Zeit, diese doch recht abgenutzte Formel auf ihre Richtigkeit und möglicherweise übertriebene Bedeutung hin zu überprüfen. Denn Fressen – also die Aufnahme der Nahrung – ist zwar eine wichtige Sache, ihre Verwertung aber eine andere, noch viel wesentlichere. Denn je besser die Energieausbeute einer Mahlzeit ist, umso größer ist die Fitness des Körpers und damit die Überlebenswahrscheinlichkeit der eigenen Spezies. Wir können daher davon ausgehen, dass der Blumenstrauß unterschiedlichster Organe, der unseren Bauchraum ausfüllt, im Wesentlichen aus einer hochgradig komplexen Entwicklung resultiert, die auf eine bestmögliche Futterverwertung abzielte.

Alle Stoffwechselorgane sind derart spezialisiert und faszinierend gebaut, dass jedes von ihnen eine ganz eigene Reise verdient hätte, um seine Geschichte und tierische Vergangenheit zu erforschen. Das geht hier aber aus Platzgründen – wie schon so oft auf unserer Expedition – leider nicht.

Allesfresser Mensch

Betrachten wir wenigstens jene beiden wichtigsten Mitspieler des Stoffwechsels unserer Nahrung noch einmal genauer, die dafür mitverantwortlich sind, dass wir den Körper des Menschen in gewisser Hinsicht als ein Rohr bezeichnen müssen. Diese Rolle übernehmen die mit Abstand längsten Organe des Körpers: der bis zu sechs Meter lange Dünndarm, dessen Name sich – man ahnt es schon – aus seinem geringen Durchmesser von nicht einmal drei Zentimetern ableitet, und der an ihn anschließende, mindestens dreimal so dicke Dickdarm mit seinen immerhin noch fast zwei Metern Länge.

Interessanterweise gibt nun gerade die Länge des Darms Auskunft über unsere tierischen Wurzeln. Wie das?

Der berühmte Evolutions-Slogan »Fressen und gefressen werden« greift zu kurz. »Verdauen und verdaut werden« lautet die notwendige Ergänzung.

Zunächst einmal gilt im Tierreich der Grundsatz: Je länger und komplexer der Darm, umso größer ist der Anteil an pflanzlicher Kost, die verdaut werden muss. Denn Pflanzenteile können gegenüber fleischlicher Nahrung schlechter vom Körper verarbeitet werden und durchlaufen daher mitunter sehr lange und recht komplizierte Wege der Fermentation und Aufspaltung, bis ihre Nährstoffe über die Darmwand aufgenommen werden können. So besitzen Kühe als die uns wohl bekanntesten Pflanzenfresser gleich mehrere Mägen mit unterschiedlichen Aufgaben der Nahrungsaufbereitung. Fleischfressende Tiere dagegen, wie etwa Löwen, haben einen verhältnismäßig kürzeren Darmtrakt, dafür aber einen großen Schlund und Magen. Der Grund für diese Größe liegt darin, dass bei Familie Löwe nicht dreimal täglich gespeist wird oder gar unentwegt, wie bei den Kühen, sondern nur alle paar Tage. Deshalb muss das Gefressene »gespeichert« werden können. Denn der Aufwand der Nahrungsbeschaffung ist für einen Fleischfresser weitaus größer und nicht frei von Verletzungsgefahren. Zebras, Antilopen und andere Fleischrationen sprießen nun mal nicht aus dem Boden. Deshalb gehen Löwen erst wieder auf die Pirsch, wenn der Magen zu knurren droht. War die Jagd erfolgreich, gilt die Devise: all you can eat! Jeder Leo haut sich den Magen derart voll, bis nichts mehr geht – niemand im Rudel weiß, wann die nächste Antilope im Esszimmer der Großkatzenkommune landet. Der Darm eines Löwen aber kann deswegen gegenüber dem eines Pflanzenfressers verhältnismäßig kurz sein, denn das nährstoffreiche Fleisch ist schnell verdaut.

Betrachten wir nach dem Verzehr dieser Wissenshappen nun den Allesfresser Mensch: Wie die Bezeichnung schon vermuten lässt, spiegelt unser

Durch die Gabe eines Kontrastmittels tritt hier der Dickdarm optisch hervor. Im Lauf der Evolution entstand aus dessen ehemals lang gestreckter Form ein gewundenes Organ mit maximal großer Oberfläche.

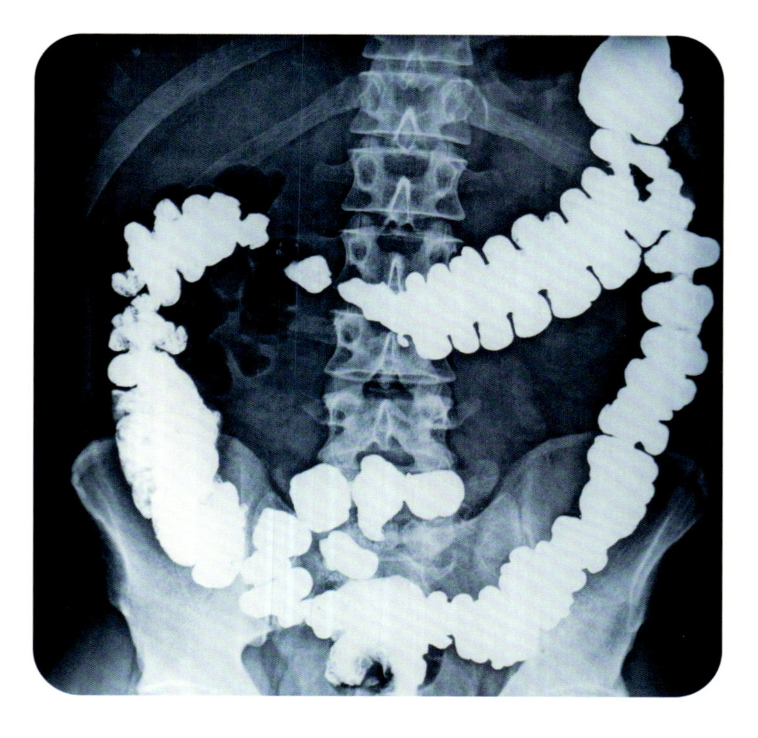

Verdauungstrakt eine Ernährungsweise nach dem Motto »von allem etwas« wider. Darm und Magen müssten beim Menschen demnach Pi mal Daumen im Mittelfeld zwischen Fleisch- und Pflanzenfressern liegen, was Größe und Komplexität angeht, und das tun sie auch. Wir haben unsere Verdauungsorgane also jenen Säugetiervorfahren zu verdanken, die sich mit einer Mischkost aus tierischer und vegetabiler Nahrung versorgten. Welche diese waren und wie sie genau aussahen, lässt sich nur schwer sagen. Doch an dieser Stelle sollten wir das uns bereits bekannte *Tupaia* noch einmal genauer untersuchen, das als eine Art Modell unserer Urverwandten ebenso wie wir Fleisch und Früchte zu sich nimmt. Es besitzt am Übergang von Dünn- zu Dickdarm einen ausgeprägten Blinddarm. Dieser unterstützt die Verdauung pflanzlicher Kost, indem hier Zellulose zersetzt wird. Beim Menschen hat der Blinddarm diese Funktion verloren und liegt nur noch als ein etwa fingerlanges Rudiment, sprich als eine »Erinnerung« an die einstmalige Funktion, vor. Ein Indiz dafür, dass unsere frühen Säugetierahnen vermutlich in stärkerem Maße Pflanzen verköstigt haben, als wir es heute tun.

Über die Verwertung der Nahrung und ihren langen Weg durch die inneren Organe kommen wir nun zu den Ausscheidungswegen und damit zwangsläufig zu jenem Aspekt unserer Biologie, dem ohne Zweifel seit jeher die allergrößte zwischenmenschliche Aufmerksamkeit geschenkt wird: dem Geschlecht. Was dieses mit der Nahrung zu tun hat, wird offensichtlich, wenn wir den Weg des flüssigen Anteils unserer Ausscheidungsprodukte verfolgen.

Großer kleiner Unterschied

Die anatomischen Unterschiede zwischen Frau und Mann äußern sich vor allem in der Bauweise des Urogenitalsystems. Mit diesem Begriff beschreibt die Wissenschaft die Harn- und Geschlechtsorgane der Wirbeltiere. Ob Gynäkologe oder Urologe, diese beiden Berufszweige haben sich der Frau und dem Mann verschrieben, kümmern sich aber – obwohl Fachmediziner – um gleich zwei Bereiche der menschlichen Anatomie, den Uro- und den Genitalbereich eben. Und das mit gutem Recht, denn beides ist bei jedem Menschen untrennbar miteinander verbunden, bei den beiden Geschlechtern jedoch unterschiedlich konstruiert. Diese berufliche Aufspaltung und »Uro-Geni«-Doppelaufgabe ist die logische Konsequenz aus Entwicklungen, die vor allem in unserer jüngeren tierischen Vergangenheit wurzeln. Ursprünglich nämlich waren die Ausführungsgänge für Harn, Kot und die Geschlechtsorgane zu einer Körperöffnung zusammengefasst. Bei Amphibien, Reptilien oder auch ursprünglichen Säugetieren ist diese Körperöffnung unter der etwas unschönen Bezeichnung Kloake noch heute zu finden. Eine klare

Der Mensch ist ein Nachfahre von Allesfressern, die tierische und pflanzliche Nahrung zu sich nahmen – das Erfolgsrezept von Steak mit Salat beruht auf der Evolution.

Wegetrennung in Ausscheidungs- und Geschlechtsprodukte sucht man dort also wie einst bei unseren Tiervorfahren vergebens. Doch der Weg zum Landlebewesen erforderte bei unseren Ahnen einen anatomischen Umbau der Ausführungsorgane.

Bei Fischen und Amphibien können die Geschlechtsprodukte über das Wasser als Transportmedium zusammenfinden. An Land aber würden Ei- und Samenzellen ohne feuchte Umgebung sofort absterben. Eine Windbestäubung wie bei Pflanzen war daher bei der Entwicklung der Landwirbeltiere auch keine Option. So bildete sich bei einem der beiden Geschlechtspartner nach dem Schlüssel-Schloss-Prinzip der Penis als ein verlängertes Organ, das die Abgabe der Spermien an Ort und Stelle und den Transport von Körper zu Körper in stets wässriger Umgebung gewährleistete. Dass dazu die bereits bestehenden Leitungsbahnen der Harnwege nützlich waren, erscheint naheliegend. Parallel zum Penis entwickelte sich die Scheide als Aufnahmeorgan. Der Exkurs in die Anatomie der Geschlechtsorgane zeigt, wie sehr sich die Körper unserer tierischen Vorfahren an die trockenen – für Ei- und Samenzellen tödlichen – Lebensbedingungen an Land anpassen mussten. Anders betrachtet: Hätten unsere Ahnen nicht das Wasser verlassen, so würde womöglich auch heute noch eine Kloake die Körper der beiden Geschlechter zieren.

Das schwächere Geschlecht

Bleiben wir noch bei den äußeren Geschlechtsorganen, auch wenn momentan die Objekte unserer Beobachtungen etwas delikaterer Natur sein mögen. Es erscheint uns zunächst sicher nicht als eine weltbewegend neue Erkenntnis, dass die Keimdrüsen beim Mann außerhalb des Körpers unter der Bezeichnung Hoden ihren Platz einnehmen. Doch der Blick durch die Brille der Evolutionsbiologen befördert hier einen kaum bekannten Sachverhalt zutage. Ungeachtet der für sehr viele Säugetiermännchen – den Menschen nicht ausgeschlossen – typischen Zurschaustellung der Hoden als ein sexuelles Signal, machte gerade ihre anatomische Verortung die männlichen Keimdrüsen zu einer sensiblen Problemzone, und dies nicht etwa nur wegen ihrer möglichst nicht auf die Probe zu stellenden Schmerzempfindlichkeit, sondern mehr noch aufgrund ihrer Entstehungsgeschichte.

Ursprünglich lagen die Keimdrüsen beider Geschlechter im Inneren des Körpers, was sie bei Fischen, Amphibien, Reptilien und Vögeln noch immer tun. Was die weiblichen Keimdrüsen unserer Spezies angeht, so sind die Eierstöcke schließlich auch noch immer wohlverpackt. Bei den männlichen Wesen unserer oder auch anderer Säugetierspezies ist jedoch zu beobachten, dass die Hoden während der Entwicklung im Mutterleib aus der Körperhöhle hinauswandern und schließlich ihren Platz in einer sackartigen Ausbuchtung außerhalb des Rumpfes einnehmen.

Diese Wanderung ist der Tatsache geschuldet, dass die Spermien der Säugetiere nur innerhalb eines bestimmten Temperaturbereichs lebensfähig bleiben, der einen Wert von rund 35 Grad Celsius möglichst nicht übersteigen sollte. Da bei uns Warmblütern die Körpertemperatur dummerweise über diesem Soll-

Auch wenn »Mann« es nicht gern hört: Seine Anatomie macht ihn definitiv zum schwächeren der beiden Geschlechter.

wert liegt, behalf sich Mutter Natur damit, die Hoden kurzerhand aus dem Inneren der Körperhöhle auszulagern und sie nach dem Modell eines Freischwingers in luftigere und damit kühlere Bereiche zu verorten. Doch nicht nur diese Entwicklung macht den Mann zu einem punktuell äußerst empfindlichen Wesen. Zusätzlich bedauerlich an diesem zunächst einmal ja recht bemerkenswerten Umbau in der Säugetieranatomie ist, dass die eigentliche Leibeshöhle von den beiden Hoden während der Wanderung ausgeweitet wird und dabei an der Durchtrittstelle eine Öffnung zurückbleibt. Sie ist natürlich nicht zu sehen, da sie von der Haut als der äußeren Hülle des Körpers verdeckt wird. Gerade durch den aufrechten Gang und das ebenso für viele Menschen der Industrienationen typische Übergewicht aber werden diese Öffnungen zum Tatort sogenannter Leistenbrüche. Diese Brüche werden dadurch verursacht, dass Gewebe, manchmal sogar eine Darmschlinge, aus dieser Öffnung austritt, was verständlicherweise zu enormen Problemen und Schmerzen führt. Zumindest in Bezug auf die Keimdrüse des Mannes ist man daher fast gewillt zu sagen: Wären unsere Ahnen mal besser im Wasser oder zumindest »kaltblütig« wie die Reptilien geblieben! Denn somit wäre der empfindliche Hodensack nie entstanden und die Diagnose Leistenbruch gäbe es nicht. Im Lichte der Evolution erscheint also der Mann als das schwächere unter den beiden Geschlechtern.

Wie aber sieht es nun mit der weiblichen Seite auf unserer Expedition durch die tierische Vergangenheit der Geschlechtsorgane aus? Nun, derartig offensichtliche Umbauten wie der Penis oder gar anatomische Entgleisungen

Die Anatomie der äußeren Geschlechtsorgane des Mannes ist zwei wesentlichen Schritten der Evolution geschuldet: dem Landgang der Wirbeltiere und der Entwicklung einer relativ hohen Körpertemperatur bei den Säugetieren.

Sexualität – so ist es der Geschichte des Lebens zu entnehmen – ist eine Art biologische »Krankenversicherung«.

wie Leistenbrüche sind dort so gut wie nicht zu finden. Zwar können auch Frauen einen Leistenbruch erleiden, etwa in der Schwangerschaft, wenn die Körperhöhle enormen Belastungen ausgesetzt ist, doch bei Männern treten »Brüche« rund neunmal häufiger auf. Dieses Ungleichgewicht ist womöglich dadurch verursacht, dass sich die Biologie der weiblichen Geschlechtsorgane – so komplex sie auch in Bezug auf das Heranreifen des Fötus und die Geburt sein mögen – trotz der für uns Landwirbeltiere typischen inneren Befruchtung nur langsam und unwesentlich veränderte. Der Mann aber musste sozusagen die Keimdrüsen ausquartieren und noch dazu den Transportweg der Samenzellen mit einer schlauchartigen Konstruktion namens Penis sichern, damit an Land überhaupt eine Reproduktion der eigenen Spezies möglich war.

Vom Kloakenkuss zum Hemi-Penis

Der Genauigkeit halber sei an dieser Stelle jedoch angemerkt, dass das Duo aus Penis und Scheide nicht das einzige Mittel der Wahl für die Beantwortung der Frage nach einer sicheren Vermehrung an Land darstellt. So besitzen Reptilien und Vögel nach wie vor eine Kloake, obwohl sie an Land leben. Doch die Entwicklung etwa von Hemi- oder Halb-Penissen bei diesen Tiergruppen als eine Art anatomischer »Nachbauten« dieses Organs der Säugetiere verdeutlicht, dass die direkte körperliche Kopplung der beiden Geschlechtspartner eine sinnvolle Sache darstellt, die zudem bei den Säugetieren auf die wohl eleganteste Art gelöst wurde. Der sogenannte Kloaken-Kuss, wie ihn uns etwa Tauben in jedem Frühsommer vorführen, wirkt gegen die Kopulation der Säugetiere doch relativ unbeholfen.

Betrachtet man die Entwicklungslinien der Kopulationsorgane nicht nur des Menschen oder anderer Säugetiere, so scheint es, als habe sich ganz allgemein alles Männliche in der Natur zum Zweck der Sexualität stets auf das Weibliche hinbewegt. Die spezielle Anatomie des Mannes, ja der Mann selbst wäre folglich nicht viel mehr als eine Reaktion auf die biologischen Anforderungen der Reproduktion. Dieser zunächst vielleicht seltsam und prosaisch wirkende Gedanke wird durch die Tatsache unterstützt, dass die männliche Komponente des Lebens tatsächlich seit Beginn der Evolution der beiden Geschlechter nur eine Art »Ergänzung« des Weiblichen war.

Ladys first

Die Entstehung des Männlichen geht – so zeigen viele Experimente – letztlich auf die grundsätzliche Notwendigkeit zurück, dass jede Spezies von Zeit zu Zeit das Erbgut einer Population ordentlich durcheinanderbringt, indem ihre Mitglieder ihre genetischen Eigenschaften untereinander vermischen und daraus neue Generationen mit neuen Eigenschaften und so letzthin gesunde Individuen hervorgehen. Was kompliziert klingen mag, lässt sich mit einem einfachen Beispiel veranschaulichen: Sehr viele Tierarten, darunter einige Würmer,

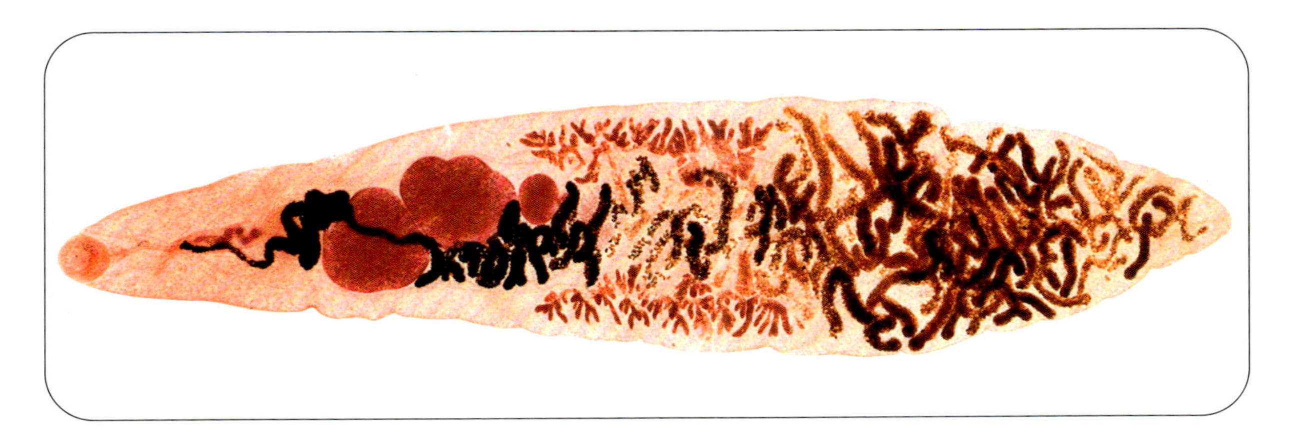

Viele Plattwürmer wie der Kleine Leberegel *Dicrocoelium dendriticum* sind in der Lage, sich sowohl ungeschlechtlich als auch geschlechtlich fortzupflanzen.

vermehren sich normalerweise *parthenogenetisch*, das heißt sie kommen zeitlebens ohne männliche Wesen aus und bilden als Nachkommen identische Klone. In Krisenzeiten jedoch entstehen bei diesen Spezies männliche Wesen, es kommt zur Paarung. Durch diesen Trick kann die Art mit ihren frisch durchmischten Genen veränderten Umweltbedingungen die Stirn bieten. Der Grund dafür liegt darin, dass dieses »Cross over« weiblicher und männlicher Erbgutschnipsel Populationen hervorbringt, deren Individuen sich äußerlich vielleicht nur minimal, genetisch aber womöglich erheblich voneinander unterscheiden. Ist etwa ein Nachkomme aufgrund seiner Erbanlagen zufälligerweise besser in der Lage, in einer Umgebung mit höheren Temperaturen zu überleben, als seine Artgenossen, so kann diesem Tier ein Klimawandel womöglich weniger anhaben. Zeugt dieser Wärmeliebhaber mit einer ebenso Wärme liebenden Partnerin Nachkommen, so entsteht daraus unter Umständen eine ganze Population, die ebendiese Temperatur-Resistenz in den Genen trägt. Und schon ist der Erhalt dieser neuen Art von »Sonnenanbetern« – zumindest theoretisch – gesichert. Ähnlich verhält es sich mit der Abwehr von Krankheitserregern, wie das folgende wissenschaftliche Experiment belegt: Eine lediglich aus Weibchen bestehende Population von Plattwürmern, die mit speziellen krankheitserregenden Bakterien geimpft wurde, starb nach wenigen Generationen aus.

Die Evolution profitiert seit Milliarden Jahren von der Durchmischung des Erbgutes – Sex ist ein alter Hut.

Und nun kommt's: Dieselbe Art überlebte denselben Mikroben-Stresstest ganz ohne Weiteres, sobald Männchen und damit eine Vermischung der Gene ins Spiel kamen. Denn so wurde für die nächste Generation eine Möglichkeit zur Resistenz gegen diese Bakterien geschaffen. Angesichts solcher Beobachtungen hat sich unter Evolutionsbiologen die nachvollziehbare Idee durchgesetzt, dass das Männliche womöglich überhaupt nur deshalb dauerhaft die Bühne der Evolution betrat, weil mit der Sexualität eine grundsätzlich höhere evolutive Fitness einer Art gewährleistet werden konnte. dieser Prozess der sogenannten *Meiose* bahnte den Weg zu komplexeren Organismen.

Doch wie sah eigentlich die Welt aus, als der Alltag unserer Ahnen noch nicht durch Sexualität bereichert wurde? Bevor unsere tierischen Ahnen dazu übergingen, sich zu paaren, ihr Erbgut fröhlich oder auch in einem eher beiläufigen Akt zu durchmischen, war allein das Prinzip Zellteilung Garant für das Weiterleben einer Spezies. Die Teilung einer »Mutter«-Zelle ist sozusagen der Urvorgang der Vermehrung und des Überlebens.

Prinzip Teilung: Das Wachstum unseres Körpers und all seiner Gewebe erfolgt nach jenem uralten Mechanismus, mit dem sich unsere Bakterienahnen vermehrten.

Zellen – kleinste gemeinsame Vielfache

Jede Zeugung eines neuen Menschenlebens ist also auch eine Wiederholung dieses wichtigen Evolutionsschemas, das dem Austausch von Genen und der Erhaltung der Art dient. Ein Schema, das unter ursprünglichen Vielzellern und Würmern begann, in unzähligen Generationen uns heute völlig unbekannter Organismen durch die Tiefen der Urmeere getragen wurde, das mit unseren Ahnen an Land ging, sich über alle Kontinente ausbreitete, sich bis in die höchsten Wipfel der Schlafbäume unserer tierischen Urverwandten in Afrika auswirkte und auch in uns Menschen weiterlebt: die Verschmelzung zweier Zellen, die Vermischung ihres Erbguts, die anschließende Teilung in Tochterzellen und die daraus resultierende Entstehung eines Embryos. Erst

Kehren wir zum allerletzten Mal zurück zu unserem »Montags-Untier«. Dieser erste aller denkbaren Urverwandten war ein Einzeller und damit ein Vertreter der ersten Lebensformen unseres Planeten. Als seine Tage gekommen waren – womöglich lebte er sogar nur wenige Stunden oder Minuten –, muss er sich geteilt haben, um so sein Erbgut in die nächste Generation einer oder mehrerer Tochterzellen zu überführen. Nichts anderes tun bis heute Bakterien und nichts anderes geschieht in unseren Körperzellen. Rudolf Virchow brachte diese grundlegende Erkenntnis mit dem berühmten Lehrsatz »Zellen entstehen nur aus Zellen.« auf den Punkt. Für unsere Reise durch die Entwicklungsgeschichte des Menschen heißt dies nichts anderes, als dass die permanente Teilung unserer Körperzellen auf jenen ersten Tag des Lebens zurückgeht. Unsere inneren Organe, die Nieren, der Darm, der Magen, die Leber, Milz und Lunge, das Herz, aber auch unsere Muskeln, Knochen, die Haut, das Gehirn, die Augen und alles andere an unserem Körper – ohne Zellteilung würde er nicht wachsen und wir nicht leben können. Die Teilung von Zellen ist ein Mikromotor des Lebens, der ebenso unsichtbar klein wie unfassbar produktiv ist. Allein während des Lesens dieses Satzes bilden sich Millionen neuer Zellen in unserem Körper, rund zehn Millionen pro Sekunde. Und all dies geschieht nach dem grundsätzlich gleichen Prinzip wie bei einer Bakterienkolonie in der Laborschale oder wie im Fall unserer Ahnen im Urmeer.

Die biochemischen Grundprinzipien der Zellteilung innerhalb unseres Körpers sind den Teilungsvorgängen einer Mikrobenkolonie übrigens derartig ähnlich, dass die moderne Medizin mit der Vermehrungserforschung von Einzellern eine der größten Geißeln der Menschheit begreifen und vor allem auch bekämpfen will – den Krebs. Denn in einem Tumor findet das grundsätzlich gleiche unge-

Das ungehemmte Wachstum dieser Bakterien- und Pilzkolonien dient als Vorbild zur Erforschung von Tumorzellen, deren Wucherungen nach vergleichbaren Mustern entstehen.

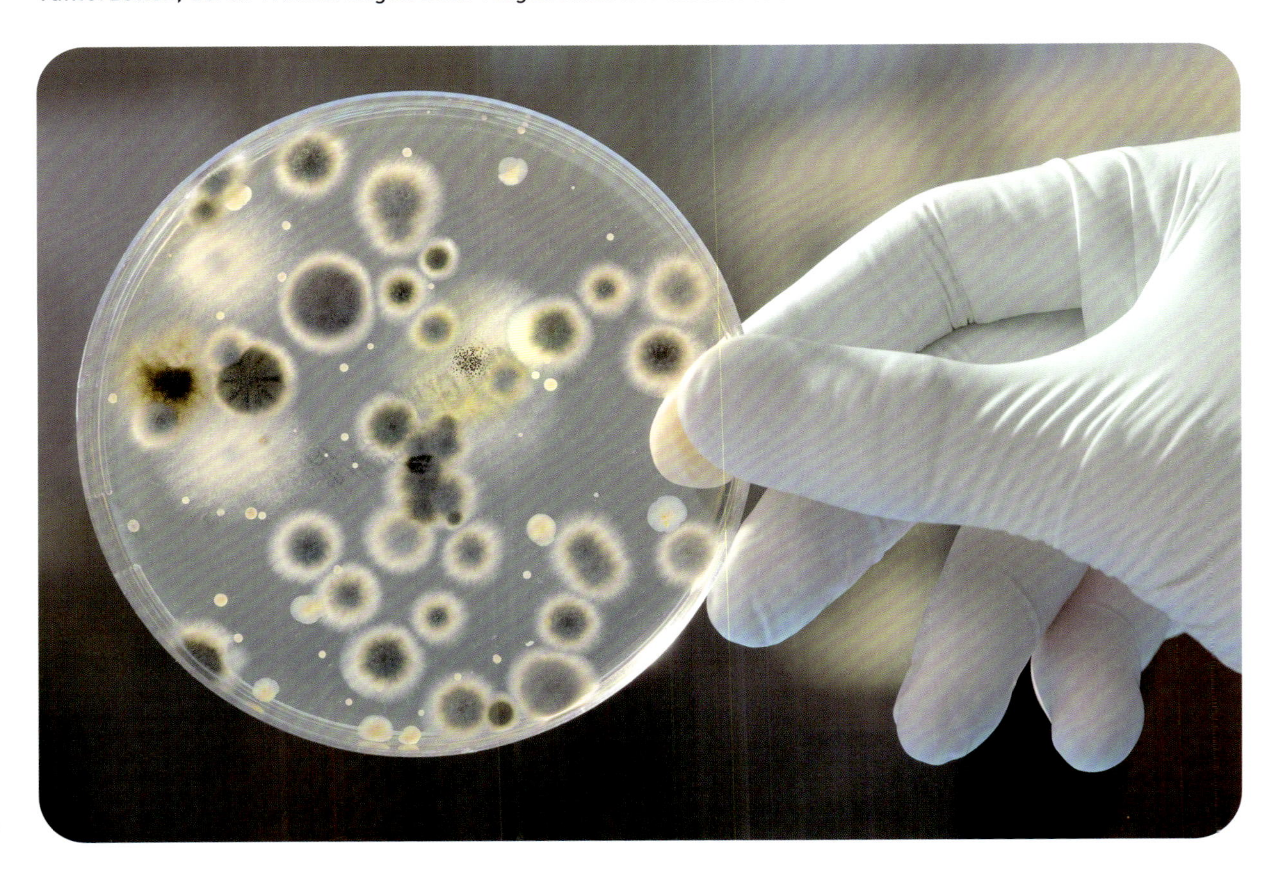

hemmte Wachstum statt wie bei einem Bakterienstamm. Erste Erkenntnisse zu diesem Thema aus dem noch jungen Forschungsfeld der »Evolutionären Medizin« geben Anlass zu zarter Hoffnung: Forscher arbeiten daran, das genetische Urprogramm – man könnte auch sagen: die Bakterie in unseren Zellen – zu entschlüsseln, das dafür zuständig ist, dass sich unter gewissen Bedingungen unsere Zellen an ihre Verwandtschaft mit einer Bakterie »erinnern« und sich fortwährend teilen, auch wenn sie ihr spezifisches »Lebensalter« überschritten haben.

Normalerweise wird das Alter einer Zelle durch eine Art Selbstmord-Programm geregelt, das auch als kontrollierter Zelltod bezeichnet wird. Dieser Mechanismus, der dafür verantwortlich ist, dass ein bestimmtes Gewebe wie etwa Leberzellen nicht unkontrolliert wuchert und das Organ selbst seine Form behält, scheint im Fall von Krebs ausgeschaltet zu sein. Durch ein Einschalten des Zelltods bei den betroffenen Zellen würde das ausufernde Wachstum einer Geschwulst beendet werden können.

Das Beispiel macht deutlich: Rund vier Milliarden Jahre nach der Entstehung des Lebens auf der Erde fördert der Blick auf die Entwicklungsgeschichte des Menschen in all ihren Facetten, wie wir es auf dieser Expedition getan haben, nicht nur bemerkenswerte bis kurios anmutende Erkenntnisse über unseren Körper zutage, sondern kann womöglich helfen, auch das Überleben der Spezies und die Gesundheit des einzelnen Menschen zu gewährleisten.

Einen besseren Ausstieg aus der langen Reise durch die tierische Vergangenheit unseres Körpers kann ich mir nicht denken: die Betrachtung unserer Körperzellen als das kleinste gemeinsame Vielfache von uns und unseren tierischen Verwandten, die im Fall von Krebs die düstere Seite der Evolution illustrieren, aber durch die Verschmelzung von Ei- und Samenzelle nicht weniger als den Start in ein neues Leben definieren.

Natürlich ließe sich – müssten wir unser gemeinsames Unternehmen hier nicht langsam, aber sicher beenden – unendlich viel mehr Spannendes berichten über die tierischen Wurzeln unserer Zellen. Schließlich begann mit ihnen und in Einzellern das Leben auf der Erde. Allein ein letzter kurzer Blick aus der Vogelperspektive auf die Bestandteile einer Körperzelle offenbart auf erstaunliche Weise ein Organisationsprinzip, das an die grundsätzliche Anatomie unseres Körpers erinnert. So finden wir statt innerer Organe in den Zellen sogenannte Organellen, Mini-Organe, von denen wir etwa die Mitochondrien näher kennengelernt haben.

Von der Evolution wissen wir, dass bewährte Prinzipien in immer neuer Abwandlung wiederkehren. So gesehen scheint es kaum verwunderlich, dass sich Organe und Organellen vergleichen lassen, obwohl sie natürlich nicht ursprünglich miteinander verwandt sind. Doch im Körper wie in der einzelnen Zelle herrscht eben Arbeitsteilung, die durch unterschiedliche Strukturen in anderem Maßstab realisiert wird. Atmung, Transport, Verdauung, Ausscheidung, Bewegung und Vermehrung: Im Großen wie im Kleinen sind sie die Grundmechanismen des Lebens und gleichsam verbindende Elemente zwischen unserem Körper, seinen Zellen und allen Organismen auf diesem Planeten.

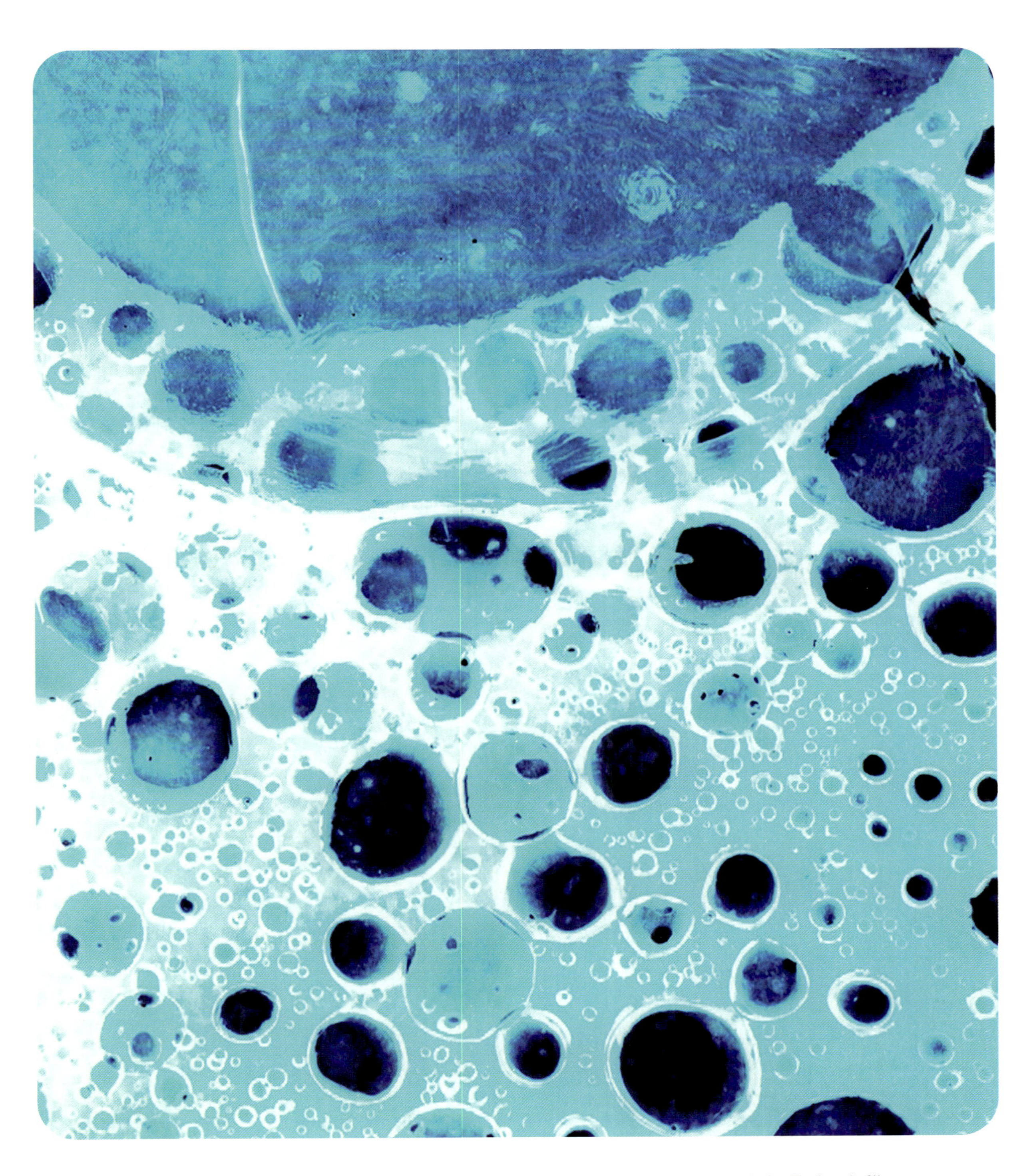

In Krebszellen ist ein uraltes genetisches Programm aus der Zeit der Einzeller aktiv. Es ist dafür verantwortlich, dass sie sich anders als gesunde Körperzellen unkontrolliert vermehren.

Epilog

Das Tier in dir und mir

Und nun? Was sagen uns all die Expeditionen der vergangenen Kapitel, in denen wir den Körper des Menschen bis in seine kleinsten Strukturen hinein erforscht haben? Welche Schlussfolgerung ziehen wir aus dem Vergleich mit unseren Verwandten aus dem Tierreich?

Das Tier in dir, das Tier in mir, der Mensch im Tier, wie auch immer wir das kleine Wortspiel drehen und wenden mögen, am Ziel dieser Zeitreise durch nahezu vier Milliarden Jahre können wir uns wohl kaum der Erkenntnis erwehren, dass wir auf dieser Welt alles andere als allein sind.

Und mehr noch: Jedes Lebewesen, dem wir jemals begegnet sind oder dem wir jemals begegnen werden, ob vor dem Altar, im Zoo, im Museum, im Restaurant oder gar auf der Toilette, ist mit uns durch die unfassbaren Dimensionen der Evolution verbunden. Egal, ob man ihm die Hand schütteln kann oder sich vor ihm ekelt, es an der Leine führen oder vor dem Verzehr kochen muss – wir sind allesamt Mitglieder in der großen Familie des Lebens. Denn jedes Lebewesen entstammt nun mal einer kontinuierlichen, bis in den jetzigen Moment und darüber hinaus reichenden Abfolge verwandter Organismen, die sich von Generation zu Generation nicht nur vermehren, sondern auch fortwährend verändern. Der Mensch macht da keine Ausnahme.

Das bedeutet: Auch wenn unsere Spezies sich auf recht geschickte Art und Weise den unmittelbaren Kräften der Natur da und dort zu entziehen vermag, so können wir nicht vor der erdgeschichtlichen Tatsache fliehen, dass auch der *Homo sapiens* nach wie vor permanenten Veränderungen unterworfen ist –, anatomischen, biologischen, geistigen. Die Evolution wirkt ebenso wie bei allen Mitgeschöpfen der Erde auch an uns, auch in diesem und im nächsten Augenblick.

Noch können wir freilich nicht abschätzen, wo die Reise der Evolution hingeht – ob wir womöglich in ferner Zukunft die Haare gänzlich verloren haben werden, um als lichtscheue Lebensform mit der übrigen Welt nur noch in digitalen Datenraten korrespondierend unser Dasein zu fristen. Sicher ist jedoch, dass wir weder morgen noch übermorgen das sein werden, was mit überholten Geisteshaltungen dem Menschen immer wieder angedichtet wurde: die »Krone der Schöpfung« zu sein, das Maß aller Dinge, frei von Veränderungen, abgekoppelt von der natürlichen Umwelt, perfekt in Form und Inhalt. Nichts dergleichen sollten wir von uns erwarten.

Der wegbereitende Verhaltensforscher Konrad Lorenz bringt es mit den klugen Worten auf den Punkt: »Das Bindeglied zwischen Tier und Mensch sind wir«. Demnach sollten wir uns auf das, was wir sind, nicht allzu viel einbilden. Ebenso wie die tierischen Ahnen in der Spezies Mensch zu finden sind, so stecken ihr selbst unsere biologischen Nachfolger bereits in den Knochen. Vielleicht folgt ja auf den *Homo sapiens* tatsächlich eine Art *Homo digitalis*, der in zukünftigen Lehrbüchern – so es dieses Medium dann noch geben wird – die Einfachheit unserer Biologie mit einem abgeklärten Schmunzeln bestaunen wird. Es sei denn, wir gehen tatsächlich eines eher unschönen Tages als diejenige Spezies in das Guinnessbuch der kosmischen Rekorde ein, die ihre Mitgeschöpfe und Nachfahren samt deren Umwelt für immer und ewig jeglicher Lebensgrundlage entzogen haben wird. Daran will ich nicht glauben. Ich hoffe vielmehr, dass unser Esprit letzthin dazu ausreichen wird, den Laden zumindest annähernd so zu übergeben, wie wir ihn vorgefunden haben. Es heißt: »... der Letzte macht das Licht aus!« und der sind ja wohl hoffentlich nicht wir. Zudem wäre es für ein Ende, das auf unser Konto geht, schlichtweg verfrüht. Denn was die Lebenszeit unserer Welt betrifft, so ist kaum die zweite Halbzeit der irdischen Evolution angebrochen. Erst in vier Milliarden Jahren wird nach heutigen Schätzungen die Sonne als Lebensspender ihren Dienst quittieren – an sich genug Zeit, um die Welt zu retten.

Doch zugegeben, die Zukunft ist seit jeher unsicher und unvorhersehbar. Die Erdgeschichte hielt zu allen Zeiten, wie wir gesehen haben, gewaltige Überraschungen parat. So ist auch der Mensch nicht zuletzt ein Produkt aus plötzlich hereinbrechenden Schicksalsstunden. Denn wer weiß, was etwa aus den Säugetieren geworden wäre, hätte nicht vor 65 Millionen Jahren ein Meteorit zufällig Kurs auf unseren Blauen Planeten genommen und die Ära der Dinosaurier beendet? Der *Homo sapiens* wäre sicher nie entstanden. Zufälle haben seinen Weg bestimmt und werden ihn auch weiterhin bestimmen. Handfeste Belege dafür finden sich übrigens Nacht für Nacht über unseren Köpfen. Die Kraterlandschaft des Mondes ist ein gigantisches Denkmal dafür, dass ein Besucher aus dem All jederzeit wieder die Machtverhältnisse verändern kann, genauso wie es auch schon zu Urzeiten immer wieder der Fall war.

Dies soll keinesfalls als abschließender Aufruf zu einer Art globaler Lethargie, zu einer melancholischen Beobachtung des unaufhaltsamen Weltengetriebes verstanden werden. Im Gegenteil: Die naturwissenschaftliche Erkenntnis vom Tier im Menschen taugt nicht als Alibi für den Rückzug in die Unmündigkeit. Wir sind aufgefordert, aktiv zu werden, sonst haben wir das Prädikat »Mensch« auch in moralischer Hinsicht nicht verdient. Denn der Schutz von Werten – vom Faustkeil über den eigenen Garten bis zu unserer natürlichen Umwelt – ist nun mal Teil der menschlichen Identität.

Und auch unabhängig von religiösen Betrachtungen, ob wir nun dem bloßen Zufall oder dem Atem eines göttlichen Schöpfers entstammen, können wir uns nicht länger jener selbst zugeschriebenen Rolle der geistigen Mündigkeit verweigern. Der Mensch ist ein etwas anderes Tier: Er hat die Zügel in die Hand genommen und trägt damit eine große Verantwortung. Um dieser gerecht zu werden, müssen wir uns endlich um den Erhalt des guten alten Gartens mit dem geplünderten Apfelbaum kümmern. Nicht mit Worten wie diesen, sondern mit Taten. Wie das gehen soll? An sich brauchen wir dazu in unserem Handeln ganz einfach nur dem Bewusstsein zu folgen, dass wir allesamt Teil einer großen Gemeinschaft sind, deren Schicksal zu großen Teilen in unser aller Hände liegt. Schon der bewusste Blick auf den Teller kann beispielsweise ein erster Schritt sein, den Kollaps der Weltmeere durch deren »Überfischung« zu verhindern.

Solch kleine Heldentaten sind kein Naturschutz aus Selbstzweck. Wenn etwa tatsächlich die Bienenvölker der Erde weiter sterben sollten, um die es derzeit alles andere als gut bestellt ist, so würde die Nahrungsmittelproduktion in eine existenzielle Krise geraten, weil ihr die Bestäuber fehlen und kaum ein Apfelbaum mehr Früchte tragen würde.

Auch wenn die Sonne noch ein Weilchen brennen mag, unendlich viel Zeit bleibt uns kaum für die Umsetzung der Einsicht, dass wir ohne all unsere Verwandten nicht leben können – einem jeden von uns bekanntlich nur die eigene Lebensspanne. Also – let's go!

Axel Wagner, 03. August 2012

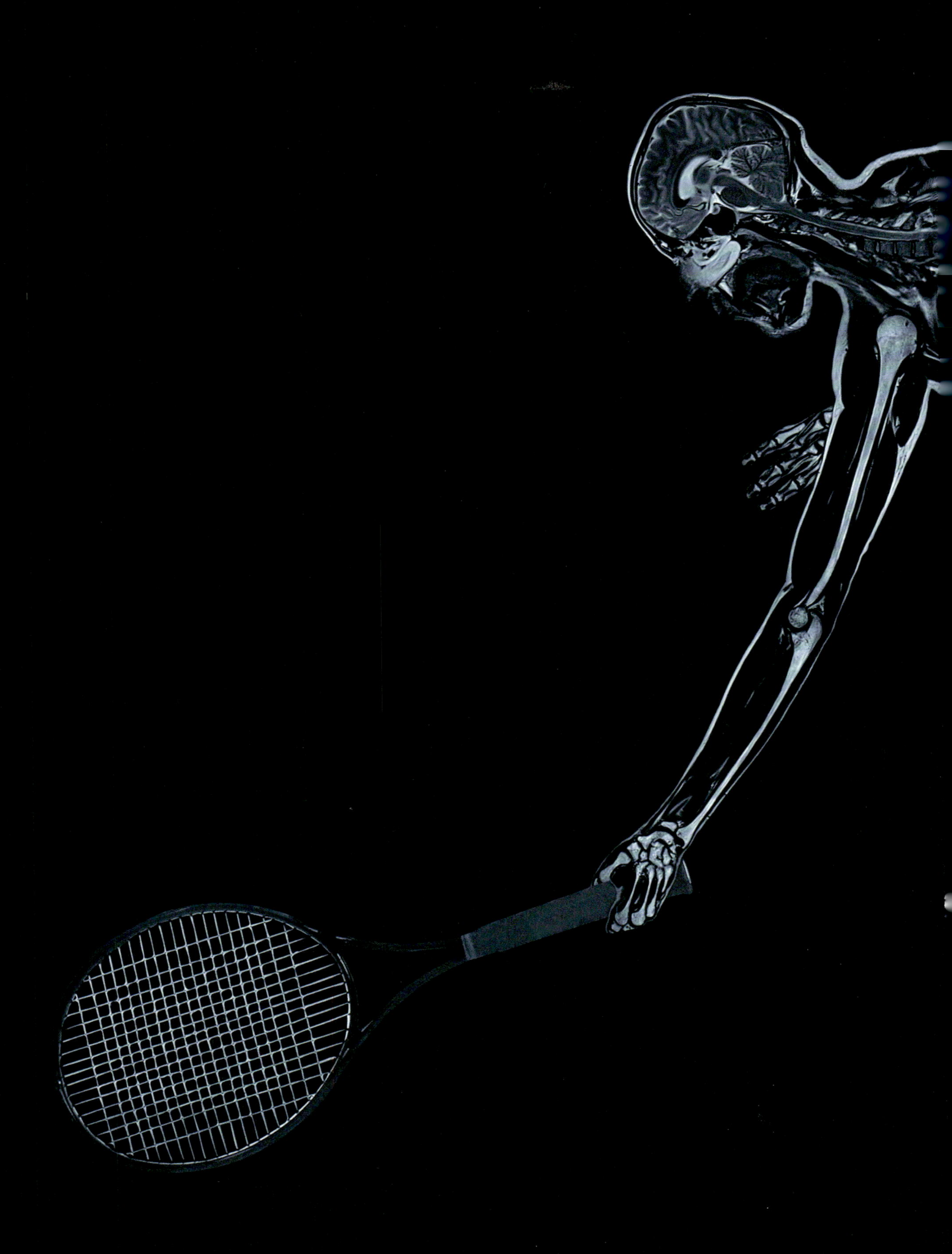

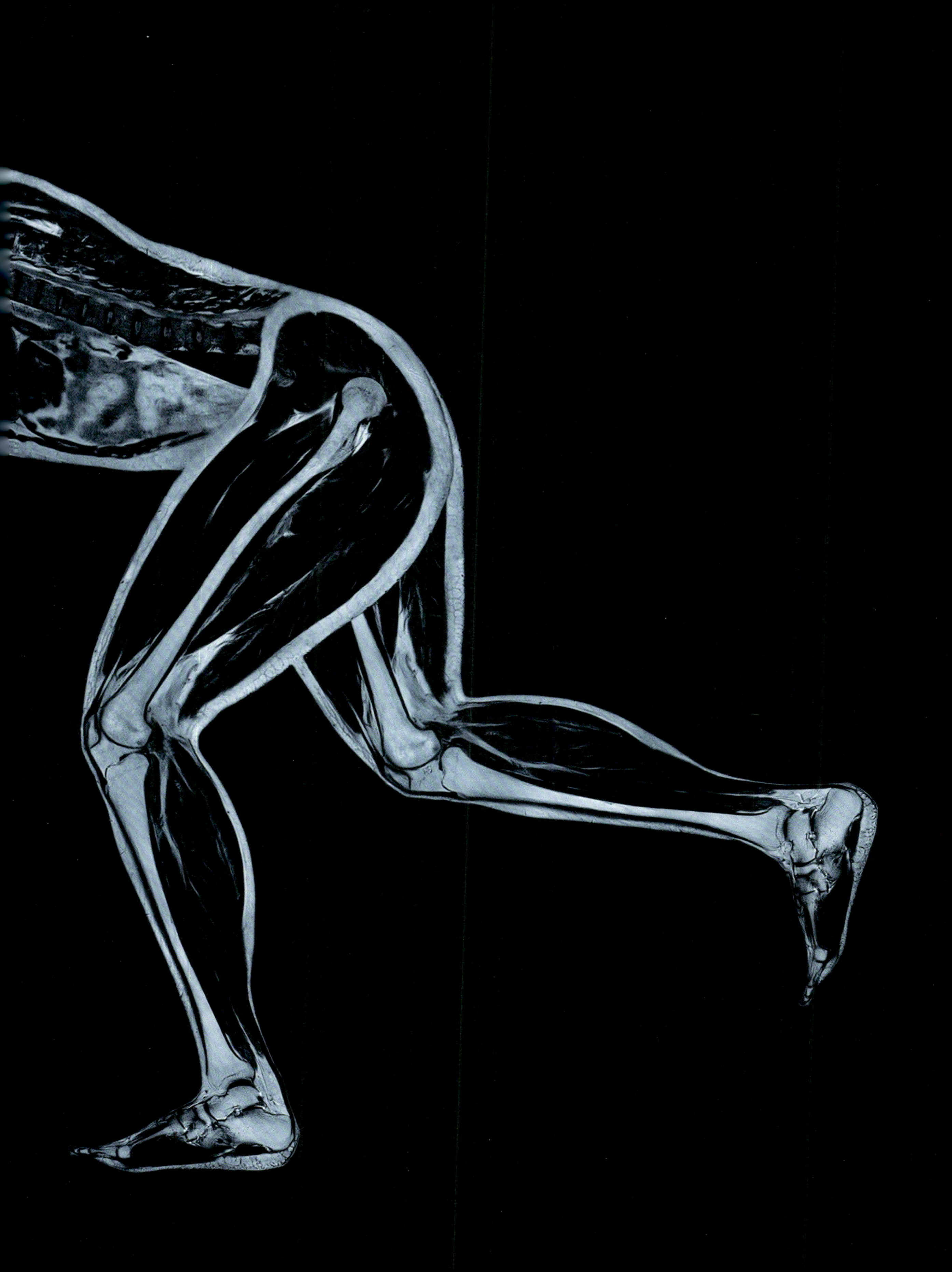

Dank und Hinweise

Dieses Buch wurde in enger Zusammenarbeit mit Dr. Peter Bernstein entwickelt – wir werden gleich noch von ihm erfahren. Für Deine Unterstützung, lieber Peter, möchte ich Dir aber bereits an dieser Stelle danken.

Die vorliegenden Zeilen basieren auf den Arbeiten zu einer filmischen Dokumentation unter dem Titel »Das Tier in Dir – Experiment Verwandtschaft«. An diesem ungewöhnlichen Kooperationsprojekt des Südwestrundfunks (SWR) in Zusammenarbeit mit dem Westdeutschen Rundfunk (WDR) und dem Schweizer Fernsehen (SRF) waren viele Menschen beteiligt, die sich in einem Zeitraum von über zwei Jahren auf die gemeinsame Suche nach den tierischen Wurzeln des Menschen gemacht haben. Ihnen allen möchte ich hiermit von ganzem Herzen danken und gleichzeitig um ihr Verständnis bitten, sie nicht alle namentlich aufführen zu können – wir retten somit mindestens zwei Dutzend Bäumen das Leben.

Einen dieser Verbündeten könnte ich jedoch auch dann nicht unerwähnt lassen, wenn es nur noch ein Blatt Papier auf Erden gäbe, denn ohne ihn wären weder der Film noch dieses Buch entstanden – Jürgen Bundy, Redakteur des Projekts. Ein kluger und weitsichtiger Mensch, der mir im Laufe der Jahre zu weit mehr als einem guten Kollegen geworden ist – dieses Buch ist auch sein Buch. Weiterhin möchte ich Dr. Oliver Sandrock danken, der mit seiner Fachkenntnis als Paläontologe, aber auch durch seinen besonderen und humorvollen Stil so viel Farbe in unser Vorhaben brachte. An ihm durfte ich zudem erfahren, dass man bei der Suche nach dem Tier im Menschen einen Freund finden kann. Der Mediziner Aart C. Gisolf ist keinesfalls nur der Dritte im Bunde, sondern jemand, den ich für seine Kenntnisse, Erfahrungen und Geschichten aus weit über einem halben Jahrhundert einfach nur bewundern kann, egal, ob es den menschlichen Körper, Jazz oder das Leben als solches betrifft – es ist eine Ehre, von ihm zu lernen.

Neben diesen für das Projekt außerordentlich wichtigen Personen durfte ich weitere bedeutsame Persönlichkeiten von unserer Sache überzeugen, die als wissenschaftliche Berater mit ihrem Namen für die Qualität des Gesamtprodukts stehen: Prof. Dr. Detlev Ganten, langjähriger Direktor der Charité, sowie Prof. Dr. Dr. h.c. Volker Storch von der Universität Heidelberg gilt mein besonderer Dank für die Unterstützung. In diesem Kontext darf auch Dr. Peter Bernstein keinesfalls unerwähnt bleiben, der als wissenschaftlicher Lektor und lebende Evolutions-Enzyklopädie das Projekt beflügelte und gleichzeitig all meine Zeilen und Ideen in das Fundament sachlicher Forschungsergebnisse einsetzte.

Ebenso waren Dr. Dirk Neumann und Ulla Rehbein ganz wichtige Säulen für die gemeinsame Sache. Ich werde wohl niemals vergessen, wie wir spätabends Präparate von Fröschen, Lungenfischen, Haien und anderen Verwandten durch ebenjene Computertomografen der Universitätsklinik Tübingen beförderten, mit denen tagsüber Patienten untersucht werden. Möglich gemacht haben das für uns Prof. Dr. Heinz-Peter Schlemmer und Dr. Matthias Lichy sowie Prof. Dr. Bernd Pichler und Dr. Stefan Wiehr mit ihren Kollegen.

Dr. Klaus Eisler, Zoologe an der Universität Tübingen, die Paläontologin Dr. Irina Ruf von der Universität Bonn und Prof. Dr. Dietrich von Holst, Universität Bayreuth, haben uns ebenso mit ihren lebenden, präparierten und versteinerten Schützlingen versorgt wie das Museum für Naturkunde in Berlin, das Zoologische Forschungsmuseum König in Bonn, das Reptilium Landau, der Zoologische Garten Saarbrücken, der Zoo Frankfurt a.M., das Hessische Landesmuseum Darmstadt und die Staatlichen Museen für Naturkunde in Karlsruhe und Stuttgart.

Doch was wäre all das ohne Menschen wie Benjamin Kaiser, der aus flüchtigen Ideen unvergessliche Bilder macht, und auch das Cover des Buches entworfen hat. Mit kaum einem anderen Menschen kann ich so gut arbeiten und (darüber) lachen – danke, Ben. Editor Peter Hillebrand ist auch so einer. Wir sind zu zweit am Schneidetisch durch vier Milliarden Jahre der Erdgeschichte gereist, dabei lernt man sich kennen und schätzen.

Weiterhin danke ich Grafiker Lutz Hartmann, Studiodesigner Ralf Becker, der uns eine eigene Welt schuf und Stephan Huhn, der mit seinem Team aus 3D-Grafikern für uns Neuland betrat, als er die Rohdaten aus den Kliniken und Labors in attraktive Darstellungen übersetzte. Ermöglicht hat die spätere bildliche Umsetzung nicht zuletzt Kristof Köhler aus der Multimedia-Bildungs-Truppe des SWR. Tanja Gassert, Andreas Blaha, Dr. Xiaoyan Chen, Dr. Stefan Ulzheimer und all die anderen aus der Mannschaft von Siemens Healthcare haben uns mit mehr als nur Hard- und Software zur Seite gestanden. Studioregisseur Norik Stepanjan, Kameramann Hardy Ottersbach, Steadycam-Operator Rainer Bloch, Highspeed-Spezialist Dr. Rudolf Diesel, Recherchekraft Hanna Hauck und Redakteurin Birgit Keller-Reddemann: Auch ihnen allen sei ausdrücklich gedankt, aber nicht zuletzt natürlich Ingrid Eckerle, die das Vorhaben als Produktionsleiterin vom ersten Tag an geregelt und mitgetragen hat.

Ich danke Birgit Günther, ehemals Programmleiterin des Verlages Frederking & Thaler, ebenso Dorothea Sipilä für die Zusammenarbeit, der Illustratorin Cornelia Seelmann, der Grafikerin Ute Schneider und den Damen und Herren vom Verlagshaus in München. Gemeinsam haben wir versucht, aus einem Buch ein gutes Buch werden zu lassen, auf diesem Wege habe ich vieles lernen dürfen.

Unbeschreiblicher Dank gilt meiner Partnerin Susanne Wagner sowie unseren beiden Kindern Isabelle und Leonard – ihrer Zuversicht, ihrer Geduld, ihrem Halt und der unschätzbar teuren Tatsache, dass es sie in meinem Leben gibt – ich liebe Euch.

Gewidmet ist dieses Werk in tiefster Verbundenheit meinen beiden verstorbenen Brüdern, meiner Familie und nicht zuletzt jener ganz großen Verwandtschaft, von der in diesem Buch die Rede ist.

Quellen: Ein Hinweis noch in eigener Sache: Mit Sachbüchern vertraute Leser werden die vermeintlich obligatorischen Quellennachweise hier vergeblich suchen. Wir haben uns bewusst für diesen Schritt entschieden, denn die bearbeitete Literatur ist zu mannigfaltig, um sie in gerechter Weise wiedergeben zu können. Zudem haben wir viele mündliche Informationen, Interviews, Schriftwechsel und lose Notizen zusammengetragen, die ganz sicher geprüft und sachlich richtig sind, die aber nie publiziert wurden und als Zitate allein schon den hier gesetzten Rahmen sprengen würden. Und dann gibt es da noch das große Problem der Primär-Literatur. Zahlreiche hier genutzte Publikationen fußen wie bei jedem Projekt auf den Arbeiten anderer, die hier bei Anlage eines Verzeichnisses als Urheber einer bestimmten Erkenntnis doch einmal mehr zu nennen wären. Angefangen bei Charles Darwin, dem Begründer der Evolutionslehre. Schließlich jedoch hegt dieses Projekt trotz des Anspruchs auf Korrektheit aller Informationen nicht die Absicht, als Fachliteratur, sondern als interessant und unterhaltend zu bewertendes Sachbuch aufgenommen zu werden, das über nüchterne Aufzählungen naturwissenschaftlicher Fakten hinaus den Menschen als solches wie auch als Teil der Evolution ein wenig besser begreifbar macht. Ich hoffe daher hier auf das Verständnis der Leserschaft. Eine umfangreiche Sammlung ausgewählter Begleitliteratur sowie weiterer Hintergrundinformationen inklusive Multimediatools und die filmische Dokumentation finden sich unter *www.planet-schule.de*.

Der Autor

Axel Wagner
Wissenschaftsjournalist (FU Berlin)
Diplom-Biologe (Universität Bonn)

Axel Wagner ist Dozent am Nationalen Institut für Wissenschaftskommunikation (NaWik).

Seit über zwölf Jahren arbeitet er für Fernsehen, Radio, Internet und Printmedien. Als freier Redakteur der Abteilung Wissenschaft und Bildung des SWR hat er zahlreiche Filme und Dokumentationen vor und hinter der Kamera produziert. Für »Das Tier in Dir« ging er mit seinem Team über zwei Jahre lang auf die Spurensuche nach den tierischen Wurzeln des Menschen und hat dabei nicht zuletzt Erstaunliches über sich selbst erfahren.

Informationen zur Person und weiteren Projekten des Autors unter
www.wagnervision.de

Register

Register

Bildnachweis

Archiv Frederking & Thaler: S.12, 28, 30 o.l., 32, 54, 75, 78, 81, 103, 133 o.l.; folgende Bilder wurden über dpa Picture-Alliance GmbH bezogen: S.27, 114 (Klett GmbH); S.30 o.r. (Katrina Kenny & University of Adelaide); S.39 (Hinrich Bäsemann); S.41 (Embl); S.53, 56, 93, 95, 145, 161 u.l., 162 (WILDLIFE); S.67, 136 (M.Harvey/WILDLIFE); S.84 (Arco Images GmbH); S.90 (M.Lane/ WILDLIFE); S.91 (dpa-Zentralbild); S. 98 (Okapia/ Manfred P. Kage), S.100 (Bruce Coleman); S.129 u.r. (Buerkel/WILDLIFE), S.151 (D.Perrine/ WILDLIFE); Eisler, Klaus (Universität Tübingen): S. 163; Garm, Anders: S.38; Howard, Louisa (Dartmouth College): S.115; Staatliches Museum für Naturkunde Karlsruhe: S. 150; Schmelzeisen, Rainer (Uniklinik Freiburg / Sektion Röntgen, Klinik für MKG-Chirurgie): S.146, 148 o.; Siemens Healthcare: S.6/7, 8, 71 u., 73, 112, 124, 130 (2), 134 (2), 135, 138, 140 (2), 141, 146 o., 152, 153, 154, 158, 161 o.l.,182/183, 183, 184, Coverabbildungen; Smithsonian Institution: S.125; Stephens, Janet (National Cancer Institute): S.11; Universität Basel: S.31; Universität Bonn: S.99 o.r.; Universitätsklinikum Freiburg: S.101; die folgenden Bilder wurden über shutterstock (www.shutterstock.com) bezogen: S.10 (MarclSchauer); S.14 (Natykach Nataliia); S.15 (zroakez); S.17 (Sebastian Kaulitzki); S.18 (Marc van Vuren); S.19 (greenland); S.20 (Alex Ciopata); S.22 (Zoom Team); S.23 (Craig Taylor); S.26 (Ruben Enger); S.37 o.l. (Andrey Armyagov); S.37 o.r. (vvetc1); S.42 o.l. (Ivancovlad); S.42 m. (Ronald van der Beek); S.42 u.l. (Natursports); S.44, 47 , 70, 71 o. (Basov Mikhail); S.52 (Losevsky Photo and Video); S.59 (KtD); S.62 (Katrina Brown); S.64, 172 (D. Kucharski K. Kucharska); S.66 (Natali Glado); S.69 (HelleM); S.69 o.l. (Bojan Pavlukovic); S.76 (Juan Gaertner); S.77 (MarcelClemens); S.84 (silver-john); S.87 o.r. (Maksym Gorpenyuk); S.87 u.r., 165 (3) (Jubal Harshaw); S.88 (handy); S.89 o.l. (Subbotina Anna); S.89 o.r. (lenetstan); S.98 (Yannis Ntousiopoulos);S.100 (Daemys); S.104 (Eric Gevaert); S.105 (worldswildlifewonders); S.107 (tratong); S.108 (GO); S.110 (Carolina K. Smith, M.D.); S.111 (Luna Vandoorne); S.118 (xpixel); S.120 (Bill Frische); S.127 u.l. (David Anderson); S.127 u.r. (Lana K); S.129 o.r. (Tischenko Irina); S.133 u.r. (Henri et George); S.157 (dotweb Steen B Nielsen); S.166 (alterfalter); S.168 (Danilo Ascione); S.171 (voylodyon); S.175 (Alexander Raths); S.176 (Shebeko); S.178 (valzan); Welleschik: S.147.

Impressum

www.frederking-thaler.de

Lizenziert durch SWR-Media Services GmbH
Fernsehreihe »Experiment Verwandtschaft – Das Tier in Dir«
Koproduktion von SWR und WDR in Zusammenarbeit mit SRF.
Weitere Informationen unter www.planet-schule.de

Produktmanagement: Dorothea Sipilä
Wissenschaftliches Lektorat: Peter Bernstein, Karlsbad
Korrektorat: Anke Höhne, München
Layout und Satz: Ute Schneider, u.s.design, München
Illustrationen: Cornelia Seelmann, Berlin
Umschlaggestaltung: Benjamin Kaiser, Baden-Baden
Gesamtherstellung: Barbara Uhlig
Lithografie: Repro Ludwig, Zell am See, Österreich
Druck und Bindung: Korotan Ljubljana

Die deutsche Nationalbibliothek verzeichnet diese Publikation in der Deutschen Nationalbibliografie; detaillierte bibliografische Daten sind im Internet über http://dnb.ddb.de abrufbar.

ISBN 978-3-89405-948-4

Printed in Europe